南京水利科学研究院出版基金资助

高速水流切片试验技术
与工程应用

王　新　严秀俊　著

东南大学出版社
SOUTHEAST UNIVERSITY PRESS
·南京·

内 容 提 要

本书介绍了水工高速水流切片试验技术及相关科研成果。第一章介绍了水工高速水流科学问题及研究的热点。第二章介绍了水工高速水流已经建立的与本书内容相关的一些基础理论及相关的研究进展,包括空化空蚀、冲蚀磨损、流激振动等方面的研究成果。第三章介绍了高速水流切片试验技术与一系列试验装置的研发,包括切片试验技术的发展、试验设计主要考虑因素、试验平台等,重点交代了研发的 6 套装置的试验方法与效果。第四章至第九章针对水利水电、水运工程中高速水流问题,结合每套研发的装置和试验技术,详细介绍开展的试验研究工作和取得的研究成果,包括高速水流空化空蚀试验、冲磨试验、空蚀与冲磨耦合作用试验、冲蚀切片试验、缝隙流空化与自然通气、阀门顶止水切片试验。本书可供从事水利水电水运工程高速水流科学研究、设计、运行管理人员及高校相关专业师生参考。

图书在版编目(CIP)数据

高速水流切片试验技术与工程应用 / 王新,严秀俊
著. —南京:东南大学出版社,2022.12
　　ISBN 978 - 7 - 5641 - 9810 - 7

Ⅰ.①高… Ⅱ.①王… ②严… Ⅲ.①高速度－水动
力学－研究　Ⅳ.①TV131.3

中国版本图书馆 CIP 数据核字(2021)第 237756 号

责任编辑:杨　凡　责任校对:杨　光　封面设计:王　玥　责任印制:周荣虎

高速水流切片试验技术与工程应用

Gaosu Shuiliu Qiepian Shiyan Jishu Yu Gongcheng Yingyong

著　　者:王　新　严秀俊
出版发行:东南大学出版社
社　　址:南京四牌楼 2 号　邮编:210096　电话:025 - 83793330
网　　址:http://www.seupress.com
经　　销:全国各地新华书店
印　　刷:广东虎彩云印刷有限公司
开　　本:700 mm×1000 mm　1/16
印　　张:18
字　　数:328 千字
版　　次:2022 年 12 月第 1 版
印　　次:2022 年 12 月第 1 次印刷
书　　号:ISBN 978 - 7 - 5641 - 9810 - 7
定　　价:78.00 元

本社图书若有印装质量问题,请直接与营销部联系。电话:025 - 83791830。

前　　言

众所周知,水利水电水运工程中高速水流所带来的空化空蚀、冲磨、振动一直是工程建设关注的重点问题。多年来我国水利水电工程快速发展,高水头、大泄量等巨型工程日益增多,高速水流相关指标不断刷新,工程建设对相关问题研究提出了更高的要求,也促进了相关技术的不断进步。在水工高速水流领域,国内外众多学者开展了大量的研究工作,取得了丰富的研究成果,短短几言难以蔽之。单从研究手段来说,数值模拟、模型试验、原型观测相关技术均取得了长足的进步。为了更加准确地模拟反映水工高速水流问题,水工模型试验逐渐向更大比尺发展,如南京水利科学研究院先后开展了锦屏一级水电站 1:50、白鹤滩水电站 1:50、如美水电站 1:50 全整体相似模型试验,还有向家坝水电站 1:40 单消力池、白鹤滩水电站 1:35 坝身泄洪设施物理模型等,模型缩尺效应不断减小,研究成果也更加可靠,逐步形成了水工大比尺模拟试验技术。在长期不断的研究过程中,针对水工高速水流中一些特殊问题或现象、模型缩尺效应影响较大、具有典型的二维流动特征等情况,如高水头闸门、阀门水封的密封性和漏水自激振动问题、水工混凝土抗空蚀性能评估问题、缝隙射流空化与掺气防空化研究、高水头闸阀门底缘体型优化、高速水流对混凝土壁面的冲刷及壁面施工质量诱发空化问题等等,不断尝试开展了无缩尺效应的高速水流 1:1 切片试验,实现试验室内的流速与原型 30～60 m/s 流速一致,可谓是真正的高速水流模型试验。近年来,利用切片试验技术,结合工程问题开展了多项试验研究,在服务工程的同时,对高速水流一些基础性问题也有所探讨。本书即针对高速水流切片试验技术,将其相关研究成果整理成册,尽管可能不太成熟,但希望对相关问题研究能提供参考和借鉴。

全书共九章,第一章介绍了水工高速水流中的科学问题,重点从工程实践角度总结了高速水流空化空蚀、冲磨、流激振动等问题,并探讨了目前研究的热点;第二章介绍了与本书切片试验研究相关的空化、空蚀、冲蚀、振动等基础概念及相关的研究进展;第三章介绍了切片试验技术的发展,重点介绍了近年来研发的几套切片试验装备、测试方法及装置效果,为后文开展一系列试验研究奠定基础;第四章是高速水流冲磨试验,重点介绍了水工高性能混凝土、新型柔性防护

1

材料、止水材料等抗冲磨性能试验及评价;第五章是高速水流空化空蚀试验,重点介绍了高速水流空化水动力特性、空化空蚀作用下混凝土壁面的蚀损机制及影响因素;第六章是高速水流空蚀与冲磨耦合作用试验,重点介绍了耦合作用试验方法、耦合作用下混凝土壁面的破坏特征及蚀损机制;第七章为高速水流冲蚀切片试验,重点介绍新建工程混凝土材料在汛期高速水流冲击作用下的冲蚀破坏特征及材料力学性能变化;第八章为高速缝隙射流空化与自然通气试验,针对高水头船闸门楣缝隙空化诱发强烈声振和结构振动问题,介绍门楣空化特性、自然通气防空化工作机制及影响因素、门楣体型设计及防空化效果和大量的工程应用;第九章为高水头阀门顶止水切片试验,从三峡、葛洲坝船闸反弧门顶止水频繁损坏问题出发,介绍了顶止水窄缝射流空化水动力特性、顶止水安装与水压变形特性、顶止水自激振动机理、顶止水工作条件改善措施及工程应用。

本书的研究工作得到了国家自然科学基金项目(No.51779151,51479124)和南京水利科学研究院出版基金的资助,在此特向支持本书相关试验研究工作的所有单位和个人表示衷心的感谢,同时感谢东南大学出版社为本书出版付出的辛勤劳动。书中部分内容参考了有关单位或个人的研究成果,均已在文献中标出,在此一并致谢。

由于作者水平有限,疏漏或不妥之处在所难免,一些看法观点也难免偏颇,敬请读者批评指正和谅解。

目　　录

第一章 水工高速水流科学问题

我国地势西高东低,从青藏高原到海平面之间存在巨大落差,可用于发电的水能资源十分丰富,居世界之首。近年来,我国水利水电事业蓬勃发展,大库高坝建设主要看中国,如举世瞩目的长江三峡、黄河小浪底、金沙江乌东德、白鹤滩、溪洛渡、向家坝等水利水电工程,还有配合枢纽工程实现航运功能而修建的船闸等通航建筑物,如三峡双线五级连续船闸、大藤峡船闸,代表了当今世界船闸的最高水平。在这些工程建设中,高速水流是其突出的技术难题之一。本书所谓的高速水流问题,主要是指存在于大型水利水电、水运工程中的高速水流相关技术问题。本章首先从水工高速水流科学问题入手,介绍了工程中空化、空蚀、冲磨、流激振动等现象,然后重点阐述了相关科学问题的研究进展及目前研究的热点,最后交代本书的主要内容及章节安排。

第一节 空化空蚀与冲磨

大型水电工程泄水建筑物泄洪具有高水头、大流速的特点,如图 1-1 所示,下泄水流流速普遍大于 30 m/s,超过 35 m/s 的也很常见。通常当泄水建筑物过流壁面流速达到 15～20 m/s 以上时,就需要十分关心空化破坏的可能性。高速水流科学问题主要包括空化空蚀、冲刷磨损、流激振动、掺气、雾化等,问题十分复杂庞大,本书仅涉及其中与切片试验相关的空化、空蚀、冲磨、振动等问题。

图 1-1 典型水电工程泄洪场景

在高速水流的作用下,泄水建筑物频频出现较为严重的冲蚀磨损及空蚀破坏,冲蚀磨损和空蚀破坏是水工泄水建筑物运行中最常见的工程问题,也是一个老大难的问题。统计资料显示,大型混凝土坝在运行过程中有近70%存在冲蚀磨损和空蚀破坏问题,溢流面、挑流鼻坎、泄洪洞转弯段、消力池底板和消能墩、闸门门槽和底缘、船闸输水阀门和门楣、水力机械的叶片等都是极易发生冲磨和空蚀的位置。国内外有大量文献资料报道了关于工程冲磨破坏与空化空蚀的问题。

美国的蒙大拿州的黄尾坝(Yellowtail)水利枢纽位于密西西比河流域的大霍尔河上,是高158.5 m、长444 m的混凝土拱坝。有一条泄水隧洞,布置于左岸基岩上,泄流量按3 280 m³/s设计,流速高达48 m/s,由于洞身护面不够平整,运行三年后,洞身发生了严重的空蚀破坏。最大的空蚀破坏发生在洞身倾斜段与水平段相连接的下反弧处,破坏范围7 m长、0.7 m深,修补处理后再次遭到空蚀破坏。为保持泄洪洞的正常运行,对不平整混凝土表面进行磨光处理,并填平空蚀区,增设掺气槽。美国的鲍尔德尔坝泄洪洞在流速46 m/s条件下运行几个小时之后,在隧洞倾斜段上不平整表面后出现了空蚀冲沟,长达35 m,宽9.5 m,深13.7 m,冲走混凝土和岩石体积达4 000 m³之多。

苏联的布拉茨克(Bratsk)水电站溢流坝,高100多m,10个表孔,每孔宽18 m,单宽流量30.5 m²/s,下泄水流以挑舌与下游衔接。溢流面混凝土表面存在局部不平整现象,包括台阶式错台、波状跌坎、混凝土瘤和蜂窝等。从现场多孔不同泄流时间引起的混凝土表面空蚀破坏观测发现,破坏不是短时间内就发生的,而是经历了一段时间,在这段时间内表层混凝土的疲劳现象不断积累,而此时间的长短又与流速有关。流速越小,空蚀作用的强度越小,空蚀破坏的过程进程越慢。空蚀发生的地点首先出现在溢流坝较低部位的有棱角的高凸体之后,此处破坏范围最大。在稳定期,溢流坝较高的高程处即水头更小的地方,在有较小尺寸和较平顺的凸体后逐渐发展新的空蚀破坏区,当稳定期结束后,空蚀破坏过程向着加深和扩大其范围的方面发展。形成空蚀的首要原因是混凝土表面的局部不平整现象和预埋件,不论是凸起的还是凹下的。溢流坝空蚀发展情况观察表明,空蚀过程中,蜂窝在一条线上彼此相继发生而形成"蜂窝链"上的各蜂窝,其深度和宽度沿水流方向越来越大,蜂窝链的长度有时可达几米。当混凝土表面局部不平整造成初生蜂窝发展到一定阶段时,蜂窝本身就又成为空化源,在蜂窝之后又形成新的蜂窝。

中朝边境鸭绿江上的水丰溢流坝,水头106 m,设计流量20 000 m³/s,溢流坝面倾斜度1∶0.78,下接挑流鼻坎。1941年建成,运行的第一个季度,经短时间工作后空蚀破坏的混凝土总体积达1 100 m³,而破坏深度达1.2 m,最大蚀坑

面积达 $80\sim100$ m²，很多空蚀蜂窝连在一起而形成"链状"，达 20 m 或更长。深度在 0.1 m 以上的蜂窝总数约 200 个，总破坏面积超过 1 300 m²。通过检查发现，溢流面上所有较严重的空蚀破坏，均起始于混凝土浇筑块水平接缝处，即表面有错台的地方，均是由施工质量引起，严重的空蚀破坏区还发生在混凝土表面的管子露头和钢筋露头及未截掉的结构残留物之后。

国外还有著名的苏联萨扬-舒申斯克水电站，240 m 高的重力拱坝，其消力池是当今世界最高水平的消能工，它的消力池底板曾两度遭到破坏，巨大的水动力荷载将近 8 m 厚的底板掀起，引起了工程界和学术界的震惊；亚利桑那州的 Glen Canyon 坝由于空蚀破坏导致溢洪道失事、Texarkana 坝消力池导墙水力破坏等；西班牙 Aldeadavila 坝泄洪洞、法国的 Serre-Poncon 坝泄水底孔、伊朗的 Kabir 拱坝溢洪道、印度 Bhakra 坝消力池等均曾发生严重的空蚀破坏，已直接威胁到工程的运行安全。

随着我国的水电事业的快速发展，水工泄水建筑物空化空蚀愈加突出。

刘家峡水电站右岸泄洪洞，在混凝土溢流面尚未衬砌完毕的情况下，于 1969 年 3 月泄水，当时流速约为 38 m/s，短期内即发现反弧段下游有一个深 $6\sim9$ m、宽 10 余 m 的蚀坑，修复后，1972 年 5 月再次放水，洞内有雷鸣声，停水检查发现反弧与水平段连接处有大片空蚀破坏，坑深 4.8 m，长 23 m，宽 13 m。

新安江水电站 4 号水轮机在 1964 年检查时，叶片空蚀面积达 41 321 cm²，占转轮叶片面积的 1/3，破坏最深处达 33 mm。另一台水轮机在 1972 年检查发现，14 个转轮叶片中有 7 个叶片因空蚀破坏而穿孔。六郎洞水电站水轮机在空蚀与泥沙磨蚀作用下，某台水轮机曾发生平均 12 天检修一次的情况。

五强溪水电站 1996 年遭遇特大洪水，右消力池发生严重破坏，沿 2 号溢流表孔中心线形成一个顺水流方向的大冲坑，3 m 厚的底板多个板块被整块冲走，多个板块局部破坏，冲坑长约 50 m，上游宽 25 m，下游宽 17 m，基岩冲深 32 m。

二滩水电站 1 号泄洪洞反弧末端掺气设施下游两侧发生空蚀破坏，使龙抬头反弧末端下游的混凝土边墙和底板遭受破坏，底板形成多处深坑，最大冲坑深度达 21.0 m，破坏混凝土及岩石约达 20 000 m³，严重影响了工程的安全运行。

李家峡水电站左底孔于 2012 年 7 月至 8 月泄水 33 天后，闸门室第一道掺气槽至第 3 段侧墙冲蚀淘空严重，部分钢筋被冲断、裸露，左右两侧侧墙自掺气槽至第 3 段被冲蚀长度约 30 m，最大冲蚀深度 1.5 m，平均冲蚀高度约 3.0 m，冲蚀底面距离泄水道底板 $0.18\sim1.0$ m。

还有如龙羊峡水电站底孔侧墙和底板的破坏、鲁布革水电站右岸泄洪洞高压弧门段严重的空蚀损毁、葛洲坝水电站泄水闸底板冲磨破坏和 2 号船闸门楣空蚀破坏、紫坪铺水电站 1 号泄洪洞冲蚀破坏、隔河岩水电站水垫塘底板冲磨破坏、景洪消力池破坏、丰满挑流鼻坎破坏、福建水东水电站溢洪道空蚀破坏、丹江口台阶式溢洪道大面积空蚀、万安水电站导墙水力破坏等等。典型的空蚀冲磨破坏案例见图 1-2。

  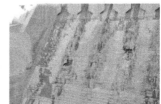

（a）溢流面冲磨、空蚀破坏 （b）宽尾墩后台阶面空蚀破坏

  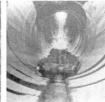 

（c）水电站消力池底板破坏 （d）泄洪洞壁面冲磨空蚀破坏

（e）水力机械空蚀破坏 （f）阀门后压力钢管空蚀

图 1-2　水利水电工程空蚀冲磨案例

另外，在高水头船闸工程中，输水廊道的阀门段高速水流也是空化发生的主要部位，船闸阀门空化属于非恒定流空化，其防控难度比一般的泄水建筑物空化更大。空化问题也是制约船闸向更高水头发展的关键技术难题。阀门输水过程中的空化现象见图 1-3，从空化发生的位置来分，阀门段空化主要包括门楣缝隙空化、底缘空化、跌坎和升坎空化、门槽空化等等。葛洲坝 3 号船闸反弧门自 1981 年 6 月 15 日投入运行以来，金属面板和门楣上逐渐出现锈泡和气蚀现象，1983 年 11 月检查发现，弧门顶止水以下 40 cm 和底缘以上 90 cm 金属面板上有上、中、下三层左右基本对称的密集气蚀坑，直径约为 6～8 mm，深为 5～6 mm，越靠近门的上部，气蚀坑密度和深度越大。门楣上的气蚀现象也较严重，

气蚀坑呈中部密集,深度较大。1985 年 3 月再次检查,发现气蚀进一步发展,蚀坑最深处竟已达到 8～10 mm,超过面板用钢板厚度 18 mm 的一半。阀门面板和廊道混凝土蚀损情况见图 1-4。

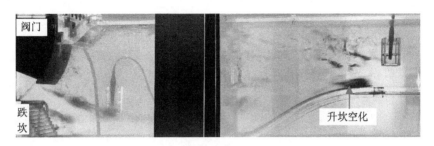

图 1-3 输水阀门空化现象

图 1-4 输水阀门及廊道空蚀破坏情况

兼顾排沙任务的高水头泄水建筑物,泄水时含沙水流除了可能导致边壁空蚀破坏外,还有很强的磨蚀作用。我国的黄河三门峡水利枢纽在 1980 年底检查发现,在前 11 年内汛期平均含沙量达 68.3 kg/m^3 运行条件下,2 号底孔工作闸门后大面积冲磨破坏,平均磨蚀深度 14 cm,并使直径 40 mm 的钢筋外露、冲弯、磨扁;刘家峡水电站泄洪洞 1972 年改建后也曾遭受泥沙的严重磨损,在 450 m 范围内冲成一条宽 0.5～1.0 m 和深 0.4～1.0 m 的沟,底板钢筋切断,混凝土骨料裸露;都江堰枢纽的飞沙堰每年的磨蚀深度也达 20～30 cm。

泄水建筑物的冲磨与空蚀破坏经常同时存在,二者有着完全不同的作用机理,但存在复杂的相互影响。含沙水流对泄水建筑物壁面通常会产生大面积的冲磨,当消力池等消能构筑物内存在钢筋头、石块等异物时,在下泄水流的驱动下,在底部往复运动,对结构表面混凝土产生冲磨,且难以被水流带走,长期作用将造成严重破坏。图 1-5 为国内某大型水电站消力池内检修时清理的异物,包括大量的钢筋头、树枝、石子等,混凝土底板局部冲磨严重,钢筋裸露,边墙均匀冲磨破坏较明显。另外,某高水头船闸输水廊道下游出口的消能室底板曾发生全面的冲磨破坏,底板表层混凝土全部被冲磨殆尽,钢筋完全裸露,也主要由消能室内存在较多石头等异物引起。可见,冲磨问题同样威胁泄水建筑物的运行安全。

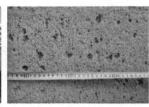

（a）池内异物　　　　　　（b）底板冲磨　　　　　　（c）边壁冲磨

图 1-5　消力池内底板与侧墙的冲磨破坏

第二节　流 激 振 动

泄水诱发结构振动是一种极其复杂的水流与结构相互作用的现象。水工泄水建筑物高速水流会产生较大的压力脉动,动水荷载作用于结构(包括闸门、溢流坝段、导墙、消能工等)表面,易引起结构发生明显振动,尤其当动水压力主频与结构主频接近时,会引起可怕的共振,流激振动问题也是高速水流的一个需要妥善解决的科学问题。长期以来,水利水电工程中各种流激振动问题层出不穷。作为挡水控流结构的水工钢闸门,其流激振动问题最为普遍,剧烈的振动会影响到闸门、启闭结构的安全可靠运行,甚至会导致闸门破坏而影响到整个枢纽的安全。

我国已有多起闸门因剧烈振动无法正常工作或动力失稳发生破坏的实例。2003 年 5 月江苏某闸在上游水位 13.5 m,下游水位 7.84 m,开度 0.05 m 时,流速 6.5 m/s,有 8 孔弧门出现剧烈振动,与弧门相连的工作桥、公路桥有明显振感,声音犹如电动机运转。黄河三义寨人民跃进渠渠首弧门 12 m×8 m(宽×高,下同),三支臂框架式结构。1958 年 8 月 15 日建成放水,发现在闸门下游淹没出流情况下、开度为 0.1～0.5 m 时发生强烈振动,闸门面板及次梁顶振动位移达 5 mm 左右。广东鹤地水库溢洪道弧形闸门 10 m×4.5 m,结构设计比较单薄,刚度比高达 25,在风浪作用下,胸墙底部空腔产生水汽混合周期性锤击力,使支臂发生弯折破坏。湖南甘溪水电站溢洪道弧形闸门 10 m×6.3 m,启用时支铰摩阻力引起的弯曲应力高达静应力的 63%,在局部开启脉动水流作用下,动应力超过允许应力 29%,支臂在支铰一端发生弯折破坏。密云水库第二溢洪道弧门 12 m×9 m,1995 年例行汛前检查,将 4 号弧门小开度开启,侧水封局部卡阻射水,激起闸门振动轰鸣,闸墩、交通桥均有较强振感。山东省沂水跋山水库泄洪闸弧门 10 m×7.5 m,支铰轴同心度和倾斜度严重超标,在启闭过程中闸门抖动,门体向一侧偏移。这种情况下,可使闸门整体刚度下降,有发生剧烈振动甚至共振的可能。黄河柳园口渠首涵闸在闭门过程中的强烈振动,引起启闭机地脚螺栓松动及机壳多次损坏,造成机房甚至大堤纵向出现裂缝。江苏三河闸经大浪冲击后发现 8 孔闸门的相同玄杆悬臂端发生断裂或走动。江苏的嶂山闸、山东的韩庄闸都曾发生过较为强烈的闸门振动。安徽怀洪新河西坝口闸平面闸门受下游淹没出流影响,在闸门局部开启较大范围内均发生高频强烈振动,引起门前水面波动、跳动,见图 1-6。

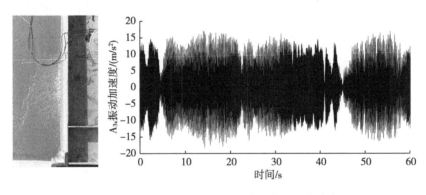

图 1-6　闸门振动门前驻波与振动响应

在国外,美国阿肯色河通航系统共有 17 个闸坝工程,其中 16 个工程有溢洪,用弧形闸门保持通航水位和调节流量,1971 年 10 月各工程都放水运行,大多工程都出现振动,有类似嗡鸣、翼振、鼓声和浪潮声,溢洪道、人行道上可以感受到振动。可明显观察到闸门面板、肋板、梁、斜拉杆有周期性位移,振动比较严重的弧形门在闸门上游紧贴面板处水面出现波纹。日本一表孔弧形门 12 m×11 m,1967 年 7 月 2 日,其中一扇弧形门在试运行时突然破坏,事故发生前闸门曾在 0.3 m 开度泄水 3 h,然后以每小时 0.3 m 的速度下降至接近关闭时,闸门突然破坏。破坏时,整个支臂的排架失稳屈曲,支承被拉断,闸门被冲到下游 130 m 处。20 世纪 70 年代哥伦比亚德尔蒙特坝深式泄水道上的一扇闸门汛期运行时被破坏,致使所在地区蒙受很大损失,80 人死亡。西班牙图兹水利枢纽因未能及时开启泄水道工作闸门,曾发生漫坝事故,造成重大人员伤亡和巨大经济损失。巴克拉坝有 12 孔表孔弧门,闸门在尾水淹没状态下,开度在 0.75～2.75 m 之间时,观察到部分闸门有严重振动,在上游面板附近可以看到水面驻波波纹。

流激振动有随机振动、周期振动、冲击振动等多种类型。其中前文介绍的空化,在气泡溃灭过程中引起的冲击荷载,会造成结构冲击型振动,在船闸输水阀门中表现非常突出。阀门段空化会造成阀门剧烈振动,活塞杆窜动,廊道声振,支铰螺栓松动,止水螺栓剪断,门楣、阀门面板及廊道壁面空蚀破坏等一系列问题。葛洲坝三座船闸在阀门开启过程中均发生强烈空化,实测噪声强度、阀门后压力脉动及启门力波动过程见图 1-7,实测阀门最大振动加速度均方根值达到 4.0 g,影响了船闸的正常运行,类似的发生空化振动的船闸工程不胜枚举。

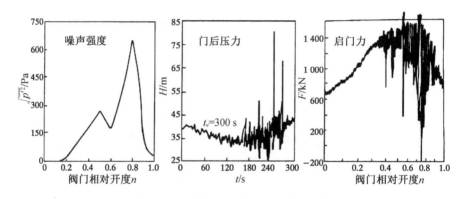

图 1-7　阀门开启过程中空化振动特性

工程中泄水闸门小开度时底止水绕流、旋涡脱落、止水损坏漏水、高速射流等会造成止水及门体结构周期性的自激振动。山西文峪河水库弧形闸门侧止水漏水,曾引起支臂频率达 119 Hz 的局部振动。江苏嶂山闸在泄洪过程中,个别闸门发生了强烈振动,检查发现,因闸门门槽和门侧止水间有较大的间隙,造成大量漏水引起,漏水处理后闸门振动也随之消失。皎口水库泄水底孔弧形工作闸门就因止水自激振动而引发闸门的强烈振动,在相对开度 0.07 时,顶止水刚好脱离,缝隙水流激起水封产生频率为 90 Hz 的谐和振动,产生以切向为主的激振力,除作用于闸门外,还反馈于水流,处于共振状态,导致振动较大,闸门支臂因动力失稳而被破坏。四川攀枝花米易湾滩水电站泄洪闸工作闸门也因顶止水的漏水产生自激振动,引起闸门的强烈振动,通过分析,确定了止水漏水是主要振源。止水漏水也是很多船闸运行一段时间后在挡水状态下出现周期性振动的原因。阀门止水损坏漏水与自激振动影响船闸的运行安全,必须停航检修更换,若频繁损坏则会严重影响船闸的通航效率。西江长洲 2 号船闸(工作水头 19.2 m)

输水阀门在挡水状态下发生强烈自激振动,现场实测阀门吊杆振动过程线见图1-8,其自激振动同样因为止水局部漏水引起。因止水损坏漏水射流而引起整个结构自激振动的问题在工程中十分常见,是困扰船闸正常运行的突出问题。

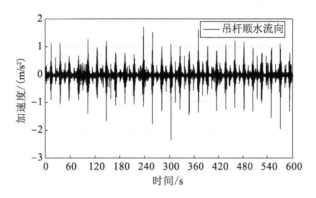

图 1-8　长洲 2 线船闸输水阀门吊杆振动

江淮地区多座船闸因为工作闸门(人字闸门、三角闸门、下沉式弧形等)底止水漏水发生强烈自激振动,如蒙城船闸、裕溪船闸、谏壁船闸、三河船闸等,振动均发生于固定的水位组合区间。蒙城船闸在下沉式弧形闸门部分开度和接近全关位时发生了严重的闸门自激振动。闸门振动激起的门前水面驻波高达 0.5 m以上,如图 1-9 所示,其振源存在两个方面:一是水封本身出现自激振动;二是闸门下部出流产生旋滚冲击作用力引起强烈振动。从闸门振动强度看,闸门全关挡水状态下的振动量很大,闸门门体上部最大位移约 60 mm,呈大幅度摆动状态,其强度类似中度地震,不仅对闸门结构本身造成很大危害,而且对船闸其他建筑物及其周边居民住房安全均产生严重威胁。三河船闸上游人字门在门内

图 1-9　蒙城船闸上闸首闸门全关位自激振动

外水位差 0.5～1.2 m 时出现门振,经检查分析,主要原因为底止水连接件变形、与座板不连续接触而漏水,门内外水位差较大时,水压力大,迫使橡皮止水与底坎接触,水位差较小时,水压力小于橡皮止水弹力,水流从座板间隙中射出,当水流脉动频率接近或等于门体的固有频率时,发生共振现象。

近年来,多座大型水电工程泄洪诱发大范围的场地振动也引起了关注。金沙江下游某大型水电站采用表中孔高低跌坎底流消能方式,在 2012 年 10 月下闸蓄水后,小流量泄洪即发生了水富县城房屋门窗振动问题,县城距离消力池最近仅 500 m,水流冲击能量沿地基传播,造成了大范围的场地振动。大渡河上某水电站 2015 年下闸蓄水后,先后启用左岸泄洪(放空)洞、溢洪道进行单独或联合控泄,泄流量一般在 1 000～2 000 m³/s,最大泄流量约 4 500 m³/s,位于泄洪出口下游 700～1 500 m 的右岸村庄陆续有居民反映房屋门窗振动现象,村民反响较大。对于大范围场地振动难以应对,通过观测研究,主要通过优化泄洪调度方式减小振动,难以根本消除,解决泄洪引起的大范围环境振动也是一个难题。

第三节　研 究 热 点

水工泄水建筑物冲磨和空蚀早已成为水利水电工程建设中的重要技术难题,一直是研究的热点。经过长期的研究和实践,一系列抗空蚀措施被提出并成功应用于工程,使水工抗冲磨防空蚀技术取得了长足的进步,这些措施主要包括泄水结构体型优化、掺气减蚀、提高施工质量、采用抗空蚀材料等。其中,前三种措施属于"防",均有一定的限度,在采用最优体型、掺气减蚀、最佳施工之后,空蚀问题往往还会发生;而采用抗空蚀材料属于"抗",是最直接有效的措施,也是目前解决空蚀问题的主要措施。

经过近一个世纪的不断探索,对于水工建筑物的冲蚀磨损和空蚀问题已取得了大量研究成果,许多新的抗蚀材料不断地被应用于实际工程。但是,泄水建筑物中的冲蚀与空蚀问题仍很严重,至今尚未得到妥善的解决。关于水工混凝土抗空蚀材料的研究始终没有停止过,伴随科技的进步,各种抗空蚀新材料不断涌现,新型材料抗空蚀性能如何,仍需要进行考察和评价。未来对于高性能的抗蚀材料的研究仍应给予高度的重视,尤其是高分子有机复合材料,在水力机械的抗冲耐磨中得到很好的应用,能否应用于泄水建筑物大面积混凝土表面的保护涂层,值得深入研究。

掺气减蚀技术的日臻完善、各种抗蚀新材料的不断涌现,一定程度上减轻了冲磨空蚀破坏程度,但问题始终未能得到妥善解决。尤其高水头、大流量的水利工程日益增多,泄水建筑物过流速度普遍提高,有的达到 50 m/s 以上的超高流速,冲磨和空蚀问题愈加突出。一些工程在采用掺气措施的情况下,依然发生了严重的空蚀破坏,典型的如二滩水电站 1 号泄洪洞,在设置多道掺气设施的情况下发生严重空蚀破坏;某大型水电站,在采用底掺气和侧掺气、抗冲磨混凝土护面的情况下,经过两个月小泄量考验,泄槽和消力池底板依然出现了大面积的蚀损;某大型水电站宽尾墩＋台阶面消能结构,尽管采取掺气设施,仍出现了严重的空蚀破坏;李家峡水电站底孔在门后掺气情况下,侧墙仍发生了大面积的空蚀破坏;景洪水力式升船机输水系统 60 m 水头工业阀门存在严重的空化振动问题,采用阀前强迫掺气后,空化噪声基本消失,但运行一段时间检修发现,阀门出口钢管仍出现大量空蚀蚀坑。因此,超高速水流掺气条件下材料的蚀损机制等问题仍需开展深入研究。

冲磨、空蚀及二者耦合作用的机理是开展抗蚀技术开发的基础,而对于工程中广泛存在的空蚀与冲磨耦合作用方面的研究较少,目前相关研究明显不足,冲磨与空蚀相互作用机制和影响尚不明确,也是目前研究的热点。利用先进的试验方法和测试技术,研究捕捉含沙水流空化气泡溃灭瞬间形态,综合水动力特性、蚀损特征,揭示冲磨与空蚀耦合作用机理、不同性质材料的蚀损机制,仍具有重要意义。

随着我国水利水电开发逐渐向西部山区转移,一些大型水利水电工程正在或将要在西藏等高海拔地区开工建设,在考虑传统高速水流空化空蚀问题的基础上,应增加低气压因素的影响,因此,高海拔低气压高速水流空化空蚀与防空化措施也是一个研究的热点。

另外,反过来考虑,针对高速水流空化及空蚀作用的特殊现象,如何加以利用也是值得探索的问题,高速水线切割已经得到了广泛的应用,近期也有将空化应用于污水处理、空化灭藻生态治理等方面的研究探索。

参考文献

[1] 加尔彼凌,等.水工建筑物的空蚀[M].赵秀文,译.北京:水利出版社,1981.

[2] 沈长松,刘晓青,王润英,等.水工建筑物[M].北京:中国水利水电出版社,2016.

[3] 戴会超,许唯临.高水头大流量泄洪建筑物的泄洪安全研究[J].水力发电,2009,35(1):14-17.

[4] 付倩,王冰伟.某水电站底孔泄水道冲蚀破坏原因分析及修补措施[J].中国水利水电科学研究院学报,2015,13(2):157-160.

[5] 陈先朴,西汝泽,邵东超,等.掺气减蚀保护作用的新概念[J].水利学报,2003,34(8):

70-74.

[6] 卞兆盛.葛洲坝船闸输水阀门段空化与声振研究[J].水运工程,2000(7):34-37.

[7] 蒋筱民,宋志忠.高水头船闸阀门段廊道防空化设计[J].人民长江,2009,40(23):51-53.

[8] 阎诗武.皎口水库深水工作弧门振动初步分析[J].水利水运科学研究,1981(1):78-86.

[9] 杨玉庆.闸门止水振动分析[J].水利学报,1982(2):55-63.

[10] 尹斌勇.船闸人字门振动原因分析及对策[J].水运工程,2010(1):102-105.

[11] 王新,严秀俊.船闸平板输水阀门动力优化及流激振动特性分析[J].水运工程,2013(12):151-154.

[12] Wang X, Hu Y A, Luo S Z, et al. Prototype observation and influencing factors of environmental vibration induced by flood discharge[J]. Water Science and Engineering, 2017, 10(1): 78-85.

第二章 基础概念与研究进展

本章简要总结介绍与切片试验相关的空化空蚀、冲蚀磨损、流激振动等基本概念和研究进展。尽管针对相关问题已研究多年,但在一些机理问题上尚未达成共识,由于相关的研究很多,而能够参考的文献和介绍的内容有限,难免存在不足。

第一节 空 化 空 蚀

一、空化

(一)空化现象

空化是由于流体局部压力变小,引起液体或液体固体界面的断裂,从而在其内部形成"汽化"的现象。在低压区空化的液体挟带着大量的空泡形成了"两相流"流动,因而破坏了液体宏观上的连续性,形成宏观可见的气泡。空化现象最初是因为船舶螺旋桨突然失去推进力而被发现的,随后又发现凡是运转于液体中的装置,不仅是船舶螺旋桨,所有水力机械装置和液体通道(如水泵、水轮机等),都可能发生空化泡和空蚀现象。

目前已认识到,液体中会有一些气体溶入,因此,液体中就会悬浮着一批气相的微泡,称为"气核"。这些核子并不能为肉眼所见,只有被液体带到低压区,气泡增长时才会被察觉到。当液体中的压力降到空气分离压以下时,溶解于液体中的气体突然迅速地分离而产生大量的气泡;当压力继续降低到该液体在此温度下的饱和蒸汽压以下时,除了液体中所含气体析出外,液体本身还会剧烈地汽化沸腾,产生大量的气泡。通常将前者称为含汽型空化泡(Vaporous Cavitation),后者称为含气型空化泡(Gaseous Cavitation),并统称为空化泡,常简称为空化或空泡。

空化和沸腾的根源是通常存在于液体中的许多小杂质或微小气泡,这些成为空化发生的前提条件——空化核。在常温常压下,液体分子逸出液体表面发生相变而成为气体分子的过程称为"汽化"。从微观来看,汽化是液体中动能较大的分子克服液体表面分子的引力而逃出液体表面的过程,它有"蒸发"和"沸腾"两种方式,任何温度下都会在液体表面发生蒸发,而沸腾则是剧烈的汽化过程,此时液体内部涌现大量气泡。汽化发生于整个液体内部,常压下沸腾仅在温度达沸点时才发生。为了与沸腾相区别,常把由于压强降低使水(或其他液体)汽化的过程称为"空化",把由于温度改变使水(或其他液体)汽化的过程称为"沸腾"。从宏观来看,空化与沸腾现象没有本质区别,它们在初生的问题上是一样的。只是沸腾是由于升温而形成的,而空化是由于降压而产生的。需要注意的是,"气化"与"汽化"是截然不同的概念。"汽化"是指物质由液体变为气体的物理过程;"气化"是指通过化学变化将固态物质直接转化为有气体物质生成的化学过程,如煤的气化。

由于液体中汽化和溶解气体的游离是向着作为核的空泡内进行的,结果就形成充满着空气和蒸汽的气泡。当这些气泡随液流进入高压区时,蒸汽高速凝结和气泡溃灭,因此空化现象包括空泡的初生、发展和溃灭,是一个非恒定过程。由于空泡在溃灭时产生很大的瞬时压强,当溃灭发生在固体表面附近时,流体质点便向空腔中心高速冲动,产生强烈的冲击,水流中不断溃灭的空泡所产生的高压强的反复作用,结果使瞬时的局部压力和局部温度急剧上升,可破坏固体表面,这种现象称为空化效应或空蚀(Cavitation Damage)。

空化不仅能产生光,而且溃灭时能发出声音,其利用的途径有多种,在超声工业中,可控空化用于超声清洗、浸蚀和切割,也可用来加速某些化学反应,在医疗上用来消灭有害细胞。但是,对空化最感兴趣的问题是要避免它的破坏作用。空化不仅会产生我们所不希望的噪声,而且也会引起管道、阀门、水泵、涡轮和螺旋桨的剥蚀损坏。

由此可见,空化现象的特征主要有下面几点:

(1) 空化是一种液体现象,在任何正常环境下,固体或气体都不会发生空化。

(2) 空化是液体中压强降低的结果,因而大体上可由控制减压来控制空化现象,或严格说来控制最小绝对压力。如果压力降低并且保持在由液体物理性质与状态所确定的临界压力以下持续足够的时间,就将产生空化现象。否则就不会发生空化。

(3) 空化现象涉及液体内空泡的出现和消失。

(4) 空化是一种动力学现象,它涉及空泡的初生、发展与溃灭。

空化是气核生长、失稳、溃灭的水动力过程。在一定温度条件下,流场中最小瞬时压力小于给定气核相应的临界压强,且该气核在该区域中运动至某一点时它的半径恰好生长到临界半径,则该气核在该点失稳而成空泡。气核失稳而成空泡就是气核的空化。

(二) 空化概念的提出

1753 年欧拉(Euler)指出,水管中某处的压强降低到负值时,水即从管壁分离,在该处形成一个真空空间,这种现象应予避免。1873 年雷诺(Reynolds)曾解释蒸汽机船的螺旋桨转数提高到一定程度反而会使航行速度下降的原因,认为是当螺旋桨上压强降低到真空时吸入空气所致。1897 年巴纳比(Barnaby)和帕森斯(Parsons)在英国"果敢号"鱼雷艇和几艘蒸汽机船相继发生螺旋桨效率严重下降事件后,提出了"空化"的概念,指出在液体和物体间存在高速相对运动的场合可能出现空化。1896 年帕森斯建立了第一个研究空化的小型水洞,用闪频观测器观察空化现象。1900 年,英国、德国建造了空化水洞。20 世纪初期,水泵和水轮机中也相继出现了同样现象,30 年代,高坝泄水建筑物也发生了空蚀破坏,因此,美国的托马斯(Thomas)设计并制造了减压箱,在减压条件下研究泄水建筑物的空化问题。1932 年盖恩斯(Gaines)研制出人工产生汽蚀的磁激振荡器,后经汉塞克(Hunsaker)改进,用于多种金属和合金的汽蚀破坏试验。1934 年塞夫港水电公司对金属的抗蚀性能进行了全面测定,采用弯曲形喷嘴设备,流速达 69.6～92.2 m/s,在 1937 年发表了 266 种材料抗剥蚀的研究报告,直到 1970 年美国出版的 *Cavitation* 一书仍全部引用了这一结果,可见其实用意义之深远。目前,船舶、水力机械、水利工程中的空化问题研究仍占有重要的地位。

(三) 空化分类

空化由于发生的设备和位置不同,流场特性千差万别,空化分类也不尽相同。据《空化机理》(潘森森等)介绍,广义的空化包括水力空化、振荡空化、超声空化、激光空化等,水力空化是日常生活和生产实践中接触最多的一种空化,一般非特别说明,所谓的空化均为水力空化。振荡空化则是固壁边界高速振动诱生负压促使气核发育失稳而形成的空化,固体振动诱生的动水压力与振动边界的加速度成正比,因此振动频率高时很容易引起振荡空化,输水廊道或水工泄水建筑物中很少见到振荡空化。超声空化是由数个声传感器或声波发生器发出的声束聚焦而形成驻波所产生的空化,属于给局部液体输入集中能量而激发的一类空化,在工业中已有较多应用。激光空化是用激光给液体局部输入集中能量而激发的空化,可以制造孤立的单个空化泡,故经常应用于空化研究。

根据空化发生的条件和特点,在水工高速水流中,常将空化分为分离空化、旋涡空化、剪切空化等类型,如图 2-1 所示。分离空化最为常见,壁面转弯或突变的位置均可能造成水流与壁面分离,在分离部位形成负压,进而产生空化,包括施工造成的廊道壁面凸起、错台等均会引起分离空化;旋涡空化发生于门槽及闸阀门后的水流旋滚区,由于旋涡中心的低压促使气核发育失稳而形成空化,这种空泡可在门槽内经历多次旋转,寿命较长;剪切空化主要发生于水流的强剪切层,如输水廊道阀门开启过程中,门底射流与门后水体剪切形成的空化,紊流剪切层中的空化与旋涡空化有相似之处,不同的是剪切空化是快速游移的。

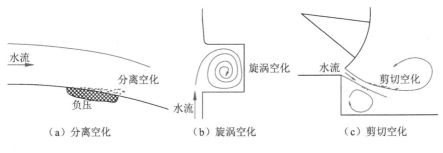

（a）分离空化　　　　　（b）旋涡空化　　　　　（c）剪切空化

图 2-1　空化类型

根据空化的发生发展不同阶段,通常将空化划分为初生空化、附体空化、超空化等。随着水流中压力的降低,开始出现阵发性的空泡现象,认为是初生空化,初生空化一般范围很小,肉眼刚可觉察;随着运动物体上的初生空化进一步发展,致使绕流体上产生直观为一片固定的空化区,称为附体的固定空化,它的尺寸随流速增大、压力降低而进一步发展扩大;当压力进一步降低,空化超过绕流体的范围,形成了一个包围绕流体的大空腔,这种超出绕流体的空化,称为超空化。

有的根据空化的形态进行分类,如研究较多的水翼空化,将水翼表面可能出现的空化类型分为泡空化、片空化、云空化、涡空化等类型。如图 2-2 所示,泡空

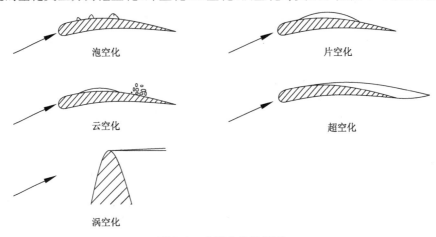

泡空化　　　　　　　　　　片空化

云空化　　　　　　　　　　超空化

涡空化

图 2-2　水翼空化的类型

化也称游离空化,表现为分离的空泡向下游运动;片空化附着在水翼表面,有相对固定的空泡边界;云空化一般由片空化脱落形成,以大量小气泡形式向下游运动;涡空化发生于旋涡流动中,一般处于涡心位置。典型的片空化和梢涡空化见图 2-3。

(a)片空化　　　　　　　　　　　　(b)梢涡空化

图 2-3　空化照片

(四) 空化噪声

当空化气泡在近壁面溃灭时,会产生指向固体壁面的高速水射流,以几千个大气压的高压冲击固体壁面,形成空蚀,并常常伴随有强烈的噪声。

空穴在溃灭过程中产生的空化噪声具有高频特性,而且空化噪声的声压级明显高于水流中普通气泡振荡产生的噪声声压级。当水流空化数小于初生空化数时水流发生空化,空泡溃灭噪声成为主要的噪声源,高频范围的声压级急剧升高,噪声频谱曲线亦发生突然变化。故声音强度测量是确定空化初生的一种灵敏方法。在空化初生阶段,声音能量在超音频范围内具有高强度,利用高通滤波器的"听声"装置,可以记录到空化开始时音量水平的一个突然增加。

监测空化噪声的音量水平,如果音量水平突然增加,系统立即发出预警警报,警示空化的初生。这样许多偶然出现的音频升高,历时短促的情况就会使系统在未发生空化时发出预警。为了排除这种情况,可以设计预警延时机制:当音量水平在不小于这个时段内维持在超音频范围内,则由监控预警系统发出警报信息。这样,既可以预报空化的产生,又可以避免上述偶然情况带来的干扰。

空化噪声的主要参数包括声压、声强、声级等。声压是由于声波的传播使声场介质产生的压强变化。声强是通过单位面积的声功率。声级是实际噪声测量中采用的计量单位,以分贝(dB)表示。人耳对声激励的响应接近对数关系,故采用声压或声强的对数表示声级,声级有两种:声压级和声强级,分别用 SPL 和 IL 表示,定义如下:

$$SPL = 20\lg \frac{p}{p_0} \tag{2-1}$$

$$IL = 10\lg \frac{I}{I_0} \tag{2-2}$$

式中，p_0、I_0 分别为参考声压和参考声强。对于水和空气，参考声压或声强是不一样的，由于水听器的输出电压与声压呈正比，测量声压比较方便，故在水声测量中一般都采用声压级，美国推荐参考声压取 $10^{-6}\mathrm{Pa}$。

噪声谱是以频率为横坐标、以相应的声压幅值或均方根值为纵坐标构成的频率-声压关系曲线，不同的噪声谱对应着不同的声源，一般把声波频率分成三部分：次声频率 $f < 20\ \mathrm{Hz}$，低于人耳能听到的声音频率；声频 f 为 $20 \sim 20\ 000\ \mathrm{Hz}$，处于人耳可听到的声音频率范围；超声频率 $f > 20\ 000\ \mathrm{Hz}$，高于人耳能听到的声音频率。空化噪声的频谱不仅在声频范围内有很高的声级，在超声频范围也有很高的声级，因为空化噪声的这一特点，可以根据实测的噪声谱变化来判断空化初生。

（五）空化数

虽然空化现象的本质是因为水流最低压力 $p_{\min}$ 小于水的饱和蒸汽压 p_v，在气核界面处的液体相变成蒸汽，使气核体积急剧膨胀而成空泡，但因为流场中的 $p_{\min}$ 和气核半径的分布都很难测定，所以无法用这些量判断水流发生空化与否。正如为了判断层流和紊流发现了雷诺数，判断急流和缓流采用了弗劳德数，为衡量水流中空化发生的条件及发展程度，估计空蚀破坏的可能性，需要一个科学定量的无因次参数。影响空化产生与发展的主要变量有过流边界形态、绝对压强分布和流速等，还有流体黏性、表面张力、气化特性、边壁表面条件等。由于这些变量最基本的是与流动边界密切相关的压强和流速，故习惯用空化数 σ 作此参数，判断非空化流与空化流。

从黏性流体运动方程诱导相似率时，可以得到两个系统运动相似的四个动力学条件：对应的雷诺数 $Re = \dfrac{\rho v L}{\mu}$、弗劳德数 $Fr = \dfrac{v^2}{\sqrt{gL}}$、斯特劳哈尔数 $Sr = \dfrac{L}{vT}$、欧拉数 $Eu = \dfrac{p_r}{\rho v^2}$ 必须相等。欧拉数中的 p_r 为相对压强，$p_r = p_a - p_0$（p_a 为绝对压强，p_0 为某一参考压强）。若系统有自由水面，但流场无空化，通常取自由水面的大气压强 p_{atm} 作为 p_0。在这种情况下，只要满足了几何相似条件及有关的主要动力相似条件，则欧拉相似律自动满足，无须另行考虑。若流场中出现了空化现象，于是在流场内部出现了空泡。空泡（或空腔）表面也是一个自由水面,而空化现象和空腔中的压强 p_c 密切相关,因此对于判断空化现象的无因次参数、显然应以 p_c 作为参考压强,为了使两系统运动相似,对应点的 $(p_\infty - p_c)/(\rho v^2)$ 必须保持相等。通常空化空腔的 p_c 很接近于相应温度下的饱和蒸汽压 p_v,因此通常近似以 p_v 代替 p_c,而用 p_v 作为参考压强定义的某点欧拉数称为空化数,记为 σ,即

$$\sigma = 2(p_\infty - p_v)/(\rho v_\infty^2) \tag{2-3}$$

式中,p_∞ 与 v_∞ 为流动系统中某一选定参考点的绝对压强和流速,对于不同的系统有不同的选择(但希望参考点的水流脉动应尽可能微弱)。采用压力水头表达为

$$\sigma = \frac{h_0 + h_a - h_v}{v_0^2/(2g)} \tag{2-4}$$

式中,h_0 为计算断面边壁时均动水压力水头,即测压管水头;h_a 为大气压力水头;h_v 为水的汽化压力水头,按表 2-1 取值;$v_0^2/(2g)$ 为计算断面平均的流速水头。大气压力水头按下式估计:

$$h_a = 10.33 - \frac{\nabla z}{900} - 0.39 \tag{2-5}$$

式中,∇z 为计算点海拔高程。

表 2-1 水的汽化压力水头

水温 /℃	0	4	10	15	20	25	30	35	40	60	80	100
h_v /m	0.062	0.083	0.125	0.174	0.238	0.323	0.432	0.573	0.752	2.03	4.83	10.33

水工设计中高速水流问题常用 σ 作为评估建筑物各部位各点水流空化特性乃至附近边壁空蚀可能性的主要指标,故又称空化指数。显然,据具体过流建筑物某处水流实有流速和绝对压强等水流要素算得的 σ 越小,水流空化乃至边壁空蚀的可能性越大;反之,该处水流实有 σ 越大,则表示抗蚀安全度越大。但到底如何定量判别水流是否发生空化,σ 的界限值多大,这就需要具体问题具体研究。为了寻求临界空化状态,可对尚未发生空化的水流保持流速不变,逐渐降低压强,直到水流中开始发生可见的微弱的空穴,这就是被称为"初生空化"的临界状态,按式(2-4)计算的空化数称为初生空化数 σ_i。显然,水工建筑物各过水部位边界形态不同或边壁表面平整度不同,客观上都有其初生空化数的不同值,

一般通过试验确定。一些常见边界的初生空化数列于表 2-2,可作为空化预警阈值的设置依据。

表 2-2 不同边界类型的初生空化数

序号	边界轮廓	初生空化数	序号	边界轮廓	初生空化数
1		1.6	7		2.4
2		1.4	8		1.1
3		2.2	9		1.8
4		1.1	10		2.1
5		1.1	11		1.05
6		2.0			

泄水建筑物运行时,某处实有水流空化数 σ 与其初生空化数 σ_i 如能保持

$$\sigma > \sigma_i \tag{2-6}$$

则该处水流不会空化;而如有

$$\sigma \leqslant \sigma_i \tag{2-7}$$

则会发生空化。但应指出,空化的发生不意味着附近边壁空蚀的必然发生,由于空化数所含变量之外的其他因素的影响,何种表面形态的边界条件、何等强度的边壁材料在何等程度的水流空化状态下空蚀,严格说来也需具体问题具体研究。但导致空蚀的水流空化数将小于 σ_i,水工实践中有时以 $0.8\sigma_i$ 作为粗估空蚀发生的水流空化数临界值。

二、空蚀

本节主要叙述了影响空蚀率的一些基本因素及它们对空蚀率施加影响的机理。对这些问题有较清楚的认识,将有助于制定减免空蚀的措施,并利用在某一条件下得到的空蚀试验结果定性地估计在另一条件下的空蚀状态。

(一) 空蚀理论

空蚀是水力机械及水工建筑物破坏的主要形式,是指空化泡溃灭在固体表

面产生空蚀破坏的现象,固壁产生空蚀破坏的机理目前主要有以下几种理论:

(1) 微射流冲击理论:空蚀是由于空泡溃灭时所形成的冲击波将其所产生的巨大压强作用到边壁上,这样,微射流的冲击作用,尤其是其中强的冲击力可以直接使固壁破坏,弱的冲击力反复作用可以引起固壁材料的疲劳,继而对边壁造成强度破坏,形成空蚀。

(2) 电化学腐蚀理论:空泡在溃灭时高温、高压的作用下,金属晶粒中可以形成热电偶,冷热端间存在电位差,从而对金属表面可产生电解作用,形成电化学腐蚀。

(3) 化学腐蚀理论:许多金属在腐蚀的情况下受到的疲劳破坏要比不存在化学作用时快得多,化学腐蚀可以加速固壁的破坏。

(4) 热作用理论:溃灭的空泡中含有相当数量的永久气体,则在空泡溃灭终了时气体的温度必然很高,因为溃灭过程历时短,以致在短时间内热量交换不足以使空泡内的气体被周围水体冷却,因而在水的冲击作用下,这些热的气体与金属表面接触时,将金属表面局部加热到熔点,或使其局部强度降低而产生破坏。

关于空蚀破坏,寻求合理的空蚀程度评价方法和指标,一直是空蚀研究的重要方面,现有的评判标准有失质法、失体法、面积法、深度法、蚀坑法、放射性同位素法等。各种空蚀程度的表示方法虽然都有着广泛的应用,但这些指标都各有其特点和一定的适用范围。

(二) 破坏模式

不同类型材料的破坏模式是不一样的,比较典型的有两种情况,即空蚀破坏主要来源于两种外界作用力,一种是由于空泡溃灭的一次冲击力超过材料的塑性极限,另一种则是多个空泡不断溃灭冲击积累而产生的疲劳破坏。即塑性破坏模式和脆性破坏模式。当然,材料表现为塑性或脆性不仅和材料本身的特性有关,还和加载速率有关。当加载速率极高时,通常的塑性材料也会表现出脆性破坏的特征。空蚀荷载的加载速率虽然也很高,但在它的加载速率范围内还可以区分出塑性破坏和脆性破坏两种情况。

(1) 塑性破坏模式:当有强度足够的冲击波突加在塑性材料表面时,在材料上形成塑性变形坑和周边唇,如图2-4所示。在周边唇没有剥落之前只有变形深度,基本上没有质量损失;随着周边唇的剥落也就出现了质量损失。周边唇剥落似乎有两种可能性:一是在周边唇形成以后,后继的空泡溃灭引起的压力冲击波反复作用在周边唇上,使

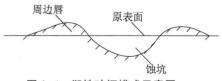

图2-4　塑性破坏模式示意图

周边唇逐渐疲劳断裂而被剥落；另一种可能性是当后继的冲击波作用在周边唇附近时,会出现基本上与原表面平行的径向流(对空泡溃灭中心而言),从而在周边唇上产生切应力把周边唇切断。

（2）脆性破坏模式：当有强度足够的冲击波作用在脆性材料表面时,在加载期间可能形成径向裂缝,在卸载期间因出现拉应力而形成基本上与材料表面平行的侧向裂缝,如图2-5所示。径向裂缝的产生引起材料强度的降低；侧向裂缝则促使裂缝区内的材料剥落形成麻

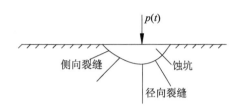

图 2-5　脆性破坏模式示意图

点,所以麻点的深度大致就是侧向裂缝的深度,也有脆性断裂。

实际上,许多材料的破坏过程并不像上面说的那样典型,可能既有塑性变形也有脆性断裂。

空蚀是一个非常复杂的过程,这是因为影响空蚀的因素非常多,除前文提及的水动力因素和材料特性外,还有一些在空蚀过程中出现的因素,诸如空化荷载的波导作用,材料在空化荷载作用下的疲劳和加工硬化,不同材料对空化荷载冲击角度反映的差异以及化学腐蚀和空蚀的相互影响等。

（三）空蚀程度的表示方法

（1）失质法。根据试验前后材料的质量损失来计量,单位时间的质量损失称为空蚀率,常用单位 g/h,该方法简单易行,特别是对于不吸水的材料、空蚀程度比较大、材料失重比较多的情况更适用。对于塑性较大、吸水量较大的材料及空蚀程度相对较弱的情况,误差较大,不太适用。

（2）失体法。根据试验前后材料的体积损失来计量,常用单位 cm^3/h,当材料的塑性较大、受空蚀作用后只有变形而无损失时,这种方法不适用,当材料体积损失很小时,其体积损失不易准确测量。

（3）面积法。将易损涂层涂于试验材料受空蚀的位置,经过一定试验时间后,用受空蚀失去的涂层面积与总涂层面积的比值作为空蚀程度的计量,这种方法对于抗蚀性能较优的非塑性材料非常方便。

（4）深度法。试验材料表面受空蚀破坏后,被蚀去的深度是计量空蚀程度的重要指标。但因在试验材料表面上各处被蚀的深度不同,蚀坑大小也不一样,故常用一定面积内的平均空蚀深度作为空蚀程度的指标。

（5）蚀坑法。Knapp 在研究金属材料抗空蚀性能时,用试验材料经过空蚀后单位时间、单位面积中的麻点数作为空蚀程度的一种表示方法。他的试验表

明,空蚀麻点率与试验时间长短无关。只要试验历时不太长,以致麻点不互相搭接,就不至于影响麻点的计算精度。

（6）空蚀破坏时间法。用单位面积失去单位质量所需的时间来表示空蚀程度,常用单位 $h/(kg \cdot m^2)$,一般其原始数据仍用失质法测得的数据,但需要经过换算。用失质法表示材料抗空蚀程度时失质愈小,抗空蚀性能愈高。而空蚀时间法是时间愈长,抗空蚀性能愈高,在概念上比较直观,实质上对量测方法并无影响。

（7）同位素法。Kerr 曾在水轮机转轮上涂放射性同位素保护层,在水轮机运转时,用测点排水中的放射性大小来确定转轮的空蚀程度。

上述方法中,失质法应用最为普遍。

（四）空蚀时间效应

倪汉根等编著的《水工建筑物的空化与空蚀》对空蚀的时间效应、速度效应、材料影响等进行了较为详细的总结,此处对其少部分内容进行引用。在试验条件不变的情况下,随着试验的进程,试件的空蚀率并不是常数。早期用磁致伸缩仪进行金属材料试验时,发现在试验的最初阶段试件的质量并无损失。Thiruvengadam 曾指出试件的累计失重量和试验时间大致呈 S 形曲线关系。不同的研究者得到过不同形状的空蚀率-试验时间关系曲线,几种具有代表性的曲线示于图 2-6,都是在磁致激振装置中测定获得。

1964 年,Thiruvengadam 等给出了曲线图 2-6(a),该曲线由四个部分组成,对应空蚀发展的四个阶段。第 I 阶段为潜伏阶段,试件在空泡溃灭冲击荷载持续的作用下,出现疲劳现象,可能产生塑性变形和微裂纹,但尚无失重;第 II 阶段是试件失重加速期,由于试件吸收能力不断增加,疲劳过程发展,先在试件表面的局部地方形成蚀损,然后扩大到试件的整个表面,空蚀率逐渐增长并达到最大值;第 III 阶段是减弱期,空蚀率达到峰值后,在加速期形成的蚀坑逐渐加深,蚀坑中的积水降低了空泡溃灭荷载对坑壁的冲击,试件对能量的吸收率降低而使试件的空蚀率降低,从而对试件表面起到了保护作用;第 IV 阶段是稳定期,试件在减弱期后空蚀率将接近一个常数,此时与空泡溃灭荷载相应的空蚀作用和材料的抗蚀能力达到了平衡状态,与试验的历时无关。

1967 年 Hobbs 等得到了曲线图 2-6(b),1970 年 Tiehler 等得到了曲线图 2-6(c),1972 年 Matsumura 等得到了曲线图 2-6(d),但与图 2-6(a)有一定的差异。1981 年清华大学水电系进行混凝土材料抗空蚀性能试验时,也曾得到图 2-6(a)中四个阶段的类似结果。空蚀过程受各种因素的影响,试验材料、试验条件以及试验持续时间的不同都可能引起空蚀率-试验时间曲线的差异。Matsumura 等用黄铜、不锈钢和工具钢做试验时得到的是图 2-6(d)型的双峰曲线,但用铝和铁试件做试验时得到的却是图 2-6(a)型的单峰曲线,这表明,试验条件不同会影响空泡的大小和分布,从而影响作用在试件表面的空泡溃灭荷载,导致空蚀过程曲线的差异。

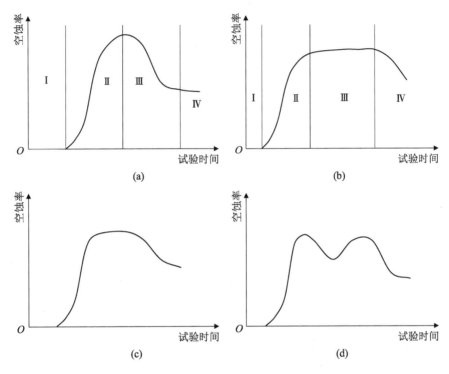

图 2-6 几种不同的空蚀率-试验时间关系曲线

(五) 水流速度效应

在影响过流壁面空蚀程度的因素中,水流流速是重要的因素之一。在其他参数都不变、σ 保持常数的条件下,改变流速引起的空蚀率变化,称为空蚀率的速度效应。在流动系统(如文丘里管等)或转盘试验中、液体和试件的相对运动速度不同时对空蚀率有极为显著的影响。Knapp 最早开展了这方面的研究工作,在美国加州理工学院水洞中对软铝进行了大量的空蚀试验,研究过流速度与空蚀率的关系。试验是在空化数及其他试验参数保持为常数从而空化区范围也近似为常数的条件下进行的,因此,液体的流速改变时,压强只能按一定的规律变化而不能任意独立调节。试验流速从设备能达到的最大流速 30 m/s 变到几乎观测不到空蚀的低流速,以每秒每平方英寸面积上的麻点数作为空蚀率指标,试验获得材料的空蚀率 N 与水流流速 v 存在下列关系:

$$N = Av^n \tag{2-8}$$

式中，A 为某一常数。试验结果如图 2-7 所示，无论用最大空蚀区还是用全部面积的试验数据都得到了空蚀率与流速的六次方成正比的近似关系。苏联的有关金属材料试验也证实了这个结论。也有些文丘里管空蚀试验表明，速度指数 n 值最大为 5，一些转盘空蚀试验表明 n 值在 $1 \sim 5$ 之间，因此，对金属材料的速度指数基本认为在 $4 \sim 10$ 之间。

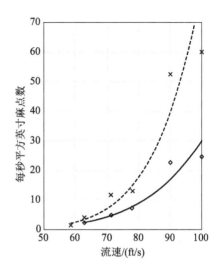

图 2-7　空蚀率与流速的关系

有的文献认为式（2-8）是由空蚀前期的试验数据得到的，因此它和由空蚀较后阶段试验数据得到的结果可能不同，提出流速 v 应减去临界空蚀流速 v_0 这个门槛值，再建立与空蚀率的关系。另外，利用麻点数计算空蚀率与利用质量损失计算空蚀率也有一定差异，二者难以直接换算，因为形成麻点并不等于形成相应的质量损失，而且在绝大多数情况下麻点的尺寸也是不一样的，因此以质量损失计算的空蚀率的速度指数可能也不一样。

由于影响空蚀率的因素比较多，即使同一材料在不同的试验装置流场条件下，实测的流速指数也是不一样的。若以质量损失表示空蚀率，则在文丘里管的试验中，流速指数可能小于 1，而在转盘的试验中可能等于 10。一些文献中的试验数据表明，在同样的试验装置流场条件下，对不同的试验材料，实测的指数值也是不一样的，如对 99% 的纯铝的指数为 7，对有机玻璃相应的值为 9。对于不同类型的水泥砂浆，不同试验条件下的试验结果表明，当水流流速小于 25 m/s 时，空蚀率与水流流速的关系中速度指数在 1.5～3.5 之间，当流速大于 25 m/s 时在 2.5～7.5 之间。

（六）材料特性影响

空蚀试验材料特性包括多项指标，如密度、硬度、弹性极限、极限拉应力、应变能等，其中哪些指标与材料的空蚀率密切相关是大家关心的问题，针对这个问题研究了多年，但并没有完全解决。大量文献主要从金属材料和以混凝土为代表的脆性材料方面介绍相关的研究成果。

在金属材料研究方面，1932 年，Mousson 对 266 种合金进行了空蚀试验，得到的结论是材料的抗蚀能力随材料硬度的增大而加强。20 世纪六七十年代，Lichtman 和 Laivd 等人也都认为硬度和空蚀率的相关性最好。1963 年，

Thiruvengadam 则建议用材料的应变能（即到材料破坏为止的应力应变曲线下的面积）作为空蚀阻抗,他的试验表明材料的应变能和空蚀率的相关性很好。不过,1965 年 Hammitt 等人的研究并没有发现材料的抗空蚀能力和应变能、屈服应力、断裂应力以及硬度之间的相关性。1978 年,Evans 等研究固体粒子冲击脆性材料产生的体积损失时,采用的材料抗冲蚀特性指标是材料的断裂韧性和硬度,试验表明复合指标和实测的体积损失相关较好。表面硬度越大,抗空蚀性能越好,这对一些典型金属材料是正确的,但也有例外,如铝青铜的抗空蚀性能要较普通碳钢和铸铁都好,但它的硬度相对较低,这与金属的结晶粒度粗细有一定关系,结晶粒度越细,其抗空蚀性能越好,如铝青铜的结晶很细,而缓慢冷却的铸材,结晶的粒度粗大,抗空蚀性能就较差。此外,合金的金相结构对其抗空蚀性能也有一定的影响。不过到目前为止,研究金属材料的空蚀时,仍多以应变能、硬度等作为材料的抗空蚀指标。在国内外泄水建筑物空蚀破坏防护中,很多采用了抗空蚀性能较好的不锈钢材料,在易发生空蚀破坏的部位布置钢板衬砌,但出现过不少衬砌钢板被掀掉、撕裂的情况。

在以混凝土为代表的脆性材料方面,多数脆性材料在空蚀破坏过程中基本上存在电化学作用,主要是机械作用。混凝土是水利水电工程中应用最广泛的一种材料,属于典型的非均质脆性材料,其成分和浇筑工艺均会影响抗空蚀性能,美国 20 世纪 40 年代已开始研究这个问题,我国在新中国成立后不久也开始了这方面的研究。

已有的试验研究表明,混凝土的空蚀率与混凝土的抗压强度 R（即标号）密切相关。图 2-8 是混凝土的空蚀率和抗压强度的关系,试验是在文丘里管中做

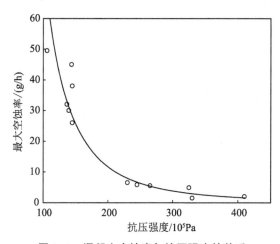

图 2-8　混凝土空蚀率与抗压强度的关系

的,喉口的流速为 24 m/s,试件的表面积是 10 cm× 10 cm,以单位时间的最大失重为空蚀率,单位为 g/h,抗压强度单位为 10^5 Pa,可以看出,随着混凝土强度等级的提高,其空蚀率先加速减小,后降幅减缓,逐渐趋于稳定。对图中的曲线拟合得到相应的经验表达式为

$$最大空蚀率 = \left(\frac{390}{R}\right)^{3.4} \tag{2-9}$$

通过拟合的经验公式可以看出,混凝土最大空蚀率与抗压强度呈负的幂指数关系。另外,相关文献也给出了全苏水工科学研究院将混凝土试件放在 $v = 30$ m/s 的设备中所得到的空蚀率,按相同形式的经验公式进行最小二乘法拟合,确定的幂指数约为 -4.4,与式(2-9)中的 -3.4 有一定差异,但考虑到空蚀试验影响因素众多,两个完全独立的试验得到的基本规律是一致的。

三、防空化与抗空蚀

空化和空蚀现象的发现已有较久的历史。早在 1753 年欧拉(Euler)研究水轮机理论时,曾意识到在低压区水流产生空化的可能性。1894 年雷诺(Reynolds)在论文中详细报道过在试验室造成的空化现象。但空化水流引起的空蚀破坏,首先是 1894 年英国在推进器上发现的,1896 年根据 Charles Parsons 的设想,建立了世界上第一个供螺旋桨空化试验用的小型水洞。随着高坝的兴建,泄水建筑物的空蚀破坏受到了广泛的重视,国内外很早就开始了空化空蚀的研究工作。经过多年的研究、探索,提出了多种防治空蚀的方法,本章节从主动的"防空化"和被动的"抗空蚀"两个方面进行简要的介绍。

(一) 防空化

自 100 多年前首次阐述空化物理现象开始,各国各行各业的学者开展了大量的相关研究工作,在空化空蚀机理认识与描述、空化的危害应对措施与应用、空化现象利用挖掘等方面取得了一系列的重要成果和进展。然而,由于空化空蚀具有随机、瞬时、高速、微观、多相等复杂特征,研究难度极大,到目前为止,在空化发生、空蚀破坏等机制方面还存在很大争议。

研究空蚀问题一方面是从水力学的角度来减轻或避免空蚀(防空蚀)。具体的方法有:①在设计中,边壁体形尽可能呈光滑的流线型,避免直角或曲率较大的结构形式,这种方法由于受地形条件等诸多因素的限制,不太可能尽如人意,而且由于空化的复杂性,也不可能完全避免空蚀。②提高施工质量,尽可能避免过流面上出现各种形状的突体,模板接缝不平、突体、凹陷、升坎、跌坎、钢筋头或预埋构件露头都将成为空化的主要因素。③掺气减蚀,在高速水流中易发生空

化的地方掺入一定量的空气，以减免空蚀破坏。在水利水电水运工程高速水流领域，大量工作集中在工程掺气防空化、抗空蚀新材料研究与应用上。

（二）抗空蚀

研究空蚀问题另外一个大的方面就是抗蚀材料的研究（抗空蚀）。约在20世纪40年代国外最早开展了混凝土及金属材料在清水中抗空蚀性能研究。早期有代表性的成果如：苏联在32 m/s流速下进行空蚀试验后认为，以某一同等破坏水平为标准，普通混凝土只需2～3 h，树脂混凝土需要60 h，而花岗岩则需要90 h；1975年，美国在明尼苏达州明尼阿波利斯市的密西西比河上，曾对一个有严重冲蚀磨损的船闸用普通混凝土、钢纤维混凝土、环氧混凝土等五种材料修补，并进行对比，运行两年后发现，普通混凝土和钢纤维混凝土完全破坏，环氧混凝土情况良好；美国陆军工程师团在37 m/s流速下进行空蚀试验表明，钢纤维混凝土和聚合物浸渍普通混凝土，其空蚀深度达到75 mm所需时间为普通混凝土的3倍，即前者为120 h，后者为40 h，而聚合物浸渍钢纤维混凝土经过196 h后，其空蚀深度仅为25 mm。

多种试验手段和测试技术被应用于抗空蚀材料的研究。Causey被认为是最早采用文丘里装置进行混凝土抗空蚀研究的试验者之一，Gikas，Billard和Fruman，Pham等等也都曾使用过文丘里装置进行空蚀试验；Cheng使用水空化射流技术研究了聚合物涂层的抗蚀性能；Momber曾使用一种水流空蚀室对混凝土和岩石进行短期空化试验研究；Gilberto为了考察混凝土试件的空蚀破坏，研发了一种更先进的水射流装置，该装置具有很小的安装面积、减少能量的使用等优点。与泄水建筑物类似，水力机械中叶片发生空蚀也是极为常见的现象，多种试验手段曾应用于空蚀机理的研究。Karimi在20世纪80年代中后期利用涡空蚀发生器，对铟、黄铜、纯铜、双联不锈钢等多种试样进行了空蚀溃灭冲击试验研究，探讨了空蚀发生的机理，利用电子显微镜观察空蚀发生后试件表面的微结构，得到了一系列的研究成果；Chen为了研究初期空蚀的破坏机理，对一种光滑的40Cr钢试件进行了振动空蚀试验，通过1 min的试验，试件表面出现三种类型的空蚀麻点：完整坑、不完整坑和热坑。用Fluent软件对空泡溃灭过程进行数值模拟来解释这三种形式的蚀坑：微射流是引起完整坑的主要原因，冲击波主要造成非完整坑，而压缩气泡溃灭瞬间的高温是热坑形成的原因。Escaler通过在水翼的前缘表面贴障碍物的方法在高速的空化通道中进行了空蚀试验，该试验装置可以加速置于障碍物后试件的破坏及其他多种优点，并将该装置得到的空蚀结果与用涡空蚀发生器和振动装置得到的类似数据进行了比较；Dular将薄铜片置于水翼的表面作为空蚀传感器，研究不同的水流条件（系统压力、水的含气量、流速)在水翼上发生的空蚀现象,结果表明在空蚀与空化的视觉效应之间的密切联系可以建立一个空蚀模型,这个模型基于不同现象(空穴群爆炸、压力波射出、微射流及麻点形成)的物理描述,融入了麻点的形成过程,可以预测水流速度和含气量等重要参数的影响,模型是通过单个水翼试验建立的,后经过在水泵水轮机中测试,预测的空蚀破坏的大小和分布与实际吻合较好,后又通过一个薄铝片的空蚀试验研究得出,空蚀麻点特别易于成群出现在已经破坏的表面,主要因为已经破坏的表面不同于光滑的表面,它可以作为"空蚀发生器"引起更多的气泡在附近出现和溃灭。

国内于 20 世纪 60 年代后期开始在实际工程中试验及应用特种混凝土作为抗冲磨、抗空蚀修补材料或护面材料。主要的科研院所(如清华大学、南科院、长科院、北科院、黄委会科研所等)、水利枢纽工程管理局(如龙羊峡、李家峡、刘家峡、三门峡等)、设计、施工、运管部门单位以及材料生产厂家,先后开展水工泄水建筑物抗冲磨和抗空蚀护面材料和工艺的研究和应用。如黄继汤等分别进行了挟沙水流中几种金属材料抗空蚀和抗磨蚀性能的试验研究及硅粉混凝土抗空蚀性能的试验研究,采用的文丘里管喉口流速为 26 m/s。南京水科院柴恭纯、林宝玉、王河生等针对水利工程中存在的引起空化的几种水流形式,如分离流、缝隙流、剪切流等,研制了 5 套空化空蚀试验装置,其中就包括缩放型空蚀发生器,将试验室内进行的空化空蚀试验水流流速提高到 59 m/s,并利用研制的装置在流速为 48 m/s 的条件下进行了 17 组护面材料的抗空蚀性能及常规抗冲磨性能试验,对所研制的适用于高流速并在现场经过应用的新型树脂砂浆、树脂混凝土与高强砂浆、高强混凝土进行了对比论证,较好地解决了龙羊峡、李家峡等泄水建筑物的空蚀问题,南京水科院经过多年科学研究的积累和总结,编制了水工建筑物抗冲磨防空蚀混凝土技术规范,为水工建筑物的抗冲磨防空蚀研究提供了参考依据。

国内外水利水电泄水建筑物所用的抗蚀耐磨材料种类较多,但实效性和耐久性较好的则甚少。据不完全统计,这些抗蚀耐磨材料主要包括高分子聚合物混凝土的聚合物胶结混凝土、呋喃混凝土、环氧砂浆、不饱和聚酯砂浆、丙烯环氧树脂混凝土及砂浆、环氧剂液涂料、钢纤维混凝土、化学纤维混凝土、植物纤维混凝土、玄武岩纤维混凝土、环氧砂浆砌筑辉绿岩铸石、铸石板、坚硬花岗岩砌块、钢衬体结构、硅粉混凝土、改性硅粉混凝土及砂浆剂液、高强混凝土等。国外从 20 世纪 70 年代中期开始,在修复或新建水工结构物的抗空蚀部位陆续试用钢纤维混凝土,如美国曾用于 Libby 坝的高水头泄水孔,Lower Monumental 坝和 Little Goose 坝的溢洪道挑流凸缘。对 Dworshak 坝消力池底板的修复,以钢纤维混凝土为基材,还做了聚合物浸渍处理,均取得了良好的效果。1977年在底特律坝上所做的四种材料现场对比试验表明:聚合物浸渍钢纤维混凝土的抗空蚀性能最佳,钢纤维混凝土次之,再次是聚合物浸渍混凝土,最差的是普通水泥混凝土。国内清华大学、水电部天津勘测设计院科研所对钢纤维混凝土抗空蚀性能曾分别进行过一些室内试验研究,卢瑞珍在以往钢纤维混凝土和聚合物浸渍钢纤维混凝土力学性能研究的基础上,在南京水科院的空蚀装置上对此类复合材料的抗空蚀性能做了一些试验研究,以探讨在我国水工建筑物上应用的可能性。自80年代初,在美国一些水工泄水建筑物的修补中采用高强硅粉混凝土作为维修材料使用成功之后,如Kinzua大坝消力池、洛杉矶河渠道修补工程等,我国的一些科研单位从1985年也开始了对高强硅粉混凝土的研究工作。研究结果表明:在水泥用量相当的情况下,掺入硅粉可使混凝土的抗压强度提高1.3~2.3倍,抗水沙冲磨强度提高1.3~3.5倍,抗空蚀强度提高1.6倍以上。说明掺入硅粉,不仅提高了混凝土的抗压强度,而且它能够显著地提高混凝土的抗冲耐磨能力和抗空蚀能力。在研究的基础上,硅粉混凝土逐渐被工程界接受并先后在龙羊峡水电站、李家峡水电站、乌江东风水电站、刘家峡、二滩、葛洲坝二江泄水闸、小浪底渔子溪一级泄洪闸、大伙房输水洞消能塘、白石水库泄水输砂底孔,湖南鱼潭电站溢流坝面、闸墩、消力戽等许多工程中使用。可以说,硅粉混凝土是目前国内水电工程中使用量比较大的抗冲耐磨材料。但是硅粉混凝土易于出现裂缝的问题是其最大缺点,如龙羊峡、李家峡、刘家峡、二滩、小浪底、公伯峡、飞来峡水利枢纽、紫坪铺、石板水、青居、直岗拉卡、尼那等许多水电站均产生了裂缝。Kinzua大坝消力池在施工后2~3 d曾发现表面有宽0.3~0.5 mm裂缝,曾担心磨损可能集中在裂缝处导致混凝土进一步恶化,但室内带裂缝试件试验结果表明细裂缝不影响硅粉混凝土抗磨蚀能力,消力池修补后已运行多年,经多次潜水检查,除沿裂缝和接缝处有微磨损外,破坏未向纵深发展。为减免裂缝的产生,一般均要求加强早期的养护,一些单位研究通过在硅粉混凝土中增加膨胀剂、纤维、聚合物胶乳等措施以改善和减少裂缝的产生,在一些工程中也有硅粉混凝土不产生裂缝的例子。

近年来,一些新型抗冲耐磨材料被应用于水利工程。建设施工单位自行研发、生产的NE-Ⅱ型环氧砂浆,已应用在小浪底水利枢纽、三峡永久船闸地下输水系统和泄洪坝段及厂房、二滩水电站泄洪洞、陕西金盆水库、贵州东风水电站、紫坪铺冲砂放空洞和泄洪洞等工程。葛洲坝大江电厂排砂底孔进口检修门底槛冲坑修补采用了PBM聚合物混凝土和963水下环氧混凝土,达到了一定效果。HF高强耐磨粉煤灰混凝土简称HF混凝土,是继硅粉混凝土之后开发的一种新型抗冲耐磨材料,2002 年在二滩泄洪洞进行 C50 HF 混凝土与 C50 聚丙烯纤维硅粉混凝土对比试验,结果是 HF 混凝土未产生一条裂缝,而纤维硅粉混凝土产生了近 20 条裂缝。HF 混凝土的抗磨性能高于 5% 硅粉掺量的硅粉混凝土,相当或高于 10% 硅粉掺量的硅粉混凝土,高于聚丙烯纤维混凝土,远高于普通混凝土。由于具有与硅粉混凝土相当的抗冲耐磨性能和抗空蚀性能,同时克服了硅粉混凝土易产生裂缝的缺点,在工程应用中取得了较大的成功,推广应用于近 60 个水电工程,经 12 年的运行考验,证明该材料具有良好的抗冲耐磨性能。能够取得这样良好的使用效果,就是由于 HF 混凝土是一种符合以防为主、兼顾优良的抗磨抗空蚀性能,同时又能够满足高速水流脉动压力和动水压力作用并保持自身稳定要求的护面材料。说明选择综合性能好的护面混凝土对解决泥沙磨损和防止空蚀破坏具有重要意义。

四、掺气减蚀

当水流通过泄水建筑物如溢流坝、陡槽、高压闸门下游的明流隧洞等,流速达到一定程度时,空气会大量掺入水体中,形成乳白色的水气混合气体,这是水流表面的自掺气现象。早在 1926 年奥地利学者就开始了掺气水流相关研究,1936 年美国学者进行了陡槽掺气原型试验,1945 年美国垦务局在波尔德(Boulder)坝的泄洪洞内进行了通气减蚀试验,20 世纪 60 年代开始,掺气减蚀设施开始在美国、加拿大、苏联等国家的高水头泄水工程中应用。1960 年,为了修复大古力(Grand Coulee)坝的坝内泄水孔,在泄水孔出口处设置了掺气设施,从而免除了空蚀破坏,这是首个采用掺气减蚀的工程实例。我国自 20 世纪 70 年代中期以来,在借鉴国外经验的基础上,开展了水流掺气减蚀的研究,冯家山溢洪洞是我国第一座采用掺气减蚀设施的工程,经原型观测证明通气情况良好,运用安全可靠。在高水头泄水建筑物的过流表面上设置掺气设施,使水流强迫掺气以减轻或避免高速水流产生的空蚀破坏,是一项在国内外水利水电工程中应用越来越广泛的实用技术。目前掺气减蚀已经在溢洪道、泄洪洞、陡槽、闸下出流、竖井等高水头大单宽流量的泄水建筑物中得到广泛的应用,并取得了显著的减蚀效果和社会经济效益。近百年来,在高速水流掺气减蚀基础理论、研究手段、应用技术等方面开展了无以数计的研究工作,以下重点对近年国内外在掺气减蚀领域的研究进展进行简要的梳理。

(一)研究进展

在掺气减蚀机理研究方面,空泡微观运动逐渐成为研究热点。陈先朴等对掺气减蚀机理进行了微观分析,认为掺气减蚀作用主要依靠近壁水体中小尺寸气泡数量,而非所有尺寸的气泡,指出以近壁水体内较小尺寸气泡的数量作为过流面临界免蚀标准更为合理;刘秀梅等对不同表面张力液体中空泡泡壁运动规律进行了数值模拟和实验研究,发现随着表面张力的增大,空泡膨胀程度变小,空泡收缩速度加快,所得实验结果与数值计算基本一致;刘涛等采用脉冲激光产生单个空泡,研究空泡在透明液体中的运动过程,并对刚性壁面造成的空蚀现象进行了观测;Xu 等试验研究了边壁附近单个空化泡与单个空气泡相互作用规律,指出当空化泡大于空气泡时,空化泡溃灭过程中向空气泡靠近,反之则远离空气泡溃灭;Dong 等采用数模和试验相结合的方法研究了掺气空泡在空化区的运动,二者吻合较好;Sathe 等采用 PIV 流速测试和微型压力传感器技术,研究了掺气水流结构和气泡的输运;Wakana 等试验研究了水流流速、水中含氧量及气核浓度对空化的影响,指出气核浓度是影响空化初生的关键指标,当气核浓度较大时会产生空泡式空化,当气核浓度较小时会产生片状空化;Li 等采用电火花成泡技术从微观上研究了空气泡对空化泡溃灭的影响,对理解掺气防空化机理有一定的帮助;Wu 等从微观研究了不同直径气泡的防空化效果的影响,认为小直径气泡的防空化效果更好;Tomov 等开展水平文丘里管空化与掺气试验,采用高速摄像技术捕获了高速空化水流与空化掺气水流流态;Zhao 采用文丘里管开展了空泡的运动试验研究,探讨了压力梯度在气泡溃灭中的作用;石佑敏构建了激光诱导空化试验平台,探讨了含沙条件下沙粒和空泡对材料表面空蚀破坏作用机制;张孝石等通过水洞实验对水下通气航行体通气空泡进行实验研究,分析航行体通气空泡通气停止后空泡行为;夏维学等对低弗劳德数条件下的圆柱体入水开展实验研究,分析了入水空泡壁面运动特性与空泡演化过程的关系。

在掺气减蚀效果研究方面,早在 20 世纪 50 年代,Peterka 提出平均掺气浓度 5%~8%可以完全避免空蚀在混凝土表面的发生;Rasmussen 发现掺气浓度只需 0.8%~1%就可以完全避免空蚀的发生;Semenkov 等研究发现流速为 22 m/s 的水流,在掺气浓度达到 3%时就可以使 40 MPa 的混凝土表面免受空蚀破坏,掺气浓度达到 10%的时候就可以使 10 MPa 的混凝土表面免受空蚀破坏;Rozanov 等研究表明低压空化区掺气浓度达到 1.25%~2.5%时,空蚀破坏程度将降低 40%~50%,掺气浓度达到 6%~7%时,空蚀破坏现象则完全消失;Grein 研究认为 3%的掺气浓度就可以避免混凝土表面发生空蚀破坏;Russell 发现当近壁水流中掺气浓度达 1.5%~2.5%时,混凝土试件的空蚀破坏显著减少,当掺气浓度达 7%~8%时,混凝土试件的空蚀破坏基本消失;Knapp 试验表明,随着掺气浓度的增大,空蚀程度减弱,掺气增加了空化泡内的含气量,同时也增加了溃灭环境流体的可压缩性,这两种作用都会大大减小溃灭压力,从而减小空蚀,对于 7~9 m/s 的水流,当掺气浓度达到 2%~3% 时,空蚀率会明显下降;我国冯家山、乌江渡、丰满、鲁布革等水电工程实践表明,一般水工泄水建筑物的临界减蚀掺气浓度可取 2%,黄河小浪底 1 号泄洪洞中闸室后段底板掺气 1.2% 也未发生空蚀破坏;董志勇研究了减免空蚀的最低掺气浓度与水流速度的关系,并给出了经验公式;韩伟等引入有效掺气浓度的概念,发现当掺气浓度超过有效掺气浓度,空化数将趋于一个定值,不随掺气浓度的增加而剧烈变化。

　　掺气水流与空化空蚀数值模拟一直是研究的热点和未来发展的主流趋势。胡影影等通过直接求解原始变量的 N-S 方程,用 VOF 方法计算气液两相交界面的运动过程;汤继斌等运用可压缩流 N-S 方程及 k-ε 湍流模型对流场进行求解,在低压区域引入一种基于混合密度函数的空化模型对轴对称体的空化、超空化流动进行了数值模拟;杨阳等考虑了液体的可压缩性,用四阶 Runge-Kutta 方法数值模拟,探讨了声学参数、气泡初始半径、液体黏度、表面张力对单泡振动的影响;邓圆等对激光空泡运动方程进行修正,采用数值方法对单空泡和双空泡的运动进行模拟;郭志萍等通过对水流的空泡动力学研究,建立了掺气条件下空泡溃灭时所诱导的泡周围水体压力脉冲方程,考虑了不同流速不同掺气浓度对空泡溃灭的影响,揭示了空泡在水体中的溃灭特性,数值模拟了空化数对空泡溃灭的影响规律;叶曦等基于可压缩流体力学基本理论,通过边界积分方程,采用不同表面压力模型,求解空泡在计及可压缩性的涡流场中的运动规律;Chen 等研发了复杂多相空泡流动计算软件,应用于空泡流动现象的机理分析;Aydin 等采用数值分析方法研究了高坝防空蚀破坏掺气设施,能够满足通气量要求;Muniz 引入了一个全面而完整的模型,用于描述气泡动力学的气泡运动,使用的复合公式考虑了阻力和横向升力、气泡变形、壁效应的附加质量以及巴塞特力;Kim 等对超空泡飞行器进行了动力学建模,计算了在给定空腔尺寸下作用于飞行器的水动力/动量,根据通风腔的空气掺气模型建立了通风率与空化数之间的关系;Konda 通过数值方法研究了气泡在二维缩放型通道内的迁移问题,探讨了雷诺数和韦伯数对气泡振荡、变形等的影响;Wu 等采用数模和试验相结合的方法,研究了高水头阀门门楣缝隙空化特性;Uchiyama 等提出了一种涡细胞 VIC 空泡流动模拟方法,模拟涡单元和气泡运动计算水流时域演变;赵怡等采用 LES 模拟技术,研究了超高速运动体在不同速度下超空泡形态的变化规律,比较不同速度下空泡脱落计算结果的异同;郑小波等采用非线空化模型和 Schnerr-Sauer 空化模型绕二维 NACA66 水翼进行非定常空化流场数值计算,模拟结果与试验结果吻合较好;王柏秋等基于 Rayleigh-Plesset 方程,在考虑空泡界面上的相变作用后,导出了一个新的空化模型,并利用该模型模拟了次生空泡的发育与溃灭。

在水工泄水建筑物掺气设施研究方面,在国内自 1974 年首次在丰满电站溢流坝和冯家山水库溢洪洞进行掺气坎试验以来,经过多年的实践已被证明是一种经济、切实可行的方法。在我国大型水电站泄水建筑物中,掺气减蚀措施得到广泛应用。掺气减蚀重点关注问题包括掺气效果、空腔长度、掺气浓度、保护长度等。聂孟喜等在三峡工程深孔水工模型上对突扩突跌掺气设施的掺气特性进行了深入研究;王海云等对龙抬头明流泄洪洞下游边墙掺气减蚀进行了研究,提出了在反弧末端加折流器(突扩)和突跌掺气方式;Pfister 等在陡槽掺气水力设计、空气传输特性、多级掺气设置之间影响方面开展了大量的试验研究,建立了一系列的经验公式和参数变化规律;后小霞等对"Y 型宽尾墩+阶梯溢流坝+消力池"消能方式中阶梯面掺气特性和消能特性进行了数值模拟,研究了沿程掺气浓度及宽尾墩收缩比的影响;刘善均等通过试验研究,得到了在不同坡度、单宽流量、台阶体型条件下前置掺气坎阶梯溢洪道阶梯竖直面和水平面近壁处掺气浓度沿程分布规律。基于长期大量研究与实践形成了掺气挑坎、掺气跌坎、掺气槽、侧壁突扩 4 类掺气设施基本体型及其组合形式,基本建立了相对完善的设计原则。

另外,国内自葛洲坝、水口、五强溪等船闸阀门段发生空化振动问题后,高水头船闸的空化空蚀成为工程中需要妥善解决的关键技术问题。输水阀门顶缝空化包括两个方面:其一是在阀门开启之初,顶止水与门楣形成的间隙小于面板与门楣的间隙,止水处先发生空化,止水形式对其影响较大;其二是阀门开启过程中,顶止水脱离门楣,止水与门楣的间隙远大于面板与门楣的间隙,此时,门楣发生空化,门楣体型起主要作用。胡亚安研究了葛洲坝一号船闸反弧形输水阀门空化特性,并通过对噪声信号分析,阐述了几种运行方式下阀门底缘空化及顶缝空化特性。王心海根据大量的实验研究,系统总结了反向弧形门后突扩廊道体型的空化特性和该种体型减免空蚀的原因,并且在前人研究的基础上,进一步探讨性地总结了突扩廊道体型的研究进展和发展方向。胡亚安从提高空化数的角度出发,研究了减免反弧形输水阀门底缘空化的措施,并通过理论分析,推导了对底缘空化最不利的阀门开启速率。周华兴简述了阀门底缘空化数定义、计算及判别,并探讨了恒定流与非恒定流的区别及其对空化的影响,提出了改善空化的措施。为解决阀门段空化所造成的严重问题,展开了大量的研究工作。胡亚安、郑楚珮等于 1989 年提出了葛洲坝一号船闸门楣自然掺气的工程措施,该工程措施在 1993 年大修之际得到实施。原型观测资料表明,措施是成功的,抑制空化的作用较为显著。在对已建的葛洲坝一、二、三号船闸进行了技术改造后,原型观测结果表明,改造后的门楣体型实现了门楣自然掺气,门楣掺气显著地改善了阀门工作条件,不仅完全消除了阀门顶缝空化,而且有效地抑制了阀门底缘空化,通入的空气对阀门下游面板及门后廊道均起到了很好的保护作用,节省了大量维修费用。门楣掺气减蚀措施具有投资省、运行可靠、效果显著的特点,它解决了我国高水头船闸下游水位变幅大,难以采用国外常用的阀门后廊道顶掺气减蚀措施的难题。高水头船闸阀门开启之初的冲击型振动与顶止水的破坏归因于顶止水与胸墙脱离过程中产生的高速射流空化与顶止水自激振动问题,通过长期的工程运行经验积累和原型观测验证,已基本达成共识。王新采用能够真实反映缝隙流特性的1∶1切片模型试验,研究阀门顶缝空化特性及门楣自然通气防空化机理。连恒铎针对水口船闸二闸首输水廊道反弧门空化造成的弧门气蚀和顶水封频繁损坏的问题,分析其原因,提出治理方法。通过改变水封形式,解决了水封频繁撕裂问题,通过调整运行方式、实施通气减蚀,缓解了反弧门的气蚀。

水流掺气对水工建筑物的作用有利有弊,其中有利影响主要有:(1)掺气后水流的局部负压绝对值减小,空化数加大,空化强度减弱,可减轻或消除气蚀;(2)水流掺气能增加消能作用,减轻水流对下游的冲击力,因而减小下游冲坑的深度;(3)掺气减振。不利方面主要包括:(1)水流掺气引起流量增加,可能使水流超越设计墙高;(2)在无压隧洞中,如对水流掺气估计不足,洞顶空间余幅留得过少,可能造成明满流交替流态,水流不间断拍击洞壁,威胁隧洞安全;(3)压力管道中水流在发生明满流转换时,引起强烈的自由掺气和强迫掺气,因进气风速过高产生强噪声,导致管道强烈振动和坝身阻尼共振;(4)水流掺气引起爆气现象。

工程上为了充分利用水流掺气减蚀的特点,在难以完全免除气穴的地点,采用设置掺气槽、掺气坎(坎槽结合),或其他掺气设施,进行自动或人工掺气,防止气蚀的发生。为保证工程运行安全,需将高速水流的掺气量控制在适度范围之内。实际工程中一般可测量通气孔的风速,然后根据通气孔面积大小计算掺气量。因此,可以选取通气孔的风速或掺气量作为预警指标,相应阈值可参考相关规范:通气孔风速<60 m/s,近壁掺气浓度>3%。

(二)掺气减蚀机制

对掺气减蚀主要有降低辐射压强、提高水流空化数、改变近壁溃灭过程等几种机制。

(1)降低水中声速和辐射压强

根据已有研究,当掺气浓度达到3%时,对非近壁泡的溃灭,最大压强约减小到1/30,对近壁泡的溃灭,最大压强约减小到1/60,按迄今测到的最大空泡溃灭压强1 500 MPa计,近壁泡最大压强约减小到25 MPa,若近壁水流掺气浓度达到 7% 左右,作用于固壁上的压强已不足以使混凝土空蚀。

对于流体介质,声速 C 的一般表达式为:

$$C = \sqrt{\frac{K}{\rho}} \quad\quad (2\text{-}10)$$

式中,ρ 为流体的密度;K 为衡量流体压缩性的体积模量,定义如下:

$$K = -\frac{\mathrm{d}p}{\mathrm{d}V/V} \quad\quad (2\text{-}11)$$

式中,V 为流体的体积;$\mathrm{d}V$ 为压强变化 $\mathrm{d}p$ 时的体积变化量。

经推导可得掺气水流的压缩模量 K 为:

$$K = \frac{1}{(1-\alpha)K_{\mathrm{W}}^{-1} + \alpha K_{\mathrm{A}}^{-1}} \quad\quad (2\text{-}12)$$

式中,α 为掺气浓度;K_{W} 为水体的压缩模量;K_{A} 为气体的压缩模量。

进一步代入简化得到:

$$C^2 = \frac{p}{\alpha(1-\alpha)\rho_{\mathrm{W}}} \quad\quad (2\text{-}13)$$

若 $p = 10^5\ \mathrm{N/m^2}$,$\alpha = 0.1$,则掺气水流的声速 $C \approx 33.3\ \mathrm{m/s}$,远小于水中的声速,也小于空气中的声速。

通过掺气与否对空化噪声强度的影响,也可判断掺气抑制空化的效果。

空泡动力学方程:

$$R\ddot{R} + \frac{2}{3}\dot{R}^2 = \frac{1}{\rho}\left[p_{\mathrm{v}} - p_0 - \frac{2\sigma}{R}\right] \quad\quad (2\text{-}14)$$

式中,R 为空泡半径;$\dot{R}$,$\ddot{R}$ 为空泡壁的速度和加速度;p_{v} 为液体饱和蒸气压;σ 为表面张力系数;p_0 为环境压力。

考虑含气量的影响后,Noltingk 计算了空泡闭合的最小半径:

$$R_{\min} = R_0 \left[\frac{Q}{p_0(R-1)}\right]^{\frac{1}{3(r-1)}} \left[1 + \frac{Q}{p_0(r-1)}\right]^{-\frac{1}{3(r-1)}} \quad\quad (2\text{-}15)$$

式中,Q 是空泡在最大半径 R_0 时内部所含气体压力;$r = 4/3$,为绝热系数。

$$\frac{R_{\min}}{R_0} = \frac{1}{1 + \dfrac{1}{3Q/p_0}} \quad\quad (2\text{-}16)$$

空泡最大崩溃速度：

$$\dot{R}_{max} = \left(\frac{1}{Q}\right)^3 \tag{2-17}$$

最大马赫数：

$$M_{a\,max} = \frac{R_{a\,max}}{C} = Q\left(0.015\frac{R_0}{R_m}\right)^{\frac{3}{2}}\sqrt{p_0} \tag{2-18}$$

式中，C 为声速。

空泡崩溃阶段总能量与空泡最大势能之比：

$$\frac{E_{ac}}{E_{at}} = \frac{1}{3}\sqrt{\frac{2}{3}\frac{R}{\rho C^2}\left(\frac{R_0}{R_m}\right)^{3/2}} \tag{2-19}$$

空泡最大辐射声压：

$$p_{max}^+ = \frac{p_0}{3} \cdot \frac{R_0}{r}\left(\frac{R_0}{R_m}\right)\left[1 - 4\left(\frac{R_m}{R_0}\right)^3\right] \tag{2-20}$$

显然，当气体含量增加时，空泡溃灭速度降低，最大马赫数减小，辐射声压也减弱，空泡阶段总能量亦大大降低。

（2）增大水流含气量和空化数

在常见的文丘里管空化装置中，喉口位置处于负压并发生空化的状态，若在喉口处掺气，则增加了水中的含气量，相应的水流的过流面积减小，过流阻力增大，流速略有降低，压强略有升高，则掺气水流的空化数增大。

（3）改变近壁泡溃灭过程

近壁泡在清水中溃灭时如遇刚性固壁，会向固壁移动溃灭，这样固壁上受到的空化冲击荷载就比较大，而近壁层的水流掺气后，会影响空化泡的趋壁溃灭特性，掺气水流对空化泡有一定的排斥作用，使它远离固壁并改变溃灭方向，正是空泡溃灭过程发生重要变化，使固壁免受很大的冲击压强，减轻了固壁的空蚀。

第二节　冲蚀磨损

一、冲磨研究简况

冲磨是坚硬的粒子流过固体表面造成的质量损失，如当水流挟带泥沙运动时，造成过流表面的磨损破坏；冲蚀是粒子直接冲击固体表面引起的破坏现象。

从外观形态看,磨蚀有别于空蚀破坏,磨蚀在含沙高速水流的过流表面处处存在,范围较广,往往造成一片,有明显的方向性,磨蚀的痕迹除部分粗糙表面越磨越光外,大部分损坏表面出现波纹状或顺水流方向的沟槽及鱼鳞坑状的外观,一般致密性材质和非金属的尼龙涂层等在浑水紊流边界层的作用下易形成鱼鳞坑、波纹状的破坏外观,而环氧砂浆层破坏外观比较平整。

材料抗冲磨性能主要通过试验研究获得。材料的抗冲磨试验通常采用冲击粒子的直径小于 1 mm、冲击速度小于 550 m/s 的加速破坏试验方法,研究材料微观破坏机制。在水工混凝土的抗冲磨试验中,目前所采用的试验手段大致有以下几种:气流挟沙喷射法、圆环含沙水流转动磨损法、普通水流挟沙喷射法、高压循环水箱试验法、现场模拟试验法、高速挟沙水射流喷射法。

在磨蚀机理方面,Baker 将产生磨蚀的原因归为颗粒的冲击、滑动和滚动摩擦。Goodwin 等通过实验观察认为,当固体颗粒以较大冲角冲击材料表面时,一方面使材料产生塑性变形,另一方面,颗粒可能因冲击而破碎。尖锐的碎块将使材料的薄弱部分剥离,这是材料损失的重要原因。Sheldon 和 Finnie 通过实验和分析指出,当冲击颗粒的尺寸和流速在一定范围内时,典型的高硬脆性材料也可以产生塑性变形,而呈现柔韧材料的磨蚀特点。Stauffer 认为沙粒磨蚀的原因之一可能是交变负荷超过材料疲劳极限,而使材料脱落或局部破坏。Haller 认为含沙水流以小冲角冲击材料表面时,材料的磨蚀是刨和锉联合作用所造成的。这一解释虽不够确切,但与微冲击切削磨蚀机制相容。

自从 Wahl 和 Hartstein 在 20 世纪 40 年代发表了第一篇系统阐述冲蚀现象的文献以来,各国学者对材料的抗冲蚀性能与其内在因素的关系,如材料脆性与韧性的界定,硬度、冲蚀角、粒径、速度等因素对冲蚀的影响进行了大量研究,取得了许多重要成果。尹延国等采用高压清洗水射流装置,进行含沙高速水流的快速模拟冲蚀磨损试验,研究了冲击速度、角度及含沙量对冲蚀磨损的影响。刘娟等对几种水机常用金属材料的冲蚀磨损性能进行了研究,得出了材料的冲蚀磨损率随磨损时间、冲蚀速度、磨粒浓度和粒径变化的规律,同时根据观察材料冲蚀磨损表面形貌探讨了其冲蚀磨损机理。Hu 等对两类水工混凝土(素混凝土和钢纤维强化混凝土)进行了抗冲蚀性能研究,水流冲蚀通过高达 234 m/s 的高速射流流速和 15° 及 90° 的冲击角度来模拟,总结出相对冲蚀率与过程参数关系的一般规律。Horszczaruk 对抗压强度在 75～120 MPa 的 9 种高强混凝土进行了磨蚀试验,研究了高强混凝土的抗磨蚀性能与抗压强度、弹模、纤维材料和尺寸的关系,之后,他又对高性能混凝土进行磨蚀试验,研究水灰比的影响,并提出了一种混凝土磨蚀动力学数学模型,公式化的数学模型预测磨蚀结果与测试结果吻合较好。

影响冲蚀磨损的因素包括材料本身的性能（强度、硬度、断裂韧性等）和冲蚀条件（温度、粒子尺寸、形状、硬度、流量、冲击速度、冲击角度等）。高温冲蚀磨损比室温冲蚀磨损更为复杂，除受到上述因素影响外，还要受到高温氧化和热腐蚀的影响。冲蚀可以分成韧性冲蚀和脆性冲蚀两大类，两种冲蚀机理的差异在于不同冲蚀角产生

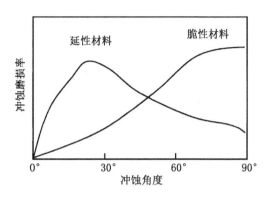

图 2-9 不同材料冲蚀率与冲蚀角度的关系

的冲蚀率的区别。韧性材料的最大冲蚀率通常出现在 30°～60°攻角之间，而脆性材料则发生在 90°附近，如图 2-9 所示。

关于冲蚀率与速度的关系，一些文献也进行了研究。冲击粒子的速度对冲蚀率起到最为重要的影响：冲蚀率 $N = cv^P$，其中 c 为常数，v 为速度，P 为速度指数。 Hutchings 对金属材料在斜角（45°）条件下做了大量试验，得出速度指数 P 为2.4，Sundararajan 通过试验研究得出速度指数 P 为 2.55。刘观伟等试验研究两种叶片材料冲蚀率的速度指数分别为 2.8～3.0 和 2.25～2.55。Wang 等曾研究了高速水流对不同龄期的碾压混凝土材料的冲蚀特性，研究表明冲蚀率速度指数介于 3.33～3.93。陶瓷材料 P 约为3，而聚合物的 P 大于 5。速度指数也受冲击角度、粒子尺寸等因素影响，Goodwin 等指出粒子尺寸减小，P 值降低。大量研究表明，混凝土过流壁面的磨蚀程度与水流平均流速之间一般呈 2～3 次方的关系，与水流中的含沙量之间一般呈线性关系，由此可见，入射粒子的动能是影响混凝土材料磨蚀量的重要因数。与空蚀破坏不同，水流中含有大量的硬质泥沙是发生磨蚀破坏的主要因素，同时磨蚀破坏发生在与含沙水流接触的整个过流壁面的各个部位，而不像空蚀破坏那样，只发生在某些局部区域，尤其是空蚀破坏程度与水流流速之间的关系比磨蚀破坏大得多，大致呈 7～10 次方的关系。

有机复合材料（涂层）应用于水轮机叶片、泥浆泵等作为抗冲耐磨保护涂层，其表现出的冲蚀损伤特性比传统的金属材料更加复杂。Walley 等研究了聚乙烯等三种材料的冲蚀，用速度高达 400 m/s 的粒子冲击材料并对变形和材料流失过程进行了分析；Agarwal 研究了天然橡胶与聚氨酯弹性体共混复合材料的冲蚀，表明其抗冲蚀性能远高于低碳钢材料；Nuttall 等人研究表明，在冲蚀工况

下,聚氨酯弹性体的耐冲蚀性能是铸铁的 10 倍;Mathias 等的研究指出,高分子材料冲蚀随冲击粒子尺寸的增大而增加;Rao 等研究表明,环氧树脂的冲蚀有一个减缓期和稳定期,磨损面呈脆性断裂。国内在有机涂层材料的冲蚀特性方面做了大量研究工作。周永欣等研究不同冲击角度对 SiC/钢基表面复合材料冲蚀磨损性能的影响及其冲蚀磨损机理;郭源君等实验考察了弹性复合材料的冲蚀特性,分析了 UHMWPE/纳米 SiO_2 复合材料的冲蚀磨损机理;胡少坤等测试了水介质中环氧树脂、ETPB、ETPB/Al_2O_3 复合材料的冲蚀磨损性能。结果表明,端异氰酸酯基聚丁二烯液体橡胶改性环氧树脂可显著提高抗磨损性能。

二、混凝土结构冲磨

(一) 悬移质冲磨破坏机理

携带泥、沙的高速水流对混凝土表面的冲磨破坏是一种单纯的机械作用破坏。悬移质泥沙颗粒较小,在高速水流的紊动作用下能充分与水混合,非常均匀地与水流一起运动,形成近乎水体质点的两相流,高速水流携带的悬移质在移动过程中触及建筑物过流面时的作用,表现为磨损切削和冲撞,原型观测发现,悬移质对混凝土的冲磨破坏在开始的一段时间内,表现为从表面开始的均匀磨损剥离,随着磨损剥离程度的增加,由于混凝土(砂浆)非均质性,过流表面会出现凹凸不平的磨损坑,这时水流就会受到扰动,在过流表面形成各种类型的旋涡流,这些旋涡流的强度随着流速的增加而加剧,水流条件的恶化会加速冲磨破坏的进程,而磨蚀坑加深又会进一步恶化水流条件,形成恶性循环,这时破坏作用已不是单纯的冲磨破坏,随着旋涡的出现便产生空蚀破坏。室内试验和原型观测表明,含悬移质高速水流对泄水建筑物过流表面冲磨破坏作用的大小,与水流速度,水流形态,悬移质含量,悬移质颗粒粒径、形状和硬度,以及混凝土抗冲磨强度等因素有关。

(二) 推移质冲磨破坏机理

推移质对过水建筑物过流面的破坏作用机理与悬移质不完全相同,在高速水流作用下,推移质以滑动、滚动及跳动等方式在过流面上运动,除了滑动摩擦作用外,还有冲击砸撞作用,我国西南地区河流,汛期洪水挟带推移质的最大粒径在 1 m 以上,平均粒径 6~40 cm,这些推移质带有很大的动能,冲撞砸击在脆性的混凝土上,在撞击接触区会形成很大的局部应力,当这种应力超过混凝土的内聚力时,就会发生局部破坏,加上滑动磨损和水流的淘刷,携带推移质的高速水流对过流边壁、表面的破坏力很强。推移质在输移过程中有着自己的输移带,输移带的位置和方向随水流主流的变化而变化,具有强烈的脉动性。在输移带内,推移质的冲磨作用也不均匀,一般还存在一定宽度的强烈输移带,推移质冲磨破坏形成的冲坑和冲沟均出现在强烈输送带内,推移质冲磨破坏的大小决定于水流流速、流态、推移质数量、粒径及运动方式。对水工建筑物来说,破坏程度还和材料的抗冲磨性能、过流时间等因素有关。

含有泥沙等硬质颗粒的高速水流,对混凝土过流边壁是一种纯机械式的冲击、磨损破坏。由于高速水流有很强的紊动作用,且悬移质泥沙体积相对较小,能够与水体均匀掺混,且伴随水流一起运动,这样就形成了固液混合均匀的两相流。当高速水流与悬移质均匀掺混后,形成的固液混合均匀的两相流冲击到混凝土过流壁面时,水流对过流边壁的作用表现为磨蚀、切削和冲撞。含有悬移质的高速水流最初以冲磨的形式破坏消力池过流边壁,长时间的冲磨破坏使得过流边壁出现形状不同、大小不一的磨损坑。同时磨蚀坑使得过流边界的水流结构产生恶化,在混凝土过流边壁上形成尺度、形状不同的涡体,涡体的出现便有可能产生空蚀破坏,这时含有悬移质的高速水流对混凝土过流边壁的破坏已经不是单纯的冲磨破坏。

对于在高速水流冲击状态下含沙水流对混凝土材料的冲击磨损,可从水流对混凝土底板冲击角度的大小分为大角度冲击和小角度冲击进行研究。在含沙高速水流小角度冲刷中,悬移质泥沙颗粒均在几微米到几十微米之间,随着高速水流一起运动,并以较小的角度冲击混凝土过流壁面,混凝土材料破坏以硬质泥沙的小角度微切削和水平磨损为主。大角度问题主要表现为对混凝土表面的冲撞破坏。

(三) 消能工冲磨

高速水流进入消力池后形成沿着消力池底板的附壁射流,因此消力池底板基本处于附壁射流区。附壁射流区上边界水体沿程不断卷吸四周水体产生掺混,底部边界水体通过与混凝土底板间的摩阻作用向上发展,因此主流通过上部掺混和下部的摩阻而沿程扩散,这种沿程不断的掺混和摩阻作用,使得消力池水体在附壁射流的上部形成宏观上的面部旋滚,如图 2-10 所示。

图 2-10 消力池内流态

消力池底板附壁射流区根据水流形态属于小角度冲击破坏,因此以水平方向的作用力分量为主,垂直方向的分量可以忽略,混凝土表面剪切力是产生磨损破坏的主要原因,所以混凝土剪切强度是设计消力池附壁射流区混凝土底板的关键。

$$f_t = 0.38 f_{cu}^{0.57} \tag{2-21}$$

式中,f_t 为混凝土抗剪强度;f_{cu} 为混凝土抗压强度。

消力池附壁射流区内,水流对底板的冲磨破坏以小角度冲击磨损破坏为主,设计混凝土底板时可以认为在附壁射流与底板之间力的关系为:当含沙水流对底板的边界剪切力大于底板混凝土材料的抗剪切力时,可引起底板破坏。

$$f_0 > f \tag{2-22}$$

$$且 \quad f = f_t A \tag{2-23}$$

$$f_0 = \tau_0 A \tag{2-24}$$

式中,f_0 为含沙水流对底板边界剪切力;τ_0 为边界切应力。

在计算抗冲流速时可假设混凝土抗剪切力等于附壁射流区内的水流断面上的边界切应力乘以面积 A,计算时令式(2-23)与式(2-24)相等,得:

$$f_0 = f = \tau_0 A = f_t A \tag{2-25}$$

对于附壁射流任何断面上的边界切应力为:

$$\tau_0 = c_f \frac{\gamma u_{max}^2}{2g} \tag{2-26}$$

$$c_f = \frac{0.056\,5}{\left(u_{max} \dfrac{\delta}{\nu}\right)^{0.25}} \tag{2-27}$$

在计算过程中水流对底板边界剪切力为 $f_0 = \tau_0 A$,在式(2-25)计算过程中 $\tau_0 A = f_t A$ 公式左右两边约去面积计算即得 $\tau_0 = f_t$。且由式(2-26)与式(2-27)得:

$$u_{max}^{1.75} = \frac{2\tau_0 g \left(\dfrac{\delta}{\nu}\right)^{0.25}}{0.056\,5\gamma} \tag{2-28}$$

$$Re_x = \frac{u_{max} x}{\gamma} \tag{2-29}$$

$$\delta = \frac{0.37x}{Re_x^{0.2}} \tag{2-30}$$

由式(2-28)、式(2-29)、式(2-30)得：

$$u_{max}^{2.2} = \frac{27.6 f_t g \nu^{0.15}}{x^{0.15} \gamma} \tag{2-31}$$

式中，A 为底板面积；c_f 为摩阻系数；u_{max} 为最大抗冲流速；ν 为浑水的运动黏滞系数；γ 为浑水的容重；x 为从水流入射到发生冲磨破坏的距离；Re 为雷诺数；δ 为边界层厚度。

三、冲磨与空蚀耦合作用

高速水流对过流壁面的破坏作用主要包括两个方面：一种是冲蚀磨损，磨损中又包括磨蚀(abrasion)和冲蚀(erosion)，它们一般同时发生，很难区分；另一种就是空蚀(cavitation)。两种破坏作用往往相伴而生，互相影响，虽然关系密切，但它们有着完全不同的发生机理，在破坏特征方面也有较大差异。空蚀是水流发生空化以后，气泡突然溃灭引起空化区附近固体壁面的蚀损破坏；磨蚀是坚硬的粒子流过固体表面造成的质量损失，如当水流挟带泥沙运动时，造成过流表面的磨损破坏；冲蚀是粒子直接冲击固体表面引起的破坏现象。空蚀破坏的范围一般是局部的，仅在特定的条件下发生，空蚀的痕迹随破坏的不同程度而略有差异，且与材料的性质有关，一般认为，空蚀的痕迹特征为材料表面出现杂乱的针状小孔、小麻点，呈蜂窝状或海绵状；从外观形态看，磨蚀有别于空蚀破坏，磨蚀在含沙高速水流的过流表面处处存在，范围较广，往往造成一片，有明显的方向性，磨蚀的痕迹除部分粗糙表面越磨越光外，大部分损坏表面都出现波纹状或顺水流方向的沟槽及鱼鳞坑状的外观，一般致密性材质和非金属的尼龙涂层等在浑水紊流边界层的作用下易形成鱼鳞坑、波纹状的破坏外观，而环氧砂浆层破坏外观比较平整。Stachowiak 曾对磨蚀、冲蚀和空蚀三种形式各自发生的原因、异同点进行了分析，就三种形式最容易发生的地点、时间、如何区分、各自合理的应对措施、温度影响等一系列问题进行了探讨。

相关的研究工作大多是将冲磨和空蚀分开独立开展的，而实际上，过流壁面受到的冲磨和空蚀作用往往同时存在，两者相互影响，相互促进，耦合作用较强且十分复杂。完好的过流壁面可能在含沙水流冲磨作用下出现蚀损，蚀损导致水流边界突变，诱发空化，空化气泡溃灭显著增大微粒的冲击速度，冲磨作用增强，蚀损加剧，空化进一步增强，形成恶性循环。冲磨与空蚀耦合作用已经得到证实,Dular通过一个薄铝片的空蚀试验研究得出结论,空蚀麻点特别易于成群出现在已经破坏的表面附近,因为已经破坏的表面发挥了"空蚀发生器"的作用,引起更多的空化气泡在附近出现和溃灭。Toshima研究表明含沙水流的初生空化数要比清水的大10%～15%,微粒会影响水流流态和压力分布,促进空化的发生。Xu试验发现纯水作用下碳钢表面未出现空蚀破坏,添加SiC微粒水流作用出现类似空蚀破坏蚀坑,说明含微粒水流在引起冲磨的同时增强了空蚀作用。Zhao通过挟沙水流空蚀试验发现,冲磨和空蚀混合作用的质量损失大于两者单独作用之和。Brekke研究了冲击式水轮机射流针尖的蚀损,表面完好的针尖在高压高速含沙水流作用下发生微弱的冲磨破坏,相同条件下,存在初始缺陷的针尖表面由于空化的发生引起了极其严重的冲磨破坏,说明空化增强了含沙水流对针尖的冲磨作用。Chen在两种悬浊液中进行振动空蚀试验,研究发现,加入微粒的悬浊液引起的空蚀破坏大于不加微粒的,微粒的形状对空蚀破坏影响不大,但会造成磨蚀破坏。Johnson研究了Ni_3Al的冲磨和空蚀破坏特性,并与几种不锈钢进行对比,发现L12晶序对抗冲磨防空蚀性能影响较大。Wu以对空蚀的影响为指标,通过振动装置试验研究了水中沙粒的临界大小,即大于临界值空蚀破坏加剧,小于此值空蚀减轻。唐勇等在圆盘式磨损试验台上进行了三相冲蚀和空蚀交互磨损试验研究,发现转盘的磨损表面形貌由冲蚀沟槽和空蚀坑及鱼鳞状空蚀坑组成,表现为三相流作用下的冲蚀与空蚀复杂的交互磨损。张涛等进行了水力机械翼型空蚀、磨损及两者联合作用破坏试验,发现在较高固相质量浓度下,联合作用破坏形貌大多在极端的角度(90°或0°)以颗粒磨损形式出现,宏观破坏深度明显比单纯磨损大,而在低固相质量浓度下,微观形貌为空蚀磨损共存。Li从冲磨和空蚀混合作用的现象出发,探讨了冲磨与空蚀相互促进的几点理论机制,认为粒子的存在会改变一定情况下的流动结构,使空蚀磨损的位置发生变化,表示未来应从微观方面研究溃灭气泡和微粒间的相互作用。

泄水建筑物冲磨与空蚀问题涉及流体动力学、材料学、机械设计等众多学科,同时蚀损过程具有微观、瞬时、随机等特征,致使问题较为复杂,研究难度较大。目前已有的研究证实了冲磨与空蚀存在相互增强效应,耦合作用的蚀损率大于两者单独作用蚀损率之和,然而,对于冲磨与空蚀之间如何相互促进、哪个在何种条件下起主导作用、主要影响因素有哪些,即耦合作用机理研究甚少。正因为耦合作用机理及耦合作用下的材料破坏机制尚不明确,致使抗蚀材料开发缺乏理论依据和针对性,也无法建立一个合理的模型预测实际工程冲磨和空蚀的耦合作用下过流壁面蚀损进程,一定程度上制约了泄水建筑物的抗蚀新材料的开发和抗蚀设计的发展。

第三节　流　激　振　动

一、动水作用分类

结构振动问题研究是研究作用力、结构与响应三者的关系，不同性质的作用力将使结构产生不同性质的振动。一般情况下作用力仅为作用于结构的外力，但有时与结构或其周边介质的运动有关，形成一个耦合系统。因而分析作用力的性质、量级及发生条件是研究流激振动的重要内容之一。将动水作用力按性质分类有助于抓住问题的本质并分析解决问题。

Naudascher 教授根据水动力与结构或流体动力之间的关系将激励（作用力）分为外激励（EIE）、不稳定激励（IIE）、运动激励（MIE）及流体振子共振（RFU）4 种类型，1988 年在北京国际高坝水力学会议上作了简要介绍后在其专著中按固体与流体震荡子分为 EIE、IIE 及 MIE 等 3 类。这种分类方法概念清晰，机理明确，具有其优越性。但是实际结构产生流激振动时，开始只能从振动波形分辨其性质与大小，难以分辨属哪一类激励所致，只有在深入研究之后才可能分辨其激励类型。实际上作用于泄水结构的动水作用力按其性质可分为随机性、周期性及冲击性三种类型。这种分类方法比较直观，易于应用现有的振动理论进行分析。

（1）随机性作用力

一般情况下，动水作用力为随机性，由于水流与边界条件的不同，可分为两种类型。

第一种，在所分析的频带内，脉动能随频率的增加而减小，谱密度曲线为"衰减型"曲线，未分离的平顺水流产生此种特性的作用力，为水流本身的紊动在固壁上的反映。厂顶溢流、闸门面板及有压泄水道的平直段等处的动水作用力往往具有这种特征，一般脉动量级很小。

第二种，脉动能谱曲线在分析的频带内具有明显的峰值。水流分离时产生某种能量很强的涡，谱曲线的峰就是这种涡的反映。门槽、输水岔管、水跃区等处，水流与边界或水流与水流分离处都会产生这种能量较强的涡。这类谱峰一般在 50 Hz 内具有较大的能量，可能对工程产生不利影响，影响的程度主要取决于结构的动特性。

（2）周期性作用力

在泄（输）水建筑物中，周期性作用力并不少见，有时还会出现谐和性作用力。这种动水作用力往往发生于某种特定的边界与水力条件，具有很强的临界性。水闸闸门在一定的开度与水位条件下，产生临界性很强的强烈振动。P型底止水是这种周期性荷载的来源，当换成刀型止水后，振动随即消除。某水闸弧门强烈振动时的流态如图2-11所示，临界条件（图2-12）说明底缘产生卡门涡的临界性。卡门脱体涡产生的周期性交变作用力是闸门强烈振动的激励源。由于底缘形式的改变，破坏了卡门涡发生的条件而消除了强烈振动。

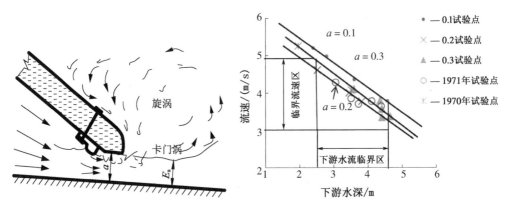

图 2-11　底缘附近流态示意图　　　　图 2-12　强烈振动的不稳定区

当闸门底缘厚度较大时，水舌底部的剪切层可能会出现不稳定状况。这种不稳定剪切层所发展的周期性波动是周期性激励源的又一形态。这种激励力的频率可由式（2-32）估算：

$$f_n \approx \frac{u_0}{2d}\left(n \pm \frac{1}{4}\right) \quad (n=1, 2, \cdots) \tag{2-32}$$

式中，u_0 为闸下平均流速；d 为闸门底缘厚度。

Corw 等人研究了泰晤士河挡潮闸下沉式弧形门的水动力荷载与振动，注意到水舌波动的作用。该门的水工试验发现闸门下沉位置（以门弦与水平线的夹角表示）不同，闸下的流态各异，闸门受到的动力相差较大，闸门剖面形状也是影响动力的重要因素。

（3）冲击性作用力

这种作用力具有瞬态能量高度集中的特征，在泄水过程中时有发生，往往会使泄水建筑物遭到破坏，甚至导致工程失事。有压输水管道的水锤压力是常见的冲击性作用力，是管道设计必须考虑的因素。某些情况下，闸门或阀门也会受到类似的水锤的压力。压力泄水道运行过程中的明满流转换应当避免,但又是时有发生的一种流态,正常运行的泄水道是不允许这种流态出现的。明满流过渡流态是产生冲击性水动力荷载的又一典型状况。柴恭纯分析了压力泄水道不同流态下的水动力荷载及其对工程的危害,还着重分析了有压水跃对工程的危害。事故闸门启闭过程中,管内发生有压水跃型明满流转换时,管道振动频率3~5 Hz,最大振幅超过1 mm。梅山泄洪洞明满流交替原型观测为该现象及闸门的工作状况提供了丰富的资料。明满流过渡时,工作弧门振动切向最大、侧向次之、径向最小,各向大振幅频率均为1.7~1.9 Hz,可能由于明满流交替发生的位置距闸门较远,同时闸门结构强度较高,所测振动量不大。具有胸墙的低水头弧形闸门,在潮汐或风浪的作用下,工程常遭到破坏,此类闸门失事时,闸门全关,上游水位多在胸墙附近,当风浪或潮汐冲向闸门时,胸墙底部的空气受到水流的冲击和压缩,气水两相能量积累和转换,产生巨大的冲击力,冲击力的大小远超过闸门的静水头,从而导致弧门失事。水闸下游的淹没水跃旋滚,从下游面冲击闸门,是一部分闸门产生振动的原因。另外,空穴水流在空泡溃灭时产生的强大压力脉动也会引起闸门振动,这种冲击性压力脉动沿流线向下游传播,幅值逐渐衰减,但这种危害性的冲击力的定量研究仍然较少。

二、流激振动分类

闸门的振动问题很早就受到水利工程界的高度重视,关于闸门振动安全方面的研究,我国通过长期的工程实践,在闸门设计、制造及运行等方面积累了丰富的经验,技术水平有很大提高。伴随着现代计算机、动态信号测量和数据处理技术等的飞快发展,水工闸门流激振动问题的研究也取得了长足的进步。

水流与结构是振动系统中相互作用的两个方面,它们之间的相互作用是动态的、耦联的。水流对结构的作用力将两者紧密地联系在一起。实际工程中的水流流动形态是多种多样的,工程结构的几何形状更是千变万化,因而使水流诱发结构振动的水动力学机理复杂而多变。

对于水流诱发结构振动的机理,许多学者进行过研究,其中有代表性的有美国的 Blevins、加拿大的 Weaver,以及德国的 Naudascher。

美国的 Blevins 按流动和工程结构的性质,将流体诱发振动分成稳定流动和非稳定流动两大类,又按诱发振动原因分成若干种类振动形式。这一分类模式实际上是对流体诱发结构振动的高度概括。也正是如此,不可能对具体问题的激励机理进行详细阐述,特别是对于水流诱发水工结构振动问题涉及不多。

加拿大 Weaver 按振动的特征将流体诱发振动分成三类:(1)水流引起强

迫振动。这种振动通常是随机的,结构运动一般对流体作用力不产生明显的影响。(2)自控振动。在这一类问题中,水流存在某种周期数,如果此周期数与结构的某个自然频率一致,则构成初始振幅,直到流体作用力的大小和周期被结构运动所控制而产生一种反馈机理为止。(3)自激振动。结构物的振动导致周期性的作用力,此作用力加大了结构物的运动。这类振动和自控振动的区别在于,当结构物运动不存在时,周期作用力也消失了。

德国 Naudascher 按诱发振动的主要激励机理将水流诱发振动问题分为四类:(1)外部诱发激励。这是由水流脉动及压力脉动引起的,这种脉动本身不是振动系统的固有部分,这类激励的激励力的出现不是随机的。(2)不稳定诱发激励。这是由水流的不稳定性和反馈机制产生的诱发力造成的。在大多数情况下,这种不稳定性是振动系统所固有的部分,即流动的不稳定性与结构本身有不可分割的联系。(3)运动诱发激励。这是由振动系统中的建筑物或物体的运动所产生的诱发力造成的。在这种情况下,诱发力和振动物体的自振频率必然是处于共振状态之中。同时这种所谓自我激发的振动,其振幅会越来越大,一直到水流向振动体传递的能量和克服阻尼消耗的功相等为止。(4)共振流体振子诱发激励。起因于以其固有模态之一振动的流体振子。例如流体振动可能由长闸墩和引水槽壁间产生的重力驻波构成,或由封闭在隧洞闸门上下游竖井中的水质量构成。

谢省宗等从工程应用的角度出发将水流诱发振动分为紊流诱发振动、自激振动、涡激振动以及水力共振四类。

上述所列各种水流诱发振动的激励机理是对这一问题的一般性阐述。事实上,对于某一具体工程来说,其诱发振动的因素可以是一种机制起作用,也可以多种机制组合。尽管研究角度不同,但有异曲同工之处。总之,掌握流激振动的激励机理对解决实际问题至关重要。

三、水工结构振动

水工结构的振动是水工建筑物直接的或潜在的一种破坏因素,坝、闸门(或阀门)、管道、水塔、消力墩、护坦、导墙等水工建筑物均可能会出现振动问题。引起结构振动的原因十分复杂,按振动的性质一般可分为强迫振动和自激振动两类。

(一) 强迫振动

强迫振动是在外扰力作用下引起弹性结构的动力响应,研究的大部分水工结构振动问题均属于强迫振动。解决这类问题首先需要弄清楚强迫外扰力的性质,这种强迫外扰力一般和紊流的压力扰动、自由剪切层的涡旋、水力机械的不平稳过程等有关。在研究水工建筑物的振动问题时,都应该考虑水流与弹性结构的相互作用,即水弹性振动。

一般情况下,高速水流脉动压力属于各态历经的平稳随机过程,结构振动响应表现为随机振动,主要通过概率统计分析获得其振动特性,这是开展流激振动问题研究的主要手段。另一类特殊情况是高速水流空化引起的冲击性振动,主要因负压和空泡溃灭冲击壁面引起。

葛洲坝二号船闸是我国较早建成运行的一座高水头大型单级船闸,1981 年建成以来,运行过程中发生声振现象,1989 年对该船闸进行了原型观测。阀门空化、剧烈振动等一系列问题在前文已经介绍,较强振动发生在 $n=0.6$ 开度,具有冲击型特征,由空化特性知,二号船闸在 $n=0.2\sim0.8$ 开度有空化发生,尤以 $n=0.6$ 开度空化强烈,同时顶止缝隙存在空化。通过分析认为阀门底缘空化和门楣缝隙空化是引起二号船闸阀门发生冲击振动的最重要的激振源。在二号船闸采用门楣自然通气措施后,1994 年原观表明顶缝空化完全消除,底缘空化量级大大减小,相应阀门振动亦得到了较大程度的抑制,整个开启过程中未见阀门明显振动。

20 世纪 90 年代初期曾就五强溪连续三级船闸阀门水力学问题进行了大量研究,对阀门段廊道体型、阀门结构的动态优化、流激动力响应、启闭系统的选配等方面进行了较为详细的研究,提出了将原设计阀门支臂改为全包,90°底缘改为 45°底缘,阀门启闭系统由卷扬启闭改为液压启闭等重大结构修改建议,尤其是提出了阀门后廊道突扩体型,在模型中阀门段廊道的空化基本得到消除。另外,提出收缩式门楣体型,抑制了阀门顶止水空化,这些都为避免阀门强烈振动提供了有利条件。五强溪船闸原型观测资料表明,吊杆及阀门的流激振动为典型的断续冲击随机振动。较大流激振动响应均发生在阀门启动 8~18 s 以后,历时 9~12 s 左右,此时段对应的阀门开度为 8~16 cm,处于相对开度 0.1 以内,现场监测的声振现象也发生在该时段,声振不大,$n=0.1$ 开度以后阀门流激振动响应迅速衰减,其最大振动均方根值为 0.3 g~0.4 g。经分析,阀门在 $n\leqslant0.1$ 开度存在间隙空化,空化导致阀门在该时段发生较强的冲击性振动,0.1 开度以后,空化逐渐消失,振动亦相应减弱。

以上两座船闸原型观测表明,阀门底缘空化和门楣缝隙空化是阀门振动的最重要激振源,避免空化发生,则可避免阀门发生强烈冲击性振动。与这两座船闸相比,三峡船闸水力性能较优,采取综合措施能充分抑制阀门段空化,因此三峡船闸输水阀门运行过程中不致产生危害振动。阀门防空化综合措施的成功应用解决了阀门段空化问题,阀门振动也得到很好的控制。三峡船闸和水头近30 m的乐滩船闸阀门运行过程振动响应见图 2-13,除阀门开启之初 10 s 左右出现冲击性振动外,其他时段均表现为振动量很小的随机振动,两种性质的振动响应相差很大,两座船闸初始冲击性振动是由阀门顶止水与门楣胸墙分离时形成窄缝发生空化而引起的,很难消除,是一种普遍现象,从这一点也可以看出,空化会引起阀门强烈振动,应予以避免。

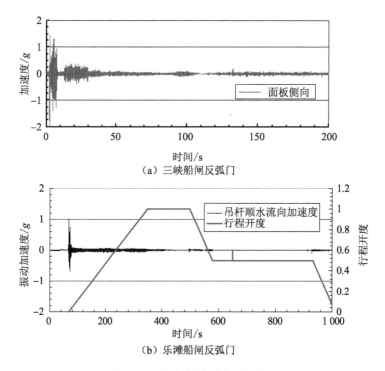

（a）三峡船闸反弧门

（b）乐滩船闸反弧门

图 2-13　阀门振动响应过程线

（二）自激振动

自激振动是由于在某些条件下水工结构物自由振动不稳定产生的,这种条件是水工结构组成的水弹性系统具有一种机制,能从恒定的能源(例如水流的动能)周期性地获得能量并进行反馈,从而维持系统的持续的周期振动。有时水工结构物组成的水弹性系统具有负阻尼特性,当结构物振动时,在振动的一个周期内,阻尼在振动位移的一个区间内做负功,而在另一个区间内做正功,则这种系统也具有自激振动的性质。自激振动现象比较复杂,且大都涉及非线性振动问题,难于模拟,但自激振动的机制,特别是水流诱发振动问题的机制研究已取得不少进展。

国外较早开展了闸门止水的自激振动问题研究,Petrikat 曾收集与分析了大量工程资料,认为在一定条件下止水会产生自激振动,Lyssenko 曾在研究可位移止水时,发现这种振动,并进行了理论分析,探讨了振动的不稳定区域,可能的激励频率为 10~30 Hz。当闸门底缘厚度较大时,水舌底部的剪切层可能会出现不稳定状况,这种不稳定剪切层所发展的周期性波动是自激振动的又一形态。垂直提升式闸门底缘体型与自激振动关系密切。Kolkman 在分析垂直提升式闸门沿流向的振动时指出,闸下水舌收缩波动会引起流量波动及水头波动与闸门振动。Thang 研究了垂直提升式闸门不同底缘形式和泄流工况下的非稳定荷载和振动特性,振动发生在特殊的流速参数范围,当闸门底缘水流紊动处于完全分离和重附着之间时,激振是底缘处剪切层的不稳定和在旋涡脱落运行引起的。Gummer 针对 Maraetai 水电站 G1 机组在引水过程中压力管道发生共振,通过试验和阻抗方法证明共振发生于压力管道的二阶正弦,闸门自激振动的根源在顶止水,就共振条件和消除自激振动开展了研究。

垂直提升式闸门底缘体型与启闭力及振动关系密切。水平底缘目前已不采用,但平底闸门往往成为深入研究振源的对象,已取得一些令人诚服的成果。Kolkman 分析了垂直提升式闸门沿流向的振动时指出,闸下水舌收缩波动会引起流量波动及水头波动与闸门振动。Thang 和 Naudaseher 发现平底闸门产生自激振动的条件可用上托力系数曲线判别,指出将闸门底缘向上游倾斜 45°时,不会发生自激振动。Hardwick 注意到水平底缘水舌波动及重附作用导致闸门的强烈振动。Jongeline 在模型中详细研究了平底闸门发生自激振动的条件,通过闸门上下游面及底部的压力分布、压力及流速波形的分析,认为自激振动发生在 3 个区域,除与闸门的开度比 (δ/b) 有关外,还与闸门的折减速度 v 有关。通过对其他底缘形式的研究,认为 45°或 60°倾角的闸门底缘有利于防止自激振动。Thang 详细研究了垂直提升式闸门底缘水舌剪切层波动激起的闸门流向及垂直振动。平底闸门在不同折减速度 v 或门厚波长比(d/λ)范围内将发生较大的水平振动或垂直振动。通过对其他底缘形式的研究提出了稳定及不稳定闸门底缘形式,可供设计参考。进一步证实了提出的用上托力系数判断闸门产生自激振动的正确性。Sehwartzl 理论上解释水舌振荡的机理,认为水舌振荡频率 f 受控于水舌下空腔的刚度。Roekwell 详细分析了水舌与空腔的相互作用,考虑了空腔内气体的压缩性及压力变化对水舌偏移的影响。当空腔体积波动与水舌振荡同相时,发生第一类共振;当其间的相角为 π 时,出现第二类共振。只有当空腔的刚度为某些数值时才发生第三类共振,在水舌降落时间和水舌振荡频率的乘积为 1~3 之间的范围内发生。

止水漏水所导致的闸门及泄水结构的振动问题,工程中早有报道,漏水引起的激励频率可用下式估算:

$$f_n \approx \frac{600}{L}(n+1) \quad (n=1, 2, \cdots) \tag{2-33}$$

式中,L 为输水管长度。

Kurt 教授收集与分析了大量工程资料,认为在一定条件下止水会产生自激振动。李森科等人研究可位移止水时,发现这种振动,并进行了理论分析,找到了振动的不稳定区域,可能的激励频率为 $10 \sim 30$ Hz。此外,止水在不同的形状、材料性质及其位置等组合条件下,也可能形成周期性的激励力。当激励力频率与止水结构或闸门自振频率一致时,会导致闸门的强烈振动。闸门小开度强烈振动属于此类型。

上田幸彦曾针对大跨度滚轮平面闸门泄水振动问题开展试验,研究发现,闸门的底缘泄水振动与流态密切相关,在自由出流状态下闸门基本不产生振动,振动产生在闸门底板淹没在水中的淹没出流状态,在淹没出流状态下的振动又可分为两类:一类是开度 $a/hu \geqslant 0.1$ 时的小振幅强迫振动;另一类是开度 $a/hu \approx 0.01$ 时,微小开度下的大振幅自激振动。为探讨小开度时自激振动应性因素,开展了一系列试验,包括底缘形状、长度、水流方向等与振动的关系,结果表明,底缘底面无论是矩形水平面还是与水流方向成 $45°$ 的斜面,在水流由面板流向背板时,都发生相同的振动。当把面板放在下游,水流从背板流向面板时,尽管底缘底面是水平面,自激振动也未发生。说明振动不是由于水流吸附底缘底面引起的,而是由于靠近底缘的下游水流不稳定波动压力作用于闸门底板而引起的。因此在这种情况下,从结构强度讲,把门叶本身解释为一种弹性底缘将其做得尽可能薄,即锐缘形的 Petrkat 减振措施不适用于壳体结构的闸门。根据微小开度时的自激振动特性,认为其发生的原因是由于过闸细薄水舌具有不稳定性。具体来讲,过闸的细薄水舌若在下游水位较低时呈自由出流状态,向下喷出的是稳定的带自由面的射流,随着下游水位的升高,水舌逐渐向上抬起,在某个极限下游水位附近,随闸门的微动呈不稳定状态。防止这种振动必须谋求射流的稳定,可在底板上设置梯形门槛或将面板放在下游以使水流脱离点固定在闸门的下游边缘。

国内工程止水自激振动现象频现,如八盘峡水电站泄洪底孔闸门顶止水射流诱发自激振动,皎口水库泄水底孔弧形工作闸门因止水自激振动而引发闸门的强烈振动,导致闸门支臂因动力失稳而破坏,四川攀枝花米易湾滩水电站泄洪闸工作闸门因顶止水漏水引起自激振动,安徽蒙城船闸上闸首弧形闸门底水封也因发生自激振动而引发闸门的强烈振动。止水振动除了会产生噪声之外,还造成自身撕裂和闸门较大变形或过载。自 20 世纪 80 年代以来,关于水流引起止水自激振动问题,相关人员在工程实践、试验、理论、数模等方面开展了大量的研究工作。阎诗武曾研究皎口水库泄水底孔闸门小开度 0.07 时的异常振动,此时顶止水刚好脱离,缝隙水流激起止水产生频率为 90 Hz 的谐和振动,闸门的谐和振动又反馈给水流,处于共振状态,在对顶止水结构改进后,之前小开度出现的临界性很强的谐和振动不复存在,证实了小开度强烈振动是由顶止水引起的。杨玉庆通过某工程泄水底孔弧形闸门模型试验研究,分析止水振动的机理,指出其自激频率的变化特性,另外讨论了止水、引水洞水体、闸门三者间的关系,指出止水振动可能对引水洞造成严重后果。在高水头闸门水封形式研究中,张绍春、王河生等将止水视为平面问题考虑,提出采用模型试验研究止水的工作特性,并用于不同材质及形式的止水方案优选,先后对二滩、紧水滩、天生桥、漫湾、珊溪、三峡、水布垭等工程闸门止水开展过系列试验研究,止水工作水头超过 150 m,但是,试验主要考察的是水封的水密性、在水压下的变形特性及止水的应力特性等,并未涉及止水与动水的相互作用问题,但为止水相关试验研究提供了思路。陈五一等针对漏水射流闸门止水橡皮自激振动问题,建立了闸门振动两自由度模型,从理论上分析了该类闸门振动的原因与机理。熊润娥等运用 ANSYS 软件结合平面闸门顶部 P 型止水结构,以其脱离闸门面板发生自激振动为研究工况,探索其动力特性的规律性,并通过谐响应分析对闸门止水结构进行体型优化设计。李宗利等通过建立水封压缩过程的数值分析模型,对 L 型水封预压缩及水压力作用下的变形、接触范围、接触力进行了数值模拟。熊威等根据高水头闸门止水元件的工作特点,采用门尼-里夫林模型进行非线性有限元仿真分析,并比较 2 种不同特性的止水元件在工作过程中的应力与变形规律以及黏弹性变化特点。薛小香等建立高水头平面闸门 P 型水封的非线性有限元模型,对其止水过程进行模拟,获得了止水的接触应力、接触宽度等情况,研究其变形特性及止水性能,并分析了止水垫板宽度对变形特性的影响。刘礼华等根据伸缩式止水的受力特点,设计一种利用水库库压自行封闭的高压闸门止水,并结合某一大型水电工程进行了试验研究,指出了高压闸门止水水密性的变化规律和封头间隙对此的影响。严根华结合水工钢闸门止水自激振动的工程实例,分析止水自激振动特性及其产生的各种可能原因,并提出针对性的防治措施。尹斌勇针对株洲船闸与大源渡船闸的人字门在充、泄水过程中水位差较小时(一般在 0.5～3 m)出现振动问题,分析了造成止水漏水进而引起振动的各种原因,并提出了改进水封结构的应对措施,建议对于较低水头的船闸,可选用软一点、弹性好的实心 P 型水封(对于 10 m 左右水头的船闸,选用硬度 50 邵 A 左右的便可),并建议将水封垫板的宽度增加至"P 头"的中心线位置,将水封压板改成 L 型压板,并将"L"边顶住"P 头"等措施,以防止水封在运行过程中出现"翻边"现象而损坏。

参考文献

［1］黄继汤.空化与空蚀的原理及应用[M].北京:清华大学出版社,1991.

［2］倪汉根.流场空蚀潜能的速度效应[J].水利学报,1988(12):8-14.

［3］孙寿.水泵汽蚀及其防治[M].北京:水利电力出版社,1989.

［4］潘森森,彭晓星.空化机理[M].北京:国防工业出版社,2013.

［5］倪汉根,刘亚坤.水工建筑物的空化与空蚀[M].大连:大连理工大学出版社,2011.

［6］水工水力学译文集:第 1 集[M].南京:南京水利科学研究院水工研究所,1988.

［7］加尔彼凌.水工建筑物的空蚀[M].赵秀文,译.北京:水利出版社,1981.

［8］卢瑞珍,童凤昭.聚合物浸渍钢纤维混凝土抗空蚀性能的研究[J].华东水利学院学报,1985,13(4):64-72.

［9］支拴喜,陈尧隆.C50 泵送 HF 混凝土在金盆水库泄洪建筑物上的应用[J].水力发电学报,2005,24(6):49-52.

［10］支拴喜,陈尧隆,季日臣.由硅粉混凝土应用中存在的问题论高速水流护面材料选择的原则与要求[J].水力发电学报,2005,24(6):45-48.

［11］支拴喜,支晓妮,江文静.HF 混凝土的性能和机理的试验研究及其工程应用[J].水力发电学报,2008,27(3):60-64.

［12］纪明辉,郭新涛,张怀坤,等.盘石头水库工程泄洪洞 HF 耐磨混凝土实用技术[J].混凝土,2003(6):56-58.

［13］石佑敏.含沙条件下激光诱导空泡特性及空化空蚀机理研究[D].镇江:江苏大学,2019.

［14］张孝石,王聪,魏英杰,等.水下航行体通气空泡溃灭特性研究[J].兵工学报,2016,37(12):2324-2330.

［15］夏维学,王聪,曹伟,等.圆柱体入水空泡壁面运动特性与空泡演化关系实验研究[J].振动与冲击,2020,39(15):1-7.

［16］董志勇,居文杰,吕阳泉,等.减免空蚀掺气浓度的试验研究[J].水力发电学报,2006,25(3):106-110.

［17］郭志萍,董志勇,韩伟.不同掺气孔径下水流空化特性试验研究[J].水动力学研究与进展(A 辑),2013,28(1):30-34.

［18］韩伟,董志勇,郭志萍.空化区有效掺气浓度的试验研究[J].水力发电学报,2013,32(2):159-162.

［19］胡影影,朱克勤,席葆树.空泡在固壁附近溃灭的数值模拟[J].水动力学研究与进展(A辑),2004,19(3):310-315.

[20] 汤继斌,钟诚文.空化、超空化流动的数值模拟方法研究[J].力学学报,2005,37(5): 640-644.

[21] 杨阳,宗丰德.超声驱动下激励参数对单泡空化振动的影响[J].力学学报,2009,41(1): 8-14.

[22] 郭志萍,董志勇.掺气条件下水流空化特性的研究[J].水力发电学报,2013,32(1): 113-117.

[23] 叶曦,姚熊亮,张阿漫,等.可压缩涡流场中空泡运动规律及声辐射特性研究[J].物理学报,2013,62(11):114702.

[24] 刘秀梅,贺杰,陆建,等.表面张力对固壁旁空泡运动特性影响的理论和实验研究[J].物理学报,2009,58(6):4020-4025.

[25] 赵怡,刘平安,苗成林.非稳态超空泡流动的数值模拟[J].四川兵工学报,2015(1): 64-67.

[26] 郑小波,刘莉莉,郭鹏程,等.基于不同空化模型 NACA66 水翼三维空化特性数值研究[J].水动力学研究与进展(A辑),2018,33(2):199-206.

[27] 王柏秋,王聪,黄海龙,等.考虑空泡界面相变作用的空化模型及应用[J].哈尔滨工业大学学报,2013,45(1):30-34.

[28] 聂孟喜,吴广镐.侧向折流器对侧空腔和底空腔掺气参数的影响[J].清华大学学报(自然科学版),2003,43(8):1116-1119.

[29] 王海云,戴光清,杨永全,等.高水头泄水建筑物侧墙掺气减蚀特性研究[J].四川大学学报(工程科学版),2006,38(1):38-43.

[30] 后小霞,杨具瑞,熊长鑫.宽尾墩体型对阶梯溢流坝阶梯面掺气和消能的影响研究[J].水力发电学报,2015,34(4):51-58.

[31] 刘善均,朱利,张法星,等.前置掺气坎阶梯溢洪道近壁掺气特性[J].水科学进展,2014,25(3):401-406.

[32] Agarwal V K, Mills D A. Comparison of the erosion wear of steel and rubber in pneumatic conveying system pipelines[C]//Proc. 6th int. conf. on Erosion by Liquid and Solid Impact, Cambridge, 1983: 60.

[33] Choi J K, Jayaprakash A, Chahine G L. Scaling of cavitation erosion progression with cavitation intensity and cavitation source[J]. Wear, 2012, 278/279: 53-61.

[34] Dong Z Y, Liu Z P, Wu Y H, et al. An experimental investigation of pressure and cavitation characteristics of high velocity flow over a cylindrical protrusion in the presence and absence of aeration[J]. Journal of Hydrodynamics, 2008, 20(1): 60-66.

[35] Dular M. Hydrodynamic cavitation damage in water at elevated temperatures[J]. Wear, 2016, 346/347: 78-86.

[36] Dunstan P J, Li S C. Cavitation enhancement of silt erosion: numerical studies[J]. Wear, 2010, 268(718): 946-954.

[37] Fujisawa N, Fujita Y, Yanagisawa K, et al. Simultaneous observation of cavitation

collapse and shock wave formation in cavitating jet[J]. Experimental Thermal and Fluid Science, 2018, 94: 159-167.

[38] Hammitt F G. Cavitation erosion: state of art[C]. International Symposium on Propeller and Cavitation, Wuxi, China, 1986: 240-245.

[39] Hattori S, Itoh T. Cavitation erosion resistance of plastics[J]. Wear, 2011, 271(718): 1103-1108.

[40] Hutchings I M. Some comments on the theoretical treatment of erosive partide impacts [C]//Proc. 5th Int. Conf. on Erosion by Liquid and Solid Impact, University of Cambridge, 1979: 36.

[41] Jayaprakash A, Choi J, Chahine G L, et al. Scaling study of cavitation pitting from cavitating jets and ultrasonic horns[J]. Wear, 2012, 296: 619-629.

[42] Knapp R T, Daily J W, Hammitt F G. Cavitation[M]. New York: McGraw Hill, 1970.

[43] Krella A K, Czyzniewski A, Gilewicz A, et al. Cavitation erosion of CrN/CrCN multilayer coating[J]. Wear, 2017, 386/387: 80-89.

[44] Momber A W. Short-time cavitation erosion of concrete[J]. Wear, 2000, 241(1): 47-52.

[45] Nuttall R J. The selection of abrasion resistant lining materials[J]. Bulk Solids Handling, 1985(5): 5.

[46] Patella R F, Choffat T, Reboud J, et al. Mass loss simulation in cavitation erosion: fatigue criterion approach[J]. Wear, 2013, 300: 205-215.

[47] Peters A, Sagar H, Lantermann U, et al. Numerical modelling and prediction of cavitation erosion[J]. Wear, 2015, 338/339: 189-201.

[48] Petkovsek M, Dular M. Simultaneous observation of cavitation structures and cavitation erosion[J]. Wear, 2013, 300(1): 55-64.

[49] Mathias P J. Solid particle erosion of a graphite-fiber-reinforced bismaleimide polymer composite[J]. Wear, 1989, 135: 160-169.

[50] Rao P V. Wear testing of nonmetallic materials[J]. Wear, 1998, 122: 77.

[51] Richman R H, Rao A S, Hodgson D E. Cavitation erosion of two NiTi alloys[J]. Wear, 1992, 157(2): 401-407.

[52] Shima A, Tomaru H, Ihara A, et al. Cavitation damage study with a rotating disk at the high peripheral velocities[J]. Journal of Hydraulic Research, 1992, 30(4): 521-538.

[53] Simpson A, Ranade V V. Modeling hydrodynamic cavitation in venturi: influence of venturi configuration on inception and extent of cavitation[J]. AIChE Journal, 2019, 65(1): 421-433.

[54] Szkodo M. Scale effects in cavitation erosion of materials[J]. Solid State Phenomena, 2016, 113: 517-520.

[55] Tomov P, Khelladi S, Ravelet F, et al. Experimental study of aerated cavitation in a

horizontal venturi nozzle[J]. Experimental Thermal and Fluid Science，2016，70：85-95.

[56] Walley S M，Field J E. Dynamic strength properties and solid particle erosion behaviour of arrange of polymers[C]//Proc. 7th Conf. on Erosion by Liquid and Solid Impact，Cambridge，1983：5.

[57] Wijngaarden L V. Mechanics of collapsing cavitation bubbles[J]. Ultrasonics Sonochemistry，2016，29：524-527.

[58] Dular M，Petkovsek M. Cavitation erosion in liquid nitrogen[J]. Wear，2018，400/401：111-118.

第三章 高速水流切片试验 技术与装置

高速水流相关问题研究方法较多,模型试验是相对可靠的研究手段,对于水工泄水建筑物高速水流空化振动问题,多按相似理论开展试验室内的减压模型试验、满足动力相似的水弹性模型试验等,水工常压模型试验也逐渐向更大比尺发展,如南京水科院先后开展的1∶50锦屏一级、1∶50白鹤滩、1∶40向家坝、1∶50如美等全整体模型试验,模型缩尺效应不断减小。为了更加准确地模拟反映水工高速水流问题实际情况,也同步发展了高速水流1∶1切片试验技术,对局部水力现象,如门槽空化、门楣空化、底缘空化、掺气设施、水封密封等,以及一些共性的水力学问题开展了专题或基础理论研究探索。本章在介绍切片试验技术发展的基础上,探讨了试验室内开展切片试验应具备的条件,并重点介绍了近年结合工程问题研究而研发的多套切片试验装置。

第一节 比 尺 效 应

一、高速水流缩尺影响

根据物理模型试验相似理论可知,模型与原型水流运动的关系取决于水力相似性定律,由于模型水流不可能同时满足所有的相似性定律,故不能达到完全的动力相似。从根据特别模型定律设计的模型测得的数据推演原型数据,由于次要作用力的影响,偏差是不可避免的,此即缩尺影响。缩尺是客观存在的,但当模型足够大,或采取补偿和校正步骤,缩尺影响可以减小到最小。为了减小缩尺影响,大模型固然受欢迎,但随着模型尺寸的加大,在模型制造及试验操作等方面,时间、人力及物质的耗费等不容忽视,从经济上考虑,只需要制造能满足精度要求的足够大的模型即可。试验室往往进行局部模型和断面模型试验,以作为整体模型试验的补充,或取代整体模型试验。

高速水流主要涉及空化空蚀、冲磨、掺气等,常规的常压模型中不能重演空化和高速水流掺气现象等。

二、空化模拟影响因素

空化现象的产生机理十分复杂,空泡的产生与发展不仅与流速、流态、压力、流动边界形状等主要因素有关,而且还与流体黏性、表面张力、气核、汽化特性、水中杂质、边壁表面条件和固体边界形状等密切相关。

根据对空泡生成和影响效应的不同,一般将这些影响因素分为以下两类:

(1) 水动力效应影响因素:影响流场压强和流速的各种水动力因素。主要包括流体弗劳德数、雷诺数、紊动强度不相同,以及固体边界不完全相似等引起的各种比尺效应。如相同测试设备、相同试验环境下,不同流速、不同几何比尺等引起初始空化数差异的流速效应和尺度效应等。一般将这类影响因素引起的比尺效应定义为第一类比尺效应。

(2) 热动力效应影响因素:影响汽核生长过程、使空化临界压强和蒸汽压强不相等的各种因素。如气核数量、表面张力、黏性、温度等不相同引起的各种比尺效应,典型的水质效应、时间效应和热效应等。一般将这类影响因素引起的比尺效应定义为第二类比尺效应。但有些因素既能引起水动力效应也能引起热动力效应,如流水的差异。

(一) 第一类比尺效应影响

(1) 流速

黄继汤等人的试验结果与理论计算均表明液体黏性使空泡压缩和膨胀过程都明显变缓,空泡的生命周期(膨胀及压缩的总历时)随黏滞系数 μ 值的增加而增加,空泡在膨胀过程中,同样的相对瞬时下,随着黏滞度的增大,膨胀加速度也增大;在空泡溃灭前,收缩加速度的变化非常大,且随黏滞系数值的增加而明显减小;μ 值越小,达到最大加速度的历时越短。但实际情况远比这复杂得多,这是因为液体黏性影响边界层的发展,而边界层对空化初生具有重要的影响。

黏性与来流速度的综合影响可通过雷诺数 Re 来表示,试验表明对不同类型的绕流体的影响是不同的。对于流线型绕流体,在很大的 Re 范围内,初生空化数随 Re 的增大而升高;对于钝体,在 Re 较低时,初生空化数随 Re 的升高而剧增,但当 Re 超过一定临界值后,初生空化数基本不随 Re 变化。两种情况下产生差异的原因为:对流线型物体,不易发生边界层分离,Re 越大,水流紊动越强,低压区范围越大,气核在低压区生长的时间越长,因而越有利于空化。对于后者,当雷诺数 Re 较低时,边界层尚未分离或刚开始分离,在这一范围内 Re 的影响和前者相似。当雷诺数 Re 达到一定值后,边界层充分分离,并产生一个范围足够大的低压区,在该低压区内平均压强接近相等,气核有足够的时间生长,因而很容易空化,此后再增大 Re 对最低压力系数和脉动压强影响不大。钝体一般都有一个明显的边界层转变的临界雷诺数 Re,在边界层转变时,平均压力及脉动压力都有一个突变,因而对应的初生空化数也产生突变。

雷诺数 Re 对空化类型的影响主要表现为:当 Re 较低时,边界层未分离,因而主要形成游移空化;当 Re 较高时,对于流线型物体边界层仍不分离,即对流线型物体,游移空化为主要的空化类型;但对于钝体或其他非流线型物体,当 Re 较高时,边界层分离,在固壁附近形成一个较大范围的低压区,气核有足够的时间生长为大尺寸空泡,因而许多空泡可能连在一起,形成片状空化或附着空化,对钝体,在较高 Re 下还会形成旋涡,产生旋涡空化。

从图3-1可以非常直观地看到流速对空化的影响,图中二者的空化数相同,均为 $\sigma = 0.8$,但从图(a)中可以看出,流速为8.0 m/s刚刚发生初生空化;图(b)中流速为14.0 m/s,空化数虽然仍为0.8,但空化也充分发展形成了明显的空化云。分析原因,为了保持空化数不变,来流速度 v_∞ 提高时,相应的压力 p_∞ 也必须相应提高,而 p_∞ 提高将导致水体中溶解性气体含量增大,促使初生空化数提高。大量的不同类型试验均表明,初生空化数均会随流速的增大而有所减小。

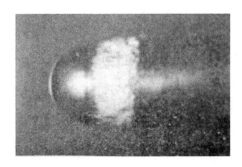

(a) $v = 8.0$ m/s   (b) $v = 14.0$ m/s

图3-1 半球体空化时的速度效应($\sigma = 0.8$)

(2) 压力梯度与压力脉动

空化现象是由于压强低而产生的,所以压强分布直接影响空化的初生。有学者认为,有些情况下,物体壁面上的逆向压强梯度很大,气核易稳定在物体表面上成为表面气核;而当物体壁面上的逆向压强梯度小时,气核不易稳定在边壁上的裂隙内,这时流动气核对空化起主要作用。

物体壁面上的脉动压强对空化初生也有重要影响,胡明龙对溢流坝下游反弧段进行空化特性研究,得出反弧段下切点与水平段连接处,局部绕流速度增大,压力大幅降落,水流紊动加剧,边界层中心附近紊流强度和切应力均达最大,空化数最小,使得易发生空化。其试验表明,只要流场中某点的总压强(时均压强与脉动压强之和)低于流体的临界压强,就会发生空化。且当水流压力呈现周期脉动时,会使气核增长,这种生长机理与周期性脉动引起气核半径的非线性效应有关,因为随脉动压力周期性变化,气核中空气浓度也在不断变化。如平衡状态的气核半径为 R_0,则处于脉动正半周的气核半径 $R < R_0$,而处于负半周的半径 $R > R_0$。

位于正半周,气核呈压缩状态;位于负半周,气核呈膨胀状态。压缩时泡内气体缩小,膨胀时泡内气体增大。但这两种状态的泡内气体浓度变化是不等量的,由于气体的扩散量与气泡的表面积成正比,在非线性脉动作用下,从气泡外部进入的气体量大于由内向外的扩散量。同时,受气体质量的影响,膨胀时气体总量大于压缩时气体总量,每一循环周期的气体增量促使气泡半径增长,这种现象称为气泡整流扩散作用。

袁新明、郑国华得出脉动压力对不平整突体的空化初生影响显著的结论。试验表明,非流线型突体空化初生时的脉动压力强度可达 13%,圆化升坎空化初生时的脉动压力强度可达 2%。水流压强梯度对不平整突体的空化初生和脉动压力及边界层的发展都有不同程度的影响。在较大负压梯度状况下,边界层的发展受到抑制和压力沿程降低,在这种状况下易产生空化。

同一突体在负压力梯度状况下的初生空化数高于正压力梯度状况下的初生空化数。胡明龙也同样得出在水流强烈的紊动下,由于压力脉动的影响,气核交替膨胀和收缩,脉动负峰值可使瞬时压力降低,气核发育时间明显缩短,促使空化提前发生,初生空化数与压力脉动强度呈直线关系。

阀门物理模型试验中,模型上脉动压力的周期小于原型上的周期,使得作用在气核上负压的时间较短,气核还来不及生长到临界半径,由此便产生了缩尺效应。但此效应随雷诺数的增加而减小,一般认为当模型雷诺数 $Re > 10^6$ 且模型水流 $v > 5.0 \text{ m/s}$ 时可忽略脉动压力对空化比尺的影响。

(3) 几何尺度效应

试验体绝对几何尺寸的变化引起边界层的变化,在边界层脱体或在流速不够高的边界层分离都会使压力系数 $C_{p\min}$ 发生差异,这是第一类比尺效应;绝对尺寸增大,气核在低压区的滞留时间延长,溶解气体向核内的扩散也会增加,这是第二类比尺效应。

已有的试验表明,给定尺寸的孔板和弯管,当流速达到一定值后,流速的改变对初生空化数几乎没有影响,但如果流速固定,改变孔板和弯道的尺寸,即使雷诺数足够大,初生空化数的变化也非常明显。表 3-1 清楚地表明了尺度效应对初生空化数的影响。一般而言,模型尺度越小,初生空化数越低。

因此,对于船闸阀门、孔板、弯道等这类流态有大分离区的体型,即空化为旋涡空化或游移空化时,必须把影响雷诺数的速度因子和尺度因子分开,分别讨论它们对初生空化的影响。在数值模拟方面,不仅要考虑速度的影响,还要考虑涡的尺度影响。

表 3-1　初生空化数的尺度效应

分类	管径/cm	σ_i	图例
孔板	7.80	2.67	
	30.5	5.87	
	59.7	6.32	$d/D=0.8$
弯管	7.62	2.40	
	15.2	3.26	
	30.5	4.60	

（4）边壁表面条件

壁面粗糙度对空化初生和发展有重要影响,一般来说,粗糙壁面要比光滑壁面上空化初生偏早,这是因为在粗糙凸起后面的流动易发生分离,从而使负压脉动增加所致。但是在一些体型下则相反,如 Ment-Xi Nie 认为,粗糙的表面可以减少糙化断面下游的压力降,从而降低空化发生,以减小空蚀破坏的可能性,实际工程中,在溢流坝下游反弧面上加糙,从而降低反弧段下游切点的空蚀破坏程度。

此外,壁面的浸润性对空化初生也有影响,试验结果表明,尼龙、聚四氟乙烯等疏水材料的初生空化数普遍比不锈钢、玻璃等亲水材料高,这是由于疏水材料的初生空化数主要是表面气核的作用,而亲水材料的空化初生是流动气核起主要作用。

（二）第二类比尺效应影响

（1）气核及含气量

对于液体中存在的稳定气核,目前人们普遍接受的假设为哈维假说:未溶解的气核可存在于憎水性的固体缝隙中,因为这样的情况下,表面张力将起着减小而不是增加压力的作用,因而气体并不是被强迫溶解,而仍可能保持气相。高秋生从热力学原理对气泡核作了进一步的探讨,并得出在平面平衡的条件下,液体内部不可能稳定地存在纯蒸汽泡;在亲水性裂隙中气核不可能稳定存在,而在憎水性裂隙中气核可以稳定存在。

长期以来,人们一直认为工业流体中所含的大量微粒(包括固体尘埃和有机生物)能够像微气泡那样参与空化,起着空化核的作用。用光学方法测得的气核含量达到每立方厘米几千个的量级。后来由 Lecoffre 等人发展的文丘里(Venturi)测核仪的测量结果表明,大部分液体中所包含的参与空化的气核密度是很低的。富含微气泡的水体其特征气核密度为每立方厘米 1 个气核的量级。试验还证实,在试验水体中真正参与空化的是那些微气泡,而不是固体尘埃或有机微生物。这一发现澄清了长期以来对空化核本质的模糊认识,也部分地解释了用光学方法与用文丘里(Venturi)测核仪测得的气核密度的差别是几个数量级。

Keller、杨志明等教授 1991 年带领中、德两国学者对闸墩进行了对比试验,闸墩厚度分别为 20 mm、40 mm,统一在德国精制而成,分别在 Obernach 试验室水洞、Berlin 试验室水洞、成都勘测设计院减压箱、南京水利科学院减压箱等地进行试验,并统一使用 Keller 教授研制的旋涡嘴管测试水体的抗拉强度。根据试验结果,同为自来水,水体的抗拉强度与水体中的含气量间关系不明显(图3-2),但水体的抗拉强度与气核的初始半径 R 关系较为密切(R 取大于 50% 的初始气核半径)(图 3-3)。

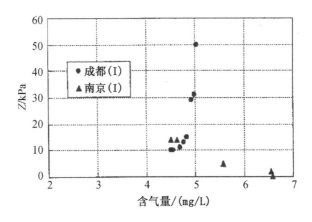

图 3-2　抗拉强度与含气量关系

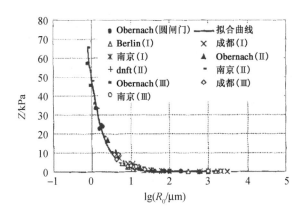

图 3-3 抗拉强度与气核初始半径关系

空化的起始对气核的分布非常敏感,第 20 届 ITTC 空化委员会和巴黎船模水池曾合作研究气核对螺旋桨上的三种空化形态(片状空泡、泡状空泡和梢涡空泡)的空泡起始影响,结果见表 3-2。试验表明:(1)核状态对泡状空泡的初生空化数有较大影响。水的张力越大,初生空化数越低。(2)气核含量对片状空泡的起始空化数几乎没有影响。(3)梢涡空泡初生空化数对气核状态极为敏感。

表 3-2 不同气核状态下的初始空化数

螺旋桨及其空化类型	螺旋桨 B (泡空化)	螺旋桨 S (片空泡)	螺旋桨 V (梢涡空泡)
水的张力类型	初生空化数 σ_i	初生空化数 σ_i	初生空化数 σ_i
最大张力	0.86	11.6	8.8
中等张力/低气核含量	3.10	11.8	12.7
中等张力/高气核含量	3.45	—	17.0
最小张力	3.62	11.9	21.3

相同试验条件下,含气量增加,初生空化数增大。气核密度(含气量)对初生空化数的影响主要体现在两个方面:(1)在气核生长过程中,液体中的溶解气体向泡内扩散,扩散量随含气量的升高而增大,因此泡内时均压力就高,初生空化数就增大。(2)气核密度和溶解气体的含量密切相关,含气量高时核的总数增加,尤其是大半径的核增多,因此易于空化初生。但当流速增大时含气量对初生空化数的影响减弱。

当流场有大分离区时,空化一般都发生在强剪切层,属于旋涡型空化。若流场中有足够陡峭的速度梯度而形成强旋涡,且涡心处的绝对压强低于饱和蒸汽压强,则形成含汽为主的旋涡空化,这时含气量对初生空化数虽有一定影响,但不会很显著。有时涡心的绝对压强高于蒸汽压力,但由于气核在旋涡区中滞留时间较长,会因溶解气体的扩散而生长,则可能形成含气型旋涡空化,含气量对初生空化数的影响比较显著。

（2）表面张力和黏性影响

相关的理论分析研究表明,水的黏性对第二类比尺效应的影响要小于表面张力。

根据空泡动力学方程可知,表面张力使空泡溃灭时的速度增大,使空泡的振荡周期缩短,振荡幅值减小。由表 3-3 可知,表面张力是和流速、核的临近半径联合发生影响。当减压模型比尺很小时,参考流速一般非常低,这时表面张力对初生空化数的影响将非常明显。由于表面张力的影响,减压模型试验测定的初生空化数一般要比原型的初生空化数小。

表 3-3　表面张力对初生空化数的影响

$v/(m/s)$	$\Delta\sigma_{is}$				
	$R_C = 10\ \mu m$	$R_C = 20\ \mu m$	$R_C = 30\ \mu m$	$R_C = 40\ \mu m$	$R_C = 50\ \mu m$
2	4.88	2.44	1.63	1.22	0.98
5	0.78	0.39	0.26	0.20	0.16
10	0.20	0.10	0.07	0.05	0.04
15	0.09	0.04	0.03	0.02	0.02
20	0.05	0.02	0.02	0.01	0.01

（3）热力学

何国庚、罗军等人从非平衡态热力学理论出发,建立了有相变发生时球形气核与围流液体之间能量流和物质流的方程式,在此基础上,确定了自由气核空化初生的条件。得出球形自由气核空化初生必须满足液体压力小于临界压力的条件,而临界压力又小于当地液体温度下的饱和蒸汽压力,并与系统压力降低过程中由气核与围流液体之间的热力学非平衡性有关,判断是否满足空化初生的条件不能以系统压力为标准,而应以气核壁面的液体压力（气核内压力）为指标。

第二节　切片试验技术发展

一、空蚀试验设备

为了反演空化现象,并考虑它对水工建筑物的作用,设计了各种空化试验设备,早期采用的设备按工作原理可分为声学和磁致伸缩设备、射流冲击设备、转动空蚀设备、循环水洞、减压箱等。

(1)声学和磁致伸缩设备。试验材料的抗空蚀性能试验常采用声学设备,这种设备的空化发生在静止的液体里,通过高频音响场来实现对液体的音响作用,有时利用专门的音响透镜调整超声波焦距而得到高强度的超声波场,也可以利用磁致伸缩效应来激发空化现象。在这些设备中,均以压电元件——自然铁棒作为空化发生源,元件极板的电流变化可使事先确定的元件的某个面变形,压电元件或自然铁棒在液体中振动时,使液体中产生正压波和负压波,从而引起空化。

(2)电火花空化发生设备。利用水中两个电极间高压脉冲放电产生电火花,使电极间液体迅速形成空泡的一种特殊设备,一般可用这种设备人工造泡来研究空泡在液体中的膨胀与压缩过程。两电极均用硬质合金制成,其直径约为0.3 mm,电极间隙约 $15\sim20\ \mu m$,电压约 700 V。

(3)射流冲击设备。原理是基于射流对物体的冲击作用与空化泡溃灭时产生的冲击作用之间的相似性,设备主要构件是安装在电动机轴上的圆盘,将开展空蚀破坏试验的试件固定在圆盘上,圆盘旋转过程中,试件会与高速射流相遇,经射流多次冲击作用,造成试件破坏。通过改变圆盘的转数来调整冲击的次数和作用力的大小。本试验装置测量的试件破坏效果与空蚀破坏仅仅在表面上具有相似之处,因为空化泡溃灭产生的、造成材料破坏的空蚀过程,同射流冲击时的脉冲作用有显著的区别,例如,水轮机叶片材料抗空化性能的原型试验结果与射流冲击设备所得到的结果明显不符。

(4)转动空蚀设备。主要由三部分组成:带有可拆卸盖子的外壳、装有空蚀试件的转动圆盘、电动机。试验装置有供水设备,以便用水来调节试验段里的压强,并带走圆盘转动时所发出的热量,以及用来冲洗整个系统。外侧盖子上、侧壁上可设置观测孔,设备中设有以同步装置控制的旋回镜,以观察旋转着的试件。装置的不足之处在于离心力对试件破坏过程有一定的影响,只能用来对比各试件的抗空蚀性能。

从射流冲击设备、磁致伸缩设备及转动空蚀设备的工作原理可知,都仅仅是适用于试验各种材料随时间变化的抗空蚀性能及空蚀量。对于水工建筑物空蚀问题,主要应用循环水洞和减压设备。

(5)循环水洞。循环水洞能保证试验条件最接近于原型,现代化循环水洞中,流速已达到甚至超过原型流速值。大多数的循环水洞是封闭的循环系统,包括把水送至高压水塔的抽水机和进水管路、布置有试验箱的工作段、工作段下游的低压水塔和退水管路。一般试验箱用有机玻璃制成,可从三面观察试件。水洞出口一般设有专门的滤器,以拦截破碎的试件。为形成空化现象,在试验箱中布置不良绕流体,模仿表面不平整度缺陷、圆柱形杆件、文丘里型收缩段等。在封闭的循环水洞中,为保持固定的水温和空气含量,应当修建具有必要容积的容器。因必须保持循环水的适宜温度,使封闭型循环水洞的规模受到流量的限制,更大型的设备必须设有容量较大的容器和专门的冷却装备。而非封闭型循环水洞克服了上述缺点,从有自由水面的蓄水池或水塘中取水。

(6)减压试验设备。考虑水工建筑物空化空蚀问题,最重要的是获取关于空穴水流的发生、发展条件及对水工建筑物的作用,必须进行减压模型试验。减压试验设备简称减压箱,整个设备包括水流自循环系统和抽气系统两部分,几十年来,水工建筑物的空化空蚀问题研究中已广泛使用减压箱。减压箱试验段应有足够的空间,不但能布置下模型,而且应能容下有液体自由表面的建筑物部分,还应能承受按模型比尺降低了的压力。

二、水封切片试验

在 20 世纪八九十年代,高水头泄水建筑物逐渐增多,解决深孔闸门水封问题愈来愈重要,因为止水效果的好坏直接影响到闸门的正常运行,有的闸门因漏水引起闸门振动和缝隙空化,严重威胁到工程的安全。为解决好深孔(一般水头超过 70 m 时)闸门水封问题,有的工程采用了偏心铰弧门,如 120 m 水头的龙羊峡水电站、100 m 水头的二滩水电站等;有的工程则采用了不同的顶水封结构形式,见图 3-4,例如三门峡、新丰江等工程采用鸭嘴水封;紧水滩工程中孔泄洪弧门顶水封采用多铰(15 个铰)活动式水封结构形式;云峰、安砂、乌溪江、石门等工程采用两道 P 型水封,有的两道水封固定在门楣上,有的一道固定在门楣上、一道固定在门叶上,丹江口工程为改善 P 型水封头部翻卷情况而改用了 Ω 型代替 P 型水封。

在我国黄河上游龙羊峡水电站设计时,西北勘测设计研究院首次在国内采

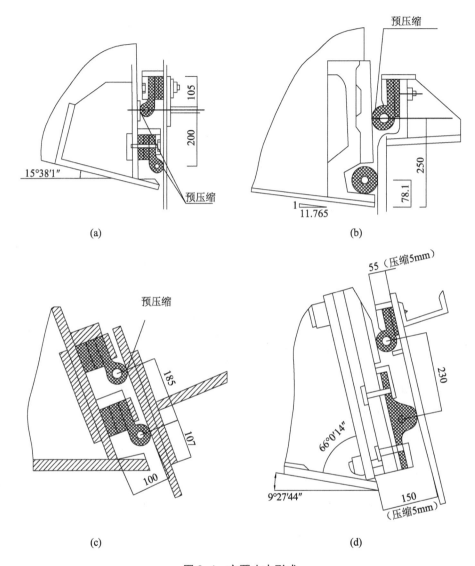

图 3-4 主要止水形式

用了新型止水装置,底孔工作门(120 m 水头)选用与偏心铰弧门配用的压紧式止水,底孔事故检修闸门采用伸缩式止水。为掌握新型止水的力学及水密性能,开展了不同材料止水变形特性、水密性、抗摩擦性能等试验研究任务。陕西机械学院自行设计和研制了大型试验台,如图 3-5 所示。装置具有三套加压系统:油泵-稳压器-千斤顶的油压系统,用以压紧止水;电动水泵-稳压器-进水管的止水底部充压系统(伸缩式止水试验用);手摇水泵-进水管的止水封闭腔充压系

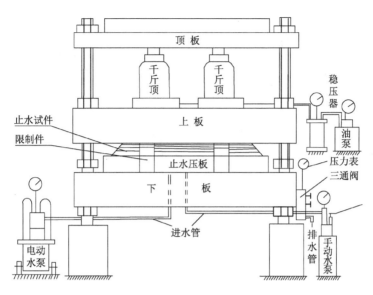

图 3-5　水封试验台

统。开始试验时,用千斤顶压下盖板使与限制件接触,至限制件不能松动为止。然后固定立柱上的螺帽,向封闭空腔充水加压,直至某处开始射水,读出压力表的压力,即为本压缩量下的射水压力。西北勘测设计研究院(西北院)也设计制作了大型水密性试验台和摩擦试验装置,如图 3-6 所示,试验台配备一套30 MPa油压系统和四套 4 MPa 气液稳压系统,可进行 300 m 水头多种类型的止水模型试验,其中充压伸缩型止水如图 3-7 所示。

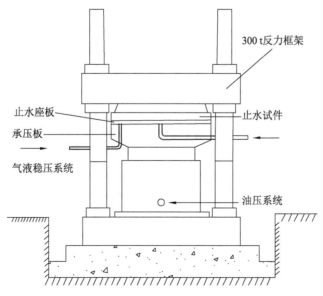

图 3-6　水密性试验台

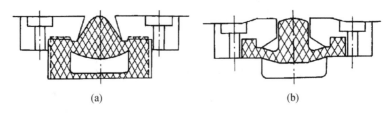

(a)　　　　　　　　　　　(b)

图 3-7　充压伸缩型止水

针对不同的水封形式如何进行比选问题,从尽量减小模型的缩尺影响考虑,南科院研发了一套比尺为 1∶1 的顶水封局部切片模型,断面设计见图 3-8,先后开展了紧水滩、漫湾、天生桥等工程止水密封、止水摩阻力等一系列试验研究。此后,在止水试验方面,20 世纪 90 年代昆明勘测设计研究院在南京水科院的技术支持下,建立了高压动水封试验切片装置,如图 3-9 所示,开展了天生桥一级防空洞工作弧门(120 m 水头)止水试验,结果表明,橡胶材质水封在一定背压下可封住间隙 15 mm、水头 120 m 的漏水,其封水背压与间隙大小、压板形式、水封形式、水封材质有关。

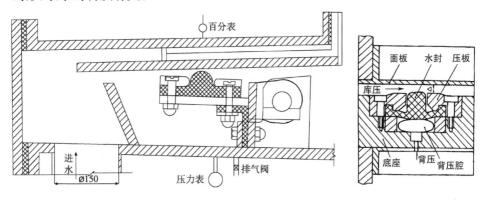

图 3-8　止水切片试验断面　　　　图 3-9　水封切片试验装置

日本上田幸彦在 20 世纪 80 年代也对高压弧形闸门止水装置开展了切片试验研究,进行了 6 种形式止水的密封性能、止水橡皮与门体面板间的滑动摩擦系数试验以及止水橡皮的翻卷试验。研究表明,门体面板和止水橡皮间的滑动摩擦系数随水压的升高急速减小,并趋于 0.1～0.2 之间。当水头减少到 80 m 时,常用形式的止水橡皮没有发生翻卷现象和因闸门刃部造成的损伤。

三、空化切片试验

南京水科院于 20 世纪 80 年代末针对水利水电工程中存在的引起空化的几种水流形式,如分离流、缝隙流、剪切流、交汇流等,研制了 5 套高速水流切片试验装置,开展一系列空化机理与防空化措施研究。

20 世纪 70 年代苏联曾对顶止水缝隙进行过一些研究,但其缝隙为 0.1～0.2 mm 的微小缝隙,参考价值有限。70～90 年代,随着我国一批高水头船闸的建设,如葛洲坝一号、二号、三号船闸(27 m 水头),水口(中间级水头 41.7 m),五强溪(中间级水头 42.5 m)等,为工程建设需要,高水头船闸阀门顶缝空化及应对措施研究进入了高速发展时期,取得了大量的创新性成果。其间,南京水科院鉴于原型与模型间的差异首创了阀门门楣 1∶1 切片试验技术,为开展门楣缝隙空化机理及门楣线型等研究奠定了基础。阀门门楣切片的位置示意图见图 3-10,早期研发的门楣 1∶1 切片试验装置见图 3-11 和图 3-12。动力设备为 100 kW 电机,水泵为五级离心式,扬程静压达 200 m,动压 140 m。切片宽度为 65 mm,切片模型的门楣、反弧阀门用有机玻璃制作,线型均进行精加工。模型

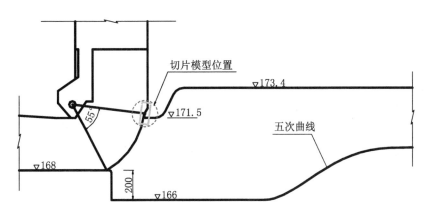

图 3-10　切片位置

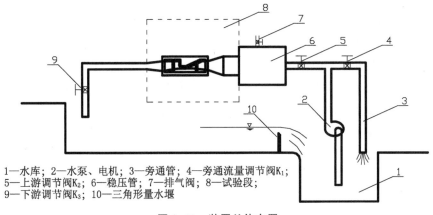

1—水库; 2—水泵、电机; 3—旁通管; 4—旁通流量调节阀 K_1;
5—上游调节阀 K_2; 6—稳压管; 7—排气阀; 8—试验段;
9—下游调节阀 K_3; 10—三角形量水堰

图 3-11　装置总体布置

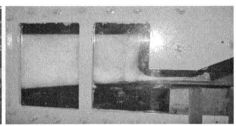

图 3-12　装置工作段

两侧用 40 mm 透明有机玻璃作观测窗。在透明有机玻璃外设置 20 mm 精加工钢板用于加固并固定工作段。工作段进、出口前后均连接一过渡段，以保证进、出水流平顺。进口过渡段前接稳压管，以稳定来流压力。试验所需工况用三道阀门控制。在模型设计、制造、安装过程中，严格控制精度和加工工艺。在 50 余 m 水压力下试压，门楣切片模型密封性能优异，保证了试验顺利进行。

南京水科院郑楚珮、胡亚安采用 1∶1 切片技术研究了葛洲坝船闸阀门缝隙水流的水力特性，根据不同的空化特征及现象，将缝隙空化演变分为无空化、亚空化、空化初始、空化发展、阻塞空化、超空化等阶段，得出初生空化时的缝隙段上下游压力关系为 $P_{ui}=1.44p_{di}+0.7$；无空化时脉动压力优势频率 98 Hz，空化时，优势频率为 300 Hz 左右，在初始阻塞状态下，喉口压力为 -60 kPa，当缝隙整个断面空化阻塞时，水流为非连续流。胡亚安对五强溪三级船闸输水阀门进行了门顶缝隙 1∶1 切片试验研究，将门楣体型分为扩散型、收缩型及基本平行型，并在相同的进出口布置及同一最小间隙（$d=12$ mm）下，进行了不同体型的空化特性试验，提出体型优选空化数 $\sigma_1=(p_u+p_a-p_v)/(p_u-p_d)$，用于判断体型优劣，扩散（$-5°$）、平行（$0°$）、收缩（$5°$）临界空化数分别为 3.15、1.37、1.51。扩散型易发生空化，可采用自然通气减免；平行型抗空化性能最佳；拟合得到扩散型阻塞空化状态上下游压力比 p_{ui}/p_{di} 为 1.8。三峡船闸阀门门楣体型研究成果指出，尽管平行型和收缩型体型抗空化性能优于扩散型，但由于门楣段施工及安装精度较难控制，且阀门长期运行后变形等因素的影响，很难保证其体型尺度，而门楣缝隙处高速水流是十分危险的空化源。相反，扩散型门楣由于水流较易在缝隙段产生负压区、过流能力强、缝隙流速大，通气条件较易得到满足，因此，带通气设施的扩散型门楣体型减免顶缝空化的可靠度更高，同时门楣高速掺气射流对底缘空化有很好的抑制作用。三峡五级船闸（中间级水头 45.2 m）采用"扩散型门楣体型＋自然通气"抗空化措施，取得了显著的效果，原型观测门楣通气

稳定,最大通气量 0.3 m³/s 以上,阀门运行平稳。此后,该研究方法和门楣自然
通气措施逐步推广应用于其他船闸工程,如大化、乐滩、红花、草街等等,已成为
船闸阀门门楣、底缘抗空化必备措施。在此推广应用中,依然采用 1∶1 切片技
术,对扩散体型通气效果及其影响因素又开展大量的基础性研究。门楣体型涉
及参数较多,主要针对喉口宽度、缝隙比(喉口宽度与缝隙段起点宽度之比)、掺
气坎长度等参数进行了研究,为门楣体型优化提供依据,通过多个工程的应用检
验,已基本形成了一些相对成熟的门楣体型。

第三节　切片试验设计

一、设计考虑因素

切片试验是模拟工程原型条件,如压力、流速、断面体型、材料等,一般需要
达到很高的技术要求,具备一定的试验平台条件。切片试验设计考虑的因素应
包括试验室平台的动力、水库、场地等基本条件,切片的范围、尺寸等合理选取,
工作段的压力、流速、流量、密封、观察等要求,试验参数传感器的布置、安装、测
试等安排,装置的制作、安装、拆卸、修改等,以及对进出水循环系统的特殊要求
等等。因此,切片试验需要综合各种因素进行总体设计。通常整个切片试验装
置包括动力设备、输水管路、稳压设备、排气管系、泄压装置、调水管路、试验段、
回水系统等,由于装置为高压系统,整个进、出水管路系统均采用耐高压无缝钢
管制作,管路中各位置所采用的阀门均为高压阀门(承压按试验要求确定),为保
障试验过程的安全,需要在输水管路上合适位置布置泄压装置(泄压阀及管路)。
在试验室进出水系统平台相对完善的情况下,开展切片试验的核心即在于试验
段的研制。

二、设备平台

本书切片试验研究均基于南京水利科学研究院(简称"南京水科院")高速水流
试验平台,位于铁心桥试验基地空化空蚀试验厅。试验平台运行控制系统见图 3-
13,动力设备包括三台 100 kW 的三相电机,各驱动一台 200 m 水头高压多级离心
泵,以及一台 120 kW 的三相电机,驱动一台 80 m 水头的大型离心水泵,四台水泵
并联进入主输水管路,为整个系统供水。从主输水管路分别接出多路试验通道,每
个通道由电控阀门和电磁流量计测控,然后接稳压设备,再进入工作段,工作段后
再布置下游管路及水位压力调节阀门,一些主要的测控设备见图 3-14。

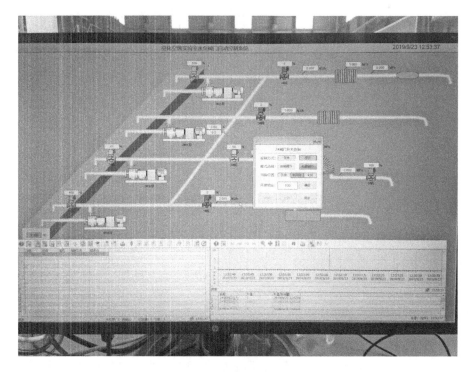

图 3-13　控制系统

（a）上游控制阀门　　　　　　（b）电磁流量计　　　　　（c）电机、水泵及回路控制

（d）下游控制阀门　　（e）泄压阀　　　（f）防震压力表　　　　（g）控制系统

图 3-14　平台测控设备

三、研究内容

开发高速水流切片试验技术主要为了实现无缩尺效应影响的工程问题的真实模拟,重演一些工程原型难以直接观测的或十分复杂的水力现象,探讨揭示其发生的主要原因和机理,并开展应对措施研究。本书采用切片试验技术主要开展如下研究工作:

(1) 高速水流空化、材料的空蚀破坏机制及抗空蚀性能评价;

(2) 材料的冲磨破坏机制及抗冲磨性能评价;

(3) 高速水流空化与冲磨耦合作用机制研究;

(4) 高速水流冲击试验研究;

(5) 高速缝隙流空化特性及自然通气防空化机理研究;

(6) 高水头阀门顶止水窄缝射流空化与自激振动机理研究。

四、测试设备

(1) 试验平台测控系统

试验平台主要测控参数包括进水口、出水口、调试管路等位置阀门的开度,全输水管路上的压力,输水管路的流量,根据流量计算工作段典型断面的流速,主要测控设备见图 3-14。

(2) 通气设备及通气量测试

对于自然通气,只需在通气管上安装控制阀门即可;而对于强迫通气,则需要布置空压机强迫通气设备,应根据通气要求选择合适的空压机。对于通气量的大小,需要在通气管路上安装空气流量计进行测试,常用的空气流量计有浮子式和卡门涡街式(见图 3-15)。

(3) 空化水流流态观测

高速水流空化流态发生发展等的变化速度很快,常规的相机难以反映其瞬间的形态演变,需要采用高速摄像系统进行测试,本书研究采用 Phantom 高速摄影机(见图 3-16)快摄慢放技术,捕捉空化瞬间流态,以及止水的变形及自激振动过程。

图 3-15　涡街流量计

图 3-16　高速摄像系统

（4）动水压力测试

动水压力包括时均压力和脉动压力，是水力学试验中最重要的测试参数。根据工作段压力大小及测试要求，选择合适类型和量程的压力传感器测量水流动水压力。由动态电阻应变仪及采集系统（常用 Wavebook、DH、DASP 等）组成的水动力学测试系统完成动水压力信号的采集和分析处理，传感器及测试系统见图 3-17。

图 3-17　水动力学测试系统

（5）空化噪声测试系统

空化噪声作为空化溃灭过程的基本信息，是判断空化初生和发展的一种极为有效的手段。为此，在试验中常通过布置水听器监测水流空化噪声，采用先进的高速瞬态波形采集分析系统采集和处理噪声信号，该系统具有分析频域宽、采样频率高（最高采样频率达 40 MHz）、失真小、功能齐全等特点，能够快速捕捉空化脉冲信号，实时进行频谱和波形分析。空化噪声瞬态波形采集系统框图见

图 3-18,采集分析系统见图 3-19。

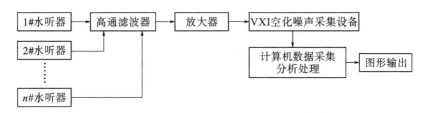

图 3-18　瞬态空化噪声采集系统框图

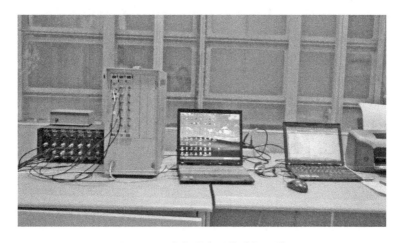

图 3-19　空化噪声采集分析系统

（6）振动响应测试

在高速水流切片试验中,也可直接测量空化引起的振动响应,通过振动响应的大小对比来分析空化的强弱变化,通常测试振动加速度。振动传感器种类很多,应该根据振动的特性来选择合适类型、量程和灵敏度的传感器。

（7）蚀损评价方法

材料的蚀损评价是材料性能测试及优化的一个重要环节,采用合适的方法和指标反映材料的蚀损程度和破坏特征是十分重要的。从评估方法看,可分为定量和定性两种。定量的方法通常采用重量损失、体积损失、蚀损面积、蚀坑深度、蚀坑直径等指标进行统计,如水工混凝土材料,常采用高精度电子天平测量试件在规定试验时间内损失的质量,进而计算试件蚀损率、抗蚀强度等参数,对于密度较小的材料,常采用蚀损体积或厚度等指标;定性的方法通常是采用图像处理手段对蚀损特征进行描述,如普通的相机拍照对比分析,还有应用较为广泛的扫描电镜,从微观上探讨材料的蚀损机理或抗蚀性能。

本书研究对象主要是水工混凝土材料,定量分析指标主要包括质量损失、体积损失、蚀损率、抗蚀强度等,这些指标的获取较为简单,有成熟的方法;定性分析可以采用相机拍照和扫描电镜两种方法,从宏观上和微观上分析材料的蚀损特性,定性分析因人而异,处理方法和效果可能有较大差异。为了保证材料表面照片的可比性,避免环境条件变化、相机和试件位置等变化的影响,特设计了能够保证获得完全相同拍照条件的装置,如图 3-20 所示,制作四周封闭的木箱,在木箱底部中间按试件尺寸布置试验槽,恰好够放置试件,则试件的位置固定了,相机固定于木箱顶部,镜头竖直向下,调整好焦距后固定,不再改变,则相机的位置固定了,在木箱顶部布置多个日光灯,照亮整个木箱,则保证了每次拍照的光源相同,在木箱一个侧面布置一个可开关的小门,便于取放试件。这样试件的拍照条件均完全一样,便于对比分析试件表面的变化。

试验所采用的环境扫描电镜是由美国 FEI 公司生产,见图 3-21,主要技术指标:环境真空模式分辨率 1.4 nm@30 kV;样品室压力最高达 4 000 Pa;加速电压 200 V~30 kV,连续调节;样品台移动范围 $X = Y = 150$ mm;高稳定性 Schottky 场发射电子枪;配置能谱仪、二次电子检测仪、冷热台。主要功能:在 −170~1 500℃下对试样的亚微观形貌进行观测,并可进行元素定量分析。

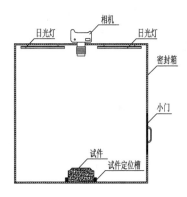

图 3-20　相同条件试件拍照装置

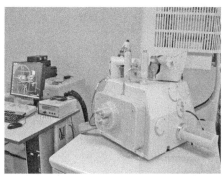

图 3-21　环境扫描电镜

第四节　空化空蚀试验技术

一、空化空蚀试验方法

在试验室内开展材料的空化空蚀试验研究一直是研究的重点,长期的研究形成了多种空化空蚀试验方法,主要包括缩放型空化空蚀发生器、高速水射流空化、旋转圆盘空化、超声空化、振荡空化、激光空化、电火花空化等等。其中主要设备有文丘里管、转盘和磁致激振装置三种，不同装置各有利弊。

文丘里管的优缺点。它的优点是：可以较好地模拟流动系统中的空化，流体的流速和压强能方便地独立调节，可改变文丘里管的喉部设计和流动的相对位置与方向来改变空化强度，空泡的大小、数量以及分布都比其他装置容易确定。它的缺点是：试验时需要大量的液体且需维持恒温恒压，如转盘一样难以屏蔽文丘里管系统中所用的全部材料，于是也存在污染和腐蚀；空蚀强度通常较低，因此试验时间较长；另外，建立这种装置需要一定的资金和场地。

转盘装置的优缺点。它的优点是：可较好地模拟流动条件，转盘的速度容易改变和控制，可以方便地改变空化激发器的几何形状与尺寸来调整空蚀强度。它的缺点是：试件附近的压强不易调节和确定，试验时需要相当数量的液体；由于装置尺寸不大，很难使试件与装置的构件完全隔离，难以避免试件的污染和腐蚀，还因为不便于电化学测量，所以用它研究空蚀腐蚀现象是不太适宜的。

磁致激振装置的优缺点。它的优点是：因采用高频激振诱生空化，所以可较好地模拟振荡空化；装置简单，所占试验场地很小，花费也较少；试验时只需要少量液体；空化强度高，试验时间短；试验液体的温度和压强调节方便；如用固定式试件夹架，只要试件有一个平面，几乎各种尺寸和形状的试件都可以进行试验；除变幅杆外，系统中所有的金属部件都很容易隔开，使试件的污染和腐蚀减到最低程度。它的缺点是：激振频率不能在较重要的范围内改变；空泡的大小、数量和分布不易确定；空化强度高；突出了因力学作用产生的蚀损，减少了腐蚀的有效时间，对蚀损中的腐蚀分量的研究不如在水流系统中方便，如试件用螺纹固结于变幅杆，则当变幅杆做纵向振动时会在试件中产生和空化无关的附加应力；另外，试件必须经过机械加工，这对陶瓷以及某些聚乙烯材料不太方便。

二、缩放型空蚀发生器

在多种空化空蚀试验方法中，缩放型空蚀发生器在国内外抗空蚀试验中得到了极其广泛的应用。Causey 被认为是最早采用文丘里装置进行混凝土抗空蚀研究的试验者之一，Gikas，Billard 和 Fruman，Pham 也都曾使用过文丘里装置开展空蚀试验研究；国内主要的科研院所（如南京水科院、长科院、北科院、黄委会科研所、清华大学等）都曾研发或使用缩放型空蚀发生器进行过材料抗空蚀试验研究，如黄继汤等进行了挟沙水流中几种金属材料抗空蚀和抗磨蚀试验研究和硅粉混凝土抗空蚀试验研究，采用的文丘里管喉口流速为 26 m/s；南京水科院柴恭纯、林宝玉等针对水利工程中存在的引起空化的几种水流形式，如分离流、缝隙流、剪切流等,研制了5套空化空蚀试验装置,其中就包括缩放型空蚀发生器,将试验室内进行的空化试验水流流速提高到59 m/s,并利用开发的装置在流速为48 m/s的条件下进行17种护面材料的抗空蚀性能及常规抗冲磨性能试验。缩放型空蚀发生器被编入《水工建筑物抗冲磨防空蚀混凝土技术规范》(DL/T 5207—2005),成为材料抗空蚀试验的规范采用装置。

本书试验研究所采用的基础试验装置即为Venturi空化空蚀发生装置,高速水流空化空蚀试验装置总体布置如图3-22所示。整套装置由动力设备、进水系统、稳压管系、调水管系、排气管系、空蚀发生器、回水系统等组成。动力设备采用两台100 kW的三相电机,各驱动一台额定流量50 L/s的200 m水头高压多级离心泵,并联后为整个系统供水。由于装置为高压系统,整个进、出水管路系统均采用高压钢管加筋焊接制作,管路中各位置的阀门均采用高压阀门(承压2.5 MPa),管道上安装压力表观察水流压力,空化空蚀发生器如图3-23所示。在空蚀发生器前后均设置测压、控压装置,以调节空蚀发生状态。高压水流经过缩放型空蚀发生器后流入回水系统,回水槽出口设矩形量水堰测量流量,通过流量计算喉口流速。

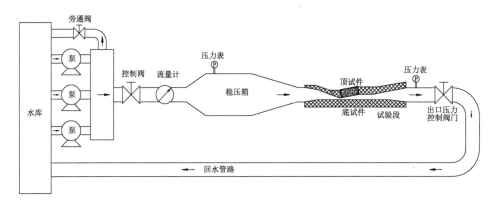

图3-22　抗空蚀试验装置总体布置示意图

根据空蚀发生装置要求制作混凝土试件,在试验室养护至预定龄期后,试验前两天将试件放入水中浸泡48 h至完全饱和,取出抹去表面水分,用高精度天平称量试件空蚀之前饱和面干质量。然后将试件密封至空蚀发生装置,控制水流流速48 m/s,累计开机8 h,停机后,取出试件,清洗干净,擦去表面水分,称重,计算质量损失和抗空蚀强度,观察空蚀破坏特征。

抗空蚀强度按式(3-1)计算:

$$R = tA/Q \tag{3-1}$$

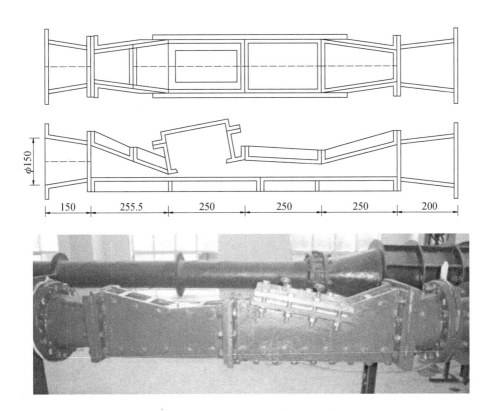

图 3-23　缩放型空化空蚀发生器工作段

式中，R 为抗空蚀强度，即单位面积上被空蚀单位质量所需时间，$(\text{h} \cdot \text{m}^2/\text{kg})$；$t$ 为试验累计时间，h；A 为试件受蚀面积，m^2；Q 为经 t 时段空蚀后，试件损失的累计质量，kg。

蚀损率按式（3-2）计算：

$$L = \frac{M_0 - M_t}{M_0} \tag{3-2}$$

式中，L 为蚀损率，％；M_0 为试验前试件质量，kg；M_t 为试验后试件质量，kg。

空蚀率是单位时间的空蚀量。对金属试件，常用的空蚀率指标有：麻点率，即单位时间单位面积上的麻点数；体积损失率与质量损失率，即单位时间内试件的体积或重量损失；平均穿透率，即与单位时间单位面积上的体积损失相应的平均材料损失厚度。也有少数研究者建议用试件表面粗糙度和平均变形深度表示空蚀强度。但一般来说,麻点指标只适用于空蚀初期,试件的空蚀时间较长后,麻点就会重叠,这时准确统计麻点数就比较困难了。另外,麻点尺寸有时差别较大,不便和其他空蚀指标相比较。

三、空蚀试验技术创新

目前,基本上都是采用《水工建筑物抗冲磨防空蚀混凝土技术规范》(DL/T 5207—2005)中推荐的缩放型空蚀发生器来进行水工混凝土的抗空蚀试验,通过对比的方法进行性能评价。在喉口流速达到规范要求的 48 m/s 时,该方法空蚀作用相对较强,能够加速试件破坏,但每次只能进行一块试件的空蚀试验,由于试验动力装置功率较大(100 kW 以上)、每组试验时间较长(8 h),当试验组次较多时,不仅能耗较大,试验周期长,更重要的是,每组试验,装置的运行状态不可能调至完全相同,对试验结果存在一定的影响。

针对目前缩放型空蚀发生器存在的不足,研究提出一种能够在完全相同条件下同时进行多块试件抗空蚀试验装置,以提高试验效率和试验结果的可靠性。新的水工混凝土抗空蚀试验装置沿用缩放型空蚀发生器的原理,结构上不同于传统缩放型空蚀发生器的矩形喉口和出口半扩散,采用圆形喉口和出口 360°轴对称全扩散,空化气泡在扩散段壁面完全对称均匀溃灭,实现对一周壁面完全相同的空蚀破坏作用,增大了试件可布置面积,满足多块试件在相同条件下同时进行抗空蚀试验。

试验装置如图 3-24 所示。包括收缩段、试件槽和扩散段。收缩段和扩散段均采用锥形管收缩和扩散,两者连接处喉口圆形断面面积最小,高压水流经过收缩段在喉口流速达到最大,高速水流发生空化,空化气泡在扩散段高压区溃灭,对应扩散段空化气泡的溃灭冲击区,轴对称地布置一周外凸的试件槽,试件槽内表面用等间距布置的试件限位柱代替扩散段壁面,试件槽前后两侧面与扩散段壁面垂直,试件置于试件槽,试件受槽内限位柱约束,试件的内表面与其前后扩散段壁面平顺衔接、受到空蚀作用,试件外侧用锥形的外壳锁定。同时进行试验的试件数量可根据需要进行设计,最多安装试件数量与限位柱数量相等,即相邻两个限位柱之间布置一块试件。制作试件的模具需根据试件形状尺寸进行定制。

试验装置竖向布置,以消除水流自重影响,既保证空蚀作用的完全轴对称,也便于试件安装。试验装置扩散段的压力对试验空蚀状态影响较大,采用高压阀门并配置压力表调节扩散段压力,以达到不同空蚀状态。试验装置喉口流速由装置前布置的电磁流量计监测的流量除以喉口断面面积获得,最大水流流速可达 60 m/s 以上，能够满足各级流速的试验要求。提出的水工混凝土抗空蚀试验装置可在相同条件下同时进行多块试件的抗空蚀试验，不仅提高了试验效率，节省能耗，而且显著提升了试验结果的可靠性，有助于不同材料抗空蚀性能对比评价，具有突出的技术优点。

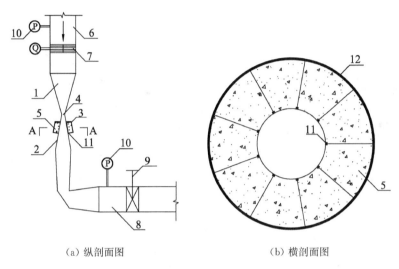

（a）纵剖面图　　　　　　　　　　　（b）横剖面图

1—进口锥形收缩段；2—锥形扩散段；3—试件槽；4—喉口；5—试件；6—进水管；7—电磁流量计；8—出水管；9—高压阀门；10—压力表；11—试件限位柱；12—外壳

图 3-24　空蚀试验新装置设计

第五节　抗冲磨试验技术

在水工混凝土的抗冲磨试验中，目前所采用的试验手段大致有以下几种：气流挟沙喷射法、圆环含沙水流转动磨损法、普通水流挟沙喷射法、高压循环水箱试验法、现场模拟试验法、高速挟沙水射流喷射法。其中，最常采用的方法有高速水沙法和水下钢球法两种。高速含沙水流冲磨试验模拟含悬浮质水流的冲刷条件，比较各种材料在含沙水流冲刷下的抗冲磨性能；水下钢球法冲磨试验模拟含有推移质水流的冲刷条件，测定材料表面受水下高速流动介质磨蚀的相对抗力，用于评价材料表面的相对抗磨性能。

一、高速水沙法

根据高速含沙水流冲磨的特点，南京水科院研发了改进的高速水沙抗冲磨试验仪，如图 3-25 所示。改进后的试验装置的含沙水流最高流速可达 60 m/s，冲磨破坏作用较常规设备显著增强，加速试件破坏，有效地缩短了试验时间。

图 3-25　高速水沙抗冲磨试验仪

试件养护达到试验龄期的前两天，将试件放入水中浸泡 48 h 至完全饱和；在进行抗冲磨试验前，向试验机内注足水和磨料，磨料为金刚砂，试验时，从水中取出试件，用湿毛巾抹去表面水分，使呈饱和面干状态，称其质量，记录为冲磨前质量；将试件放入抗冲磨试验仪，待完成预定时间的冲磨试验，停机取出试件，用水冲洗干净，抹去表面水分，称其质量，计算失重、磨损率和抗冲磨强度，观察材料的形貌变化和破坏特征。每个工况至少进行三组试验取平均。

高速水沙法磨料为金刚砂，水流含沙率采用 7%，含沙水流冲磨速度为 40～60 m/s 可调，设备运行时发热量大，1 h 内冲磨 15 min，一般累积冲磨时间为 1～4 h，视具体冲磨效果而定，中间需要更换磨料。

材料磨损率按式(3-3)计算：

$$N = \frac{M_0 - M_t}{St} \tag{3-3}$$

式中，N 为磨损率，单位面积上在单位时间内被磨损的质量，kg/(h·m²)；M_0 为试件冲磨前质量，kg；M_t 为历时 t h 冲磨后试件的质量，kg；t 为试件受冲磨累计历时，h；S 为试件受冲磨面积，m²。

抗冲磨强度 $R(\mathrm{h \cdot m^2/kg})$，即单位面积上每磨损 1 kg 所需的小时数：

$$R = 1/N \tag{3-4}$$

二、水下钢球法

水下钢球法为《水工混凝土试验规程》中规定的用于评价水工混凝土抗冲磨性能的方法，在水工混凝土抗冲磨试验中得到极为广泛的应用。南京水科院在早期研发的 HKS-I 型抗冲磨试验机的基础上，研发了 HKS-II 型抗冲磨试验机，如图 3-26 所示，将试件由从顶部安装改为从底部安装，并增大了电机转速、优化了叶片，大大提高了试验效率。

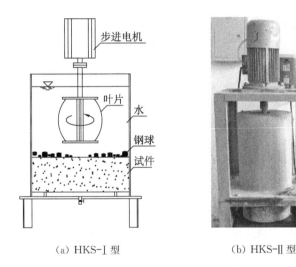

(a) HKS-I 型　　　　　　　　　(b) HKS-II 型

图 3-26　水下钢球法抗冲磨试验机

水下钢球法以钢球为磨料，共 70 个，按表 3-4 中规定的钢球组合。试件直径为 30 cm，高度 10 cm。水下钢球法试验流程及抗冲磨参数计算方法与高速水沙法基本一致。试验过程不中断，设备持续运行 72 h。

表 3-4　钢球数量与直径

钢球数量/个	10	35	25
直径/mm	25.4±0.1	19.1±0.1	12.7±0.1

三、柔性材料抗冲磨新方法

水下钢球法试验主要模拟推移质以滑动、滚动及跳跃等方式的冲磨作用，试验结果表明,对于脆性混凝土材料,钢球的冲磨效果非常明显,对于柔性弹性体几乎不产生任何冲磨效果,采用水下钢球法来评判柔性材料的抗冲磨性能已不太合适,需要有所改变。

针对规范水下钢球法在评价弹性防护材料抗冲磨性能中的不足,提出采用质地坚硬、棱角锋利的玄武岩石子,取代水下钢球法的钢球,作为冲磨磨料,设备装置不变,冲磨试验时间要通过试验情况确定。天然玄武岩石子形状各异、棱角锋利,更能真实反映实际水流中的推移质对泄水建筑物的冲磨作用。

为保证试验条件的一致性,随机挑选大小为 $1\sim2$ cm、各向尺寸均衡、尖角分明的玄武岩天然石子,如图 3-27(a)所示,每台试验机加入 1 kg 磨料进行冲磨试验,试验过程依然严格按照规范要求执行,冲磨机运行 24 h 停机观察冲磨情况。

冲磨机连续运行 24 h 后,磨料形貌如图 3-27(b)所示,磨料的棱角大部分被磨圆,光滑如卵石,若继续冲磨,效果势必逐渐减弱,因此,每冲磨 24 h 更换一次磨料。柔性防护材料冲磨 24 h 后,试件表面发生了明显的冲磨破坏,除了中间局部未发生磨损外,周围其他区域均发生磨损,中间未冲磨区依然光滑,周围冲磨区变得粗涩,手摸可感觉到比中间略低。可见,新的试验方法对柔性材料具有很好的冲磨效果,能够合理评价柔性材料的抗冲磨性能,将新的试验方法命名为水下棱石法。

(a) 冲磨前　　　　　　　　　　　　　　　　(b) 冲磨 24 h 后

图 3-27　玄武岩磨料

第六节　空蚀与冲磨耦合作用试验技术

实际的水利水电工程中,水流往往挟带悬移质或推移质,空蚀与冲磨往往同时发生,但从空蚀与冲磨已有的研究基础看,目前的方法和装置多按单一破坏作用下的试验考虑,而实际工程中,水工建筑物过流表面会受到挟沙水流冲磨和空蚀的共同作用。已有研究表明,两种破坏作用相互促进、相互影响,较为复杂,非一般单一破坏作用所能表征。空蚀与冲磨耦合作用方面的研究多为机理方面的探索,采用了不同的方法和手段,如在环向空蚀装置试验水体内增加悬浮物或采用电火花、超声生成空化等,能否真实反映水利工程中高速水流的空蚀与冲磨破坏行为尚不清楚。另外,在试验室进行挟沙水流的空蚀试验,通常会想到浑水试验,即将沙粒掺入水库,水泵将含沙水流送入试验循环系统,高速含沙水流需要流经整个试验系统,对水泵、管路、阀门、流量计等均会造成很大的损害,且含沙量也很难控制,效果并不理想。因此,为科学评价空蚀与冲磨混合作用下水工混凝土的抗蚀性能,开展二者相互影响机制研究,迫切需要研发新的试验技术,能够真实模拟高速挟沙水流的冲磨与空蚀的混合作用。因此,在已有研究的基础上,研发1∶1高速水流空蚀与冲磨混合作用试验方法和装置,为研究二者的相互作用机理奠定基础。

一、基本原理

针对目前空蚀与冲磨混合作用研究及试验手段的不足,研究提出新的试验方法。

前文已经介绍,材料空蚀破坏试验一般采用规范推荐的也是最经典的Venturi空化空蚀发生器。在装置的试验段前施加高压,在试验段最窄断面——喉口形成高速低压水流,流速可达到50 m/s以上,喉口发生强空化,空化气泡随水体进入下游扩散段,因水流压力升高,气泡在顶部试件表面附近溃灭,发生空蚀破坏作用(图3-28)。

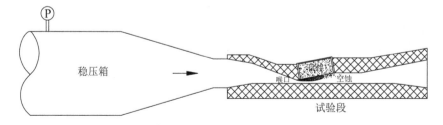

图3-28 空化空蚀试验装置

本书以Venturi空蚀发生器为基础,发明了无须任何外加动力的高压高速水流自动挟沙装置,形成高速水流空蚀与冲磨混合作用试验方法和装置。

核心部件自动挟沙装置的基本思路:根据缩放型空蚀发生器的特点,采用流速越高、压力越低的水力学 Bernoulli 原理,将盛放沙粒的沙桶的顶部与上游稳压箱相连,沙桶的底部用输沙细管连接至空蚀发生器喉口前,如图 3-29 所示,则沙桶顶部的压力与上游稳压筒的压力一致,即 $p_2 = p_1$,而喉口前的连接处因为水流速度较高,压力降低,令该点压力为 p_3,则 $p_3 < p_2$,在沙桶内沙体的顶部和底部形成压力差,沙桶内水流携带沙粒进入主流,在喉口前形成高速挟沙水流,挟沙水流至喉口部位时,流速达到最大值,出现负压,发生强空化,固定在喉口后扩散段的试件将受到高速挟沙水流冲磨与空蚀的双重作用。

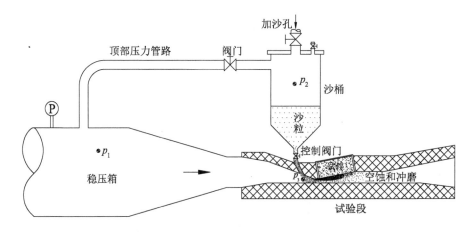

图 3-29 空蚀与冲磨混合作用试验装置

将空蚀与冲磨混合作用试验装置布置于高速高压试验系统,如图 3-30 所示。采用多台多级增压离心泵为装置提供高速高压水流条件,在试验段后布置沉沙池,挟沙水流通过沉沙池将水沙分离,水体流入水库循环,沙粒回收重复利用。故挟沙水流仅出现在试验段,不会出现在输水管路、水泵、水库、阀门、流量

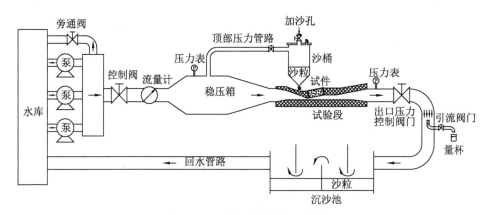

图 3-30 试验系统布置示意图

计等位置,从而有效地避免了系统的磨损。在沙桶顶部布置高压阀门,可以快速便捷地向沙桶内补充试验用沙。在沙桶下方的输水管上布置控制阀门,调节水流含沙量,同时在装置出口竖直管路中心引流取样,观测水流中的含沙量,因此,试验挟沙水流的含沙量较容易控制,为开展不同工况试验奠定基础。

试验装置具有如下突出优点:(1)利用装置内的压力分布特征,在高压系统内压差的作用下实现自动加沙,形成挟沙水流,不需要额外动力;(2)本装置在冲磨空蚀发生位置之前形成挟沙水流,之后沙粒迅速沉淀,有效避免了对装置其他部位的磨损。

二、可行性分析

在提出空蚀冲磨混合作用试验装置后,首先需要从工作原理上论证其核心部件——水沙自动混掺系统的可行性。采用三维数值模拟手段开展验证工作,建立简单的概化模型如图3-31所示,采用非结构化四面体单元对模型进行离散,在水沙混掺区、喉口前后采用较小的网格尺寸,单元212 532个,节点45 369个。

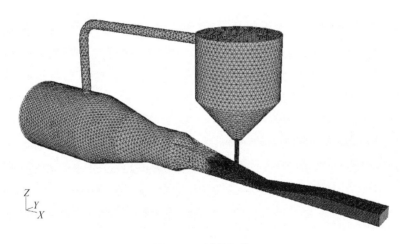

图3-31　计算网格

采用三种边界条件,进口采用压力进口边界,进口压力设置为1.5 MPa,出口采用压力出口边界,出口压力设置为0.4 MPa,其他采用壁面边界。

装置流速矢量图、静压分布、总压分布分别见图3-32、图3-33和图3-34,可以看出,在喉口前压力相对较低,沙筒内压力相对较高,水流由沙筒流向喉口,因此,理论上能够实现水沙的自动混掺。

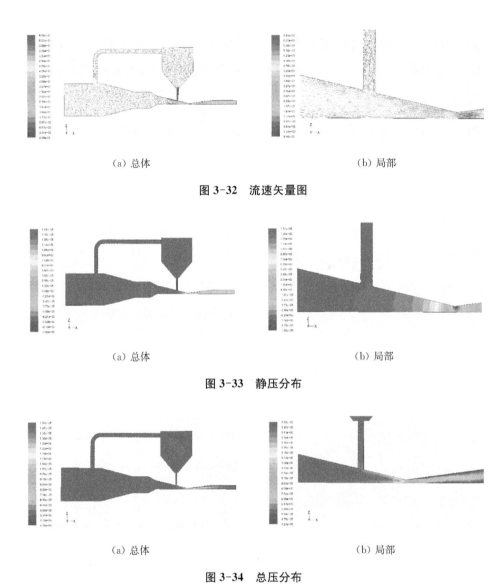

（a）总体 　　　　　　　　　　（b）局部

图 3-32　流速矢量图

（a）总体 　　　　　　　　　　（b）局部

图 3-33　静压分布

（a）总体 　　　　　　　　　　（b）局部

图 3-34　总压分布

三、装置设计与制作

空蚀与冲磨混合作用试验系统包括动力系统、稳压箱、自动挟沙装置、试验段和沉沙池。其中核心部件为新增的自动挟沙装置,装置见图 3-35,主要由沙桶、加沙孔、盖板、排气管、观察窗、输沙管和控制阀门组成。

沙桶顶部与稳压箱相连,输沙管与试验段喉口前的收缩段相连,在空化空蚀发生器进口收缩段断面宽度一定的情况下,沙桶顶部和底部输水管压力差与输

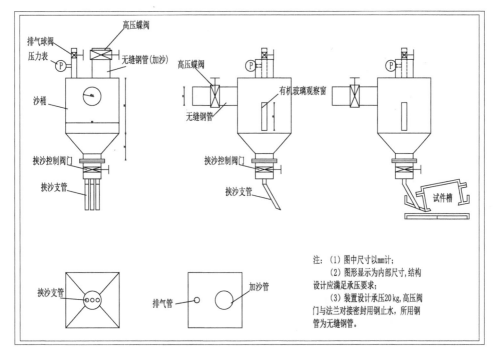

图 3-35　自动挟沙装置设计

水管在收缩段接入的位置有关,在不同的上游压力条件下,压力差 Δp 与输沙管连接处断面高度 h 之间的关系见图 3-36。可以看出,沙桶上下压力差与输沙管连接位置密切相关,随连接处断面高度的增大,压力差呈二次方减小,即输沙能力受掺沙孔位置影响较大,从布置考虑,将输沙管接入断面高度 $2\sim3\ cm$ 的位置,能够保证较好的挟沙能力。

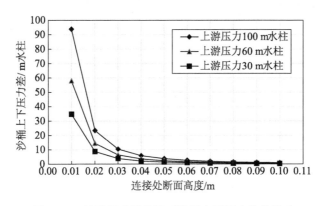

图 3-36　输沙管连接位置对沙桶上下压力差的影响

为了获得试验挟沙水流的含沙量,在试验段之后管道竖直段中心引流取样,如图 3-37 所示,测试水流中的含沙量,在竖直管段取样可以忽略沙粒的重力作用,沙粒在水流中分布较为均匀,能够保证获得可靠的含沙量。

根据提出的自动挟沙装置的工作原理及总体设计,委托专业机械加工厂进行加工制作,内容包括拆解原 Venturi 试验段,取下喉口前挟沙管的接入边壁,制作

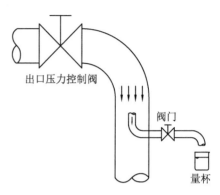

图 3-37 含沙量测试设计

沙桶及管路,重点和难点是处理挟沙支管与主管路的连接。为降低金属结构的锈蚀,装置采用不锈钢制作。装置制作见图 3-38。

（a）Venturi 试验段拆解　　　（b）沙桶　　　（c）挟沙口接入点

图 3-38 装置加工制作过程

制作安装完成的试验装置主工作段照片如图 3-39 所示,为了保证在宽度方向能够尽量均匀挟沙,将输沙管由一根粗管分成多根细管沿宽度方向并排接入

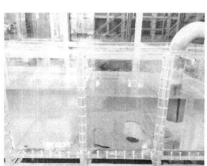

（a）工作段　　　　　（b）沉沙池　　　　　（c）含沙量取样装置

图 3-39 试验装置

喉口前的收缩段,沙桶顶部布置相对较大的阀门便于向沙桶加沙。试验段前后

布置阀门和压力表,以及主管路上的电磁流量计控制试验条件。将试验装置压力、流量等信号接入高速高压试验控制系统。为了便于观察沉沙池中的沙粒沉淀情况,沉沙池采用有机玻璃制作,内部设置三道挡板阻流消能,使水流降速、沙粒沉淀。同时布置排水集沙装置,便于沙子回收。根据试验室动力条件,本装置试验流速可达到 60 m/s 以上,完全达到工程原型流速条件。

四、试验方法

针对研发的冲磨与空蚀混合作用装置,提出相应的试验方法,其具体步骤如下:

(1) 试验前,打开加沙桶顶部阀门,向桶内加入试验用沙,并通过侧壁观察窗观察加沙量,将称量初始质量后的材料试件装入试件槽,随后进行密封。

(2) 开启动力装置为系统供水,通过电磁流量计数据计算喉口流速,根据试验段前后的压力表观察系统压力,调节旁通阀门和尾水阀门控制装置上下游压力和流速,使其达到空蚀试验要求。

(3) 打开顶部压力管路上阀门,调节输沙管上的控制阀门,向高速水流内掺沙,根据出口实测挟沙浓度,调整控制阀门至试验要求的含沙量,此时试件将受到高速水流空蚀与冲磨的双重作用。

(4) 试验达到规定的时间后,称量冲磨与空蚀混合作用后试件的质量,根据质量差、作用面积和作用时间计算蚀损率,观察试件表面的蚀损特征。

五、效果验证

对研发的空蚀与冲磨混合作用装置进行调试,调试结果表明,自动挟沙装置工作稳定,具备预期的良好的自动挟沙能力,含沙量调节范围较广,沉沙池也达到了较为理想的水沙分离效果,实现了试验段高速挟沙水流试验条件。说明研发的空蚀与冲磨混合作用装置取得了成功,为开展空蚀与冲磨耦合作用机制研究奠定了坚实基础。

为测试试验效果,首先对制作的水工混凝土试件开展空蚀与冲磨混合作用试验。试验条件:喉口流速 26 m/s,喉口断面空化数 0.159,沙径 0.16 mm≤ϕ<0.315 mm,含沙量 0.35 g/L。试件养护至 96 天进行试验,试验过程中采集表面形貌照片,观察空蚀与冲磨混合作用蚀损特征。为了反映空蚀与冲磨混合作用下混凝土表面的蚀损效果,在相同的条件下,分别进行了单独空蚀(纯水)和单独冲磨(无空化)试验。每组试验共进行 3 h。

在单独空蚀、空蚀与冲磨混合作用两种条件下,混凝土试件表面蚀损特征形貌见图 3-40,图片尺寸为 15 cm×9 cm(长×宽),可以看出,混凝土试件表面均发生了明显的蚀损破坏。图片对比显示,空蚀作用仅发生在局部集中区域,为蚀坑破坏特征,而在空蚀与冲磨的共同作用下,混凝土表面破坏呈现空蚀和冲磨两种蚀损特征,在空蚀主要作用区,混凝土表面出现相对较大的蚀坑,为混凝土表层砂浆与粗骨料分离脱落所致,而冲磨作用区域相对较广,混凝土表面冲磨破坏相对均匀,呈现明显的顺水流方向的沟槽,没有空蚀集中作用区的大的蚀坑。试验检验表明,研发的空蚀与冲磨耦合作用试验装置能够较好地模拟高速挟沙水流的空蚀与冲磨共同作用。

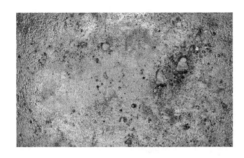
（a）空蚀作用

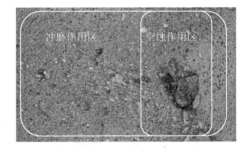
（b）混合作用

图 3-40　空蚀与混合作用对比

第七节　冲蚀切片试验技术

一、试验装置研发

当水工泄水建筑物宣泄洪水形成的高速射流冲击其他结构时,可能会引起结构冲蚀破坏。在丰满重建坝工程中,在老坝下游修建新坝,施工中老坝泄洪将直接冲击新坝,对新坝造成的不利影响需要试验评估。而通常进行的冲蚀试验都是采用加沙水流、极小孔口、超高流速(200 m/s 以上),加速材料的冲蚀磨损,主要通过对比来研究材料的抗冲蚀性能。对于上述工程中泄洪冲击问题,有必要通过切片试验开展研究。冲击水流为原溢流坝下泄的清水,冲击速度与实际坝体下泄水流流速相当(30～35 m/s),冲击面积在试验室允许的动力条件下应尽可能的大。因此,重点结合实际工程问题,研发了切片冲蚀试验装置。

结合试验室动力、供回水等条件,试验装置总体布置见图 3-41,根据老坝挑流计算和模型试验可知,老坝挑流对新坝的冲击速度在 30～34 m/s,因此,输水管喷嘴采用立体曲线收缩,出口断面 5 cm×5 cm,最大喷射流速可达 36 m/s 以

正视图

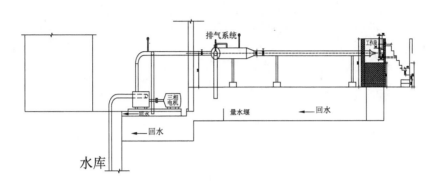

平面布置图

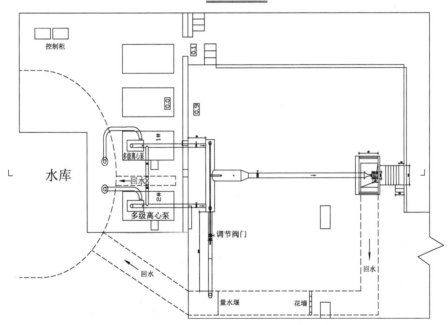

图 3-41　水流冲击试验装置及水循环系统示意图

上,完全满足冲击试验要求。混凝土试件卡于试件槽内固定在冲击位置,冲击位置距喷口 20 cm。由前人大量的试验研究成果可知,对于脆性材料,随着冲击角度的增加冲蚀率逐渐增大,因此,从偏安全考虑,选择冲击角度为 90°,直接正面冲击试件,输水管系和试验段如图 3-42 所示。高速射流冲击试件后跌入回水系统,回水槽出口设矩形量水堰测量流量,通过流量控制喷嘴射流速度。

(a) 动力设备　　　　　　(b) 稳压、排气、调水管系　　　(c) 输水管系和试验段

图 3-42　试验装置

二、试验方法

根据筑坝碾压混凝土的配合比,制作碾压混凝土试件。因为混凝土骨料为二级配,所以确定试件的尺寸采用 150 mm×150 mm×300 mm,混凝土试件的拌制、成型、养护等均按规范规定进行,在到达预定龄期进行试验前放入水中浸泡 48 h 至完全饱和,然后取出用抹布擦去试件表面水分,用 TG320 型分度值为 10 mg 的天平称量试件冲击之前饱和面干质量(见图 3-43),选择试件 150 mm×300 mm 长方形侧面作为冲击面,在冲击的每个小时末取出观察并拍照比较,对冲击后的试件擦去表面水分后称其质量,可计算出试件的失重、冲蚀率、抗冲蚀强度等参数。其中混凝土冲蚀率、抗冲蚀强度计算同前文式(3-3)和式(3-4)。

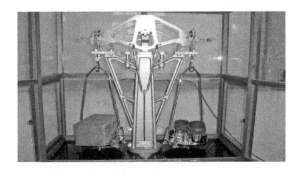

(a) 试件　　　　　　　　　　　(b) 天平图

图 3-43　试件浸泡和称重

利用自行研制的冲蚀试验装置,首先对制作的碾压混凝土试件进行了多组预备性试验,包括从低流速向高流速、连续冲击多个小时等各种尝试。通过预备性试验发现,低流速射流冲击前后混凝土表面变化很小,基本未发生剥蚀,在高

流速冲击下发生一定程度的剥蚀,但没有出现严重破坏现象,所以选择新坝实际受到的 30～35 m/s 冲击速度进行试验;混凝土冲蚀破坏主要发生在水流冲击初期的 1 h 内,2 h 后基本稳定,所以选择每块试件冲击时间为 2 h。

三、装置试验效果

对研发的水流冲击试验装置进行测试,整套装置在长时间持续运行条件下工作状态良好,射流稳定,喷嘴出口最大流速可达到 36 m/s 以上。不同流速射流冲击情况如图 3-44 所示。可以看出,在 15 m/s 流速时,喷嘴射流较为清晰,待流速达到 30 m/s 之后,试验段基本上被反射水流水花充斥。研发的冲蚀切片试验装置达到了试验的条件。

(a) 15 m/s　　　(b) 30 m/s　　　(c) 31.5 m/s　　　(d) 33 m/s　　　(e) 35 m/s

图 3-44　不同流速射流冲击

第八节　缝隙流切片试验技术

一、缝隙流水力特性

输水阀门开启过程中顶部止水与胸墙脱离、面板与胸墙之间形成的窄缝射流问题,影响高水头船闸阀门安全平稳运行。类似于尼古拉兹曲线,对于理想缝隙(缝隙进、出流边界较为平顺)及实际顶止水缝隙,分析了阻力系数 ξ 与雷诺数 Re 的关系,见图 3-45。其中阻力系数:

$$\xi = \frac{\left(\dfrac{P_u}{\gamma} + \dfrac{v_u^2}{2g}\right) - \left(\dfrac{P_d}{\gamma} + \dfrac{v_d^2}{2g}\right)}{v^2/2g} \qquad (3-5)$$

式中,P_u,P_d,v_u,v_d 分别为上、下游压力及断面平均流速;v 为喉口平均流速;$Re = vd/\nu$(d 为缝隙宽度,ν 为水的动力黏滞系数)。

由图可见,在缝隙喉口流速 0～40 m/s 范围内,缝隙水流并未进入阻力平方

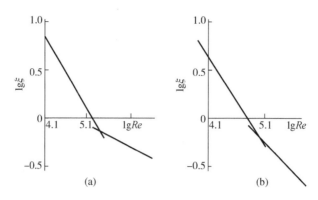

图 3-45　缝隙流阻力系数 ξ 与雷诺数 Re 的关系

区,以双对数坐标绘制的直线分为两段,前段为层流区,后段为光滑管紊流区,它仍具有较大斜率,尤以理想缝隙为大。必须注意的是,止水缝隙模型的进出口条件均较差,进口的顶壁为具有折线轮廓的门楣,而其出口断面突然扩大,但计算断面的选择却包含了这两个区段。足见即使将两区段的涡旋损失计算在内,仍不足以掩盖缝隙流的特性。缝隙流由于上、下壁面贴近,抑制了水流向充分发展的紊动过渡。鉴于阀门顶止水缝隙流未进入阻力平方区,对缝隙流的研究不宜采用小比尺模型。

二、试验装置研发

门楣自然通气措施为我国独创,是解决高水头船闸阀门空化问题的一项非常有效的工程措施。该技术的核心是,利用阀门开启过程面板与胸墙形成的缝隙产生的高速射流特点,在门楣缝隙处设置特定掺气措施,实现自然通气。门楣自然通气技术最初用于减免门楣缝隙空化,保护阀门面板免遭空蚀破坏,试验中发现门楣通气后在阀门后廊道形成的掺气水流覆盖了阀门底缘空化发生区域,对底缘空化也能起到抑制作用,可有效保护阀门下游廊道区域。抑制底缘空化的效果取决于门楣通气量的大小,而门楣通气量稳定与否取决于门楣体型布置和线型。

为开展阀门门楣自然通气防空化技术研究,从保证掺气的相似性考虑,研发了无缩尺效应的输水阀门门楣缝隙流 1:1 切片试验装置,置于高速高压试验平台,装置如图 3-46 所示,采用多台多级离心增压泵为系统供水,试验段前设电磁阀控制流量,采用电磁流量计监测流量,为平顺来流,在试验段前设稳压箱,用于来流内气体释放,箱顶布置通气管排出气体,试验段设置大小为 600 mm×800 mm 的透明有机玻璃观测窗,观测缝隙流空化、掺气流态,缝隙流试验装置门楣切片宽度为 160 mm。试验中水泵控制、系统压力、流量监控均由控制系统自动完成。

图 3-46　高速高压缝隙流试验装置

二、试验方法

本装置主要应用于高水头船闸阀门门楣体型设计研究,验证自然通气防空化效果并进行必要的优化,指导工程设计。试验流程主要如下:

(1) 根据船闸设计部门提出的门楣体型方案,根据阀门的工作条件,进行初步的总体布置方案优化。

(2) 制作门楣体型模型,进行门楣模型、通气管安装,具备试验条件。

(3) 开展阀门设计工作条件内(不同水位组合)无通气措施的缝隙流水动力特性试验,测试缝隙流空化噪声与振动。

(4) 开展阀门不同水位组合条件下门楣自然通气试验,研究临界自然通气条件及各种运行工况下的通气量,测试采取自然通气措施后的空化噪声与振动,与采取措施前进行对比。

(5) 根据试验情况,必要时提出门楣优化方案,修改模型,并进行试验论证,最终确定较优的门楣体型。

三、装置效果

选择适应于高水头船闸条件的常用门楣体型,对研发的切片试验装置进行测试,不同条件下装置缝隙段空化与掺气水流形态见图3-47,前三幅图为不通气、工作水头不断增大情况下,门楣缝隙段空化的发展过程,从弱空化逐渐增强,最后空化阻塞整个缝隙通道,形成阻塞空化,在门楣自然通气后,形成了乳白色掺气水流,空化现象消失,达到很好的防空化作用。从测试结果看,研发的试验装置具备开展60 m级高水头阀门门楣体型研究的条件。

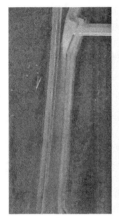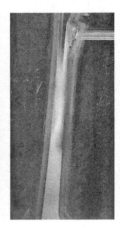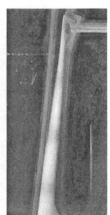

图3-47　空化发展与掺气效果

第九节　止水切片试验技术

一、试验装置研发

高水头船闸阀门顶止水频繁损坏已经成为影响船闸安全高效运行的关键技术难题,止水损坏最大影响不是漏水问题,而是漏水所引起的结构自激振动。高水头船闸阀门通常在较大的淹没水深下工作,如图3-48(a)所示,原型很难开展阀门顶止水自激振动研究。为真实模拟阀门顶止水的工作特性、自激振动现象,并研究揭示漏水自激振动发生机理,故提出在试验室内研发高水头阀门顶止水1∶1切片试验装置。本项研究也得到了国家自然科学基金及大藤峡船闸、三峡船闸和葛洲坝船闸相关科技项目的支持。

在阀门开启之初或止水漏水时,顶止水与胸墙形成窄缝,发生高速射流空化,如图 3-48(b)所示,由于止水高速射流与自激振动主要发生于顶止水附近,故试验装置工作段纵剖面范围按图 3-48(b)截取。切片厚度即横向的模拟宽度根据止水的压紧螺栓布置考虑,以三峡船闸阀门止水布置为例,压紧螺栓间距为12 cm,切片厚度至少包含两个螺栓,切面选择相邻两个螺栓的中间断面,则切片总厚度为 24 cm,两个螺栓对称布置,每个螺栓到最近的切面距离均为 6 cm。试验装置除了核心的工作段之外,还包括进水口、出水口、有机玻璃观察窗、顶盖、调节阀门、排气孔、压力表、流量计等,止水位置设观察窗,以便于观测止水变形、高速射流止水空化流态、自激振动等。为真实反映止水的各项性能及实际工作条件,顶止水采用三峡船闸使用的止水材料、压板形式、固定螺栓,门楣按原型实际情况考虑。试验装置设计与研制见图 3-49,该装置研制后布置于南科院高速水流试验平台,系统压力可达到 150 m 水头以上,满足试验要求。

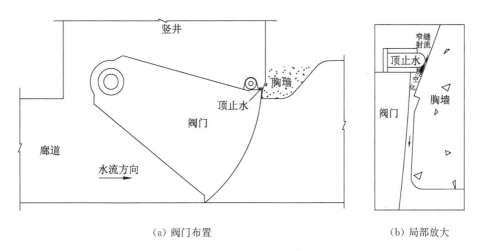

(a) 阀门布置　　　　　　　　　(b) 局部放大

图 3-48　阀门布置及顶止水射流空化示意图

二、试验方法

顶止水切片试验装置可开展的研究内容较多,包括窄缝射流水动力特性研究、止水安装变形特性研究、止水水压变形特性研究、止水自激振动试验研究及对各项工作特性的影响因素研究等。不同的研究内容有其针对性的试验方法,相关的试验设计、测控方法将在下文第九章结合具体试验一起介绍。

三、装置效果

通过对研发的装置进行各项试验检验,均能达到预期的效果,典型的止水安装变形特性、止水水压变形特性、止水空化流态等见图 3-50。

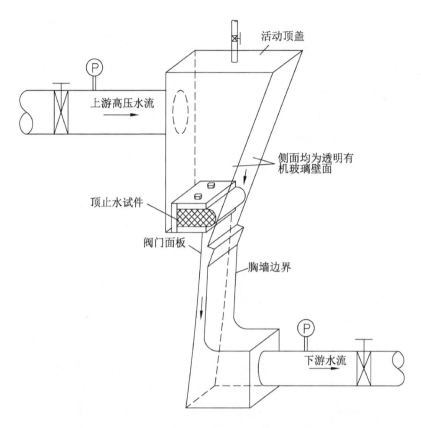

图 3-49 试验装置设计与研制

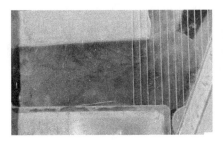

| （a）安装变形 | （b）水压变形 | （c）空化 |

图 3-50　止水试验效果照片

参考文献

［1］ Knapp R T, Daily J W, Hammitt F G. Cavitation［M］. New York：McGraw-Hill, 1970.

［2］ 中华人民共和国国家发展和改革委员会.水工建筑物抗冲磨防空蚀混凝土技术规范
　　 (DL/T 5207—2005)［M］.北京：中国电力出版社,2005.

［3］ 柴恭纯,郑楚珮,林宝玉.不同水动力条件下的空化空蚀研究成果总报告［R］.南京：南京
　　 水利科学研究院水工研究所,1991.

［4］ 柴恭纯.水下噪声宽频域瞬态采集存储和处理系统研制与应用［R］.南京：南京水利科学
　　 研究院水工研究所,1991.

［5］ 高欣欣,蔡跃波,丁建彤.基于水下钢球法的水工混凝土磨损影响因素研究［J］.水力发电
　　 学报,2011,30(2)：67-71.

［6］ 须清华,张瑞凯.通航建筑物应用基础研究［M］.北京：中国水利水电出版社,1999.

［7］ Sathe M J, Mathpati C S, Deshpande S S, et al. Investigation of flow structures and
　　 transport phenomena in bubble columns using particle image velocimetry and miniature
　　 pressure sensors［J］. Chemical Engineering Science, 2011, 66(14)：3087-3107.

［8］ Wakana T, Takafumi K, Satoshi W, et al. Observation of inception of sheet cavitation
　　 from free nuclei［J］. Journal of Thermal Science, 2017, 26(3)：223-228.

［9］ Li J B, Xu W L, Zhai Y W, et al. Influence of multiple air bubbles on the collapse
　　 strength of a cavitation bubble［J］. Experimental Thermal and Fluid Science, 2021,
　　 123：110328.

［10］ Wu J H, Su K P, Wang Y, et al. Effect of air bubble size on cavitation erosion reduction
　　 ［J］. Science China Technological Sciences, 2017, 60(4)：523-528.

［11］ Tomov P, Khelladi S, Ravelet F, et al. Experimental study of aerated cavitation in a
　　 horizontal venturi nozzle［J］. Experimental Thermal and Fluid Science, 2016, 70：
　　 85-95.

［12］ Zhao L, Sun L C, Mo Z Y, et al. An investigation on bubble motion in liquid flowing through a rectangular Venturi channel[J]. Experimental Thermal and Fluid Science, 2018, 97: 48-58.

[13] Peterka A J. The effect of entrained air on cavitation pitting[C]//Proc. IAHR Minnesota Conference, 1953: 507-518.

[14] Rasmussen R E H. Some experiments on cavitation erosion in water mixed with air [C]//Proc. NPL Symposium on Cavitation in Hydrodynamics. London,1956.

[15] Russell S O, Sheehan G J. Effect of entrained air on cavitation damage[J]. Canadian Journal of Civil Engineering, 1974, 1(1): 97-107.

[16] Chen Y, Lu C J. A Homogenous-Equilibrium-Model based numerical code for cavitation flows and evaluation by computation cases[J]. Journal of Hydrodynamics, 2008, 20(2): 186-194.

[17] Aydin M C, Isik E, Ulu A E. Numerical modeling of spillway aerators in high-head dams[J]. Applied Water Science, 2020, DOI: 10.1007/s13201-019-1126-2.

[18] Muniz M, Sommerfeld M. On the force competition in bubble columns: A numerical study[J]. International Journal of Multiphase Flow, 2020, 128: 03256.

[19] Kim S H, Kim N. Hydrodynamics and modeling of a ventilated supercavitating body in transition phase[J]. Journal of Hydrodynamics, 2015, 27: 763-772.

[20] Konda H, Kumar T M, Chandra S K. Bubble Motion in a Converging: Diverging Channel[J]. ASME. J. Fluids Eng., 2016, 138(6): 064501.

[21] Uchiyama T, Yoshii Y. Numerical simulation of bubbly flow by vortex in cell method [J]. Procedia IUTAM, 2015, 18: 138-147.

[22] Pfister M, Hager W H. Chute aerators I: Air transport characteristics[J]. Journal of Hydraulic Engineering, 2010, 136(6): 352-359.

[23] Pfister M. Chute aerators: Steep deflectors and cavity subpressure[J]. Journal of Hydraulic Engineering, 2011, 137(10): 1208-1215.

[24] Pfister M, Lucas J, Hager W H. Chute aerators: Preaerated approach flow[J]. Journal of Hydraulic Engineering, 2011, 137(11): 1452-1461.

[25] Dong Z Y, Guo Z P, Shi B. Effects of aeration on cavitation bubble motion in cavitation region[J]. Applied Mechanics and Materials, 2013, 295/296/297/298: 1909-1912.

第四章　高速水流冲磨试验

我国是一个多泥沙河流的国家，水工混凝土的磨蚀是泄水建筑物的主要病害之一。据调查，我国已建大型水电站发现有磨蚀破坏的约占 68%，尤其黄河干流和西南地区的多座大型水电站，或因水流中泥沙和推移质含量大，或因水流流速高，磨蚀问题十分突出，甚至危及工程安全。因此，如何提高水工混凝土的抗冲磨性能一直是工程关注和研究的热点问题。对于高性能混凝土材料针对水工材料抗冲磨性能评价、推广应用需求，结合重大工程中抗冲磨混凝土配方研究、泄水建筑物防护新材料研究、高水头阀门顶止水橡胶材料配方研究等，采用传统的水下钢球法、高速水沙法及新提出的水下棱石法，对多种材料开展了冲磨破坏试验研究，探讨并揭示了材料的冲磨破坏机制及主要影响因素，为材料的优化及应用奠定了基础。

第一节　试验材料与试件制作

一、试验材料及特性

研究所采用的三种试验方法详见前文，所采用的水工混凝土材料配方同第三章，此处重点对水工防护新材料聚脲、高水头阀门止水材料以及试验设计进行介绍。

在抗冲耐磨防护涂层方面，代表性的防护材料如喷涂聚脲弹性体、抗冲耐磨涂料、纳米面层涂料等。喷涂聚脲弹性体作为一种功能强大的绿色环保高分子新材料，具有优异的不透水性、耐磨性，以及与各种基材黏结力强等显著特点，使其在水工建筑物抗蚀防护中应用成为可能，聚脲已在国内新安江、丰满溢流面和挑流鼻坎、尼尔基蜗壳混凝土、小浪底排沙洞、小湾水垫塘、官地消力池、三峡中孔等水工泄水建筑物过流表面防护中进行了尝试性应用。在国外，印度 Tehri 坝泄流中孔防护是聚脲在水利工程中应用最典型的案例。水利工程中使用的抗冲耐磨涂料主要由成膜树脂、溶剂或活性溶剂、耐磨填料、固化剂及助剂组成，成膜树脂包括环氧树脂、丙烯酸树脂、聚氨酯树脂、有机硅树脂、不饱和聚酯树脂及几种树脂相互改性树脂等。耐磨填料包括金刚砂、石英砂、刚玉、玻璃鳞片和陶瓷等高硬度材料。新疆乌鲁瓦提水利工程冲沙洞、泄洪洞采用南京水科院研制的 FS 型抗冲耐磨涂料进行防护,该材料以呋喃树脂改性环氧树脂作为成膜树脂,以金刚砂为耐磨填料,经过 10 余年运行,受保护混凝土表面完好。采用纳米技术对树脂进行增韧增强改性,提高涂层的综合性能,是抗冲耐磨涂料发展的一个重要方向。纳米粒子具有小尺寸效应、表面效应,与树脂复合后,纳米粒子填充于树脂分子结构中,起到润滑作用,当受到外力冲击时,引发微裂纹,吸收大量冲击能量,故对树脂又起到增韧的作用。而一般认为,涂层的韧性对其耐磨性的影响大于硬度的影响。近年来,纳米耐磨涂层发展迅速,已成为研究的热点。

本章研究对三种配方聚脲材料及同一配方五种硬度聚脲进行抗冲磨性能试验研究,材料性能参数见表 4-1 和表 4-2,SPUA-351 聚脲简称为 S,高硬度聚脲简称为 G,脂肪族聚脲简称为 Z,基底混凝土简称为 CM。

表 4-1　喷涂聚脲防护材料性能参数

性能参数	SPUA-351 聚脲	高硬度聚脲	脂肪族聚脲
硬度/HSD	42	57	51
拉伸强度/MPa	19.5	19.6	16.6
断裂伸长率/%	420	251	648
撕裂强度/(N/mm)	75.8	82	79
低温弯折性(−35℃)	通过	通过	通过
冲击强度/(kg·m)	>1.2	>1.2	>1.2

表 4-2　不同硬度聚脲材料物理性能

性能参数	邵 D25	邵 D30	邵 D40	邵 D50	邵 D60
硬度/HSD	28	35	42	53	53
拉伸强度/MPa	12	16	19.5	20	21
断裂伸长率/%	580	500	430	330	250
撕裂强度/(N/mm)	45	60	71	83	95
低温弯折性	−40℃	−40℃	−40℃	−25℃	—

喷涂聚脲防护系统由底涂、腻子以及聚脲防护层构成。具体为聚氨酯底涂＋聚氨酯腻子＋喷涂聚脲的系统构成方式,其中腻子满刮,水工建筑喷涂聚脲防护系统构造如图 4-1 所示。

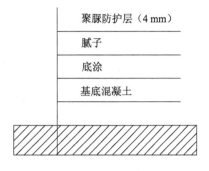

图 4-1　聚脲防护系统构造示意图

二、试件制作

根据试验方法采用的装置要求,制作两种形式基底混凝土试件,如图 4-2 所示,混凝土试件同时用作对比试验。

(a)高速水沙法　　　　(b)水下钢球法/棱石法

图 4-2　基底混凝土试件

"一分聚脲,九分施工",施工工艺对喷涂聚脲弹性体技术至关重要,聚脲弹性体自身性能优异,与混凝土之间的连接好坏就决定了防护工程的成败。因此,对喷涂聚脲防护技术制定了严格的施工工艺,主要流程如下:混凝土基层清理→打磨→清洁→滚涂聚氨酯底涂→刮涂聚氨酯腻子→喷涂聚脲防护材料。

(1)混凝土试件基层处理

混凝土试件施工基面应干燥、洁净和平整,彻底清除混凝土表面的油污以及脱模剂等,应按照相关技术要求进行处理后方可进行施工,如图 4-3 所示。

(2)滚涂底涂

采用刷子将聚氨酯底涂均匀涂刷于基层表面,不漏涂,不堆积,均匀涂刷于基层表面;做好相应的保护,防止杂质污染其他部位,如图 4-4 所示。尽量在最短的时间内进行聚脲材料的喷涂作业。

(3)刮涂基层修补腻子

宜采用人工用塑料刮板刮涂的方法。要反复刮涂,厚度不超过 1 mm,一般

图 4-3　表面打磨处理

图 4-4　底涂

0.5～0.7 mm，保证完全修复基层缺陷。满刮，封堵混凝土表面孔洞。

（4）喷涂聚脲

聚脲喷涂作业，采用双组分枪头撞击混合喷射系统的喷涂设备，由甲组（A组）和乙组（B组）两种组分组成，使用时必须严格按既定配比进行，每种成分计量误差不大于 2%；采用美国格瑞克公司 H-XP3 喷涂设备进行喷涂施工，该设备具有物料输送、计量准确、混合加热、喷射和清洁功能。采用人工喷涂，喷涂厚度为 4 mm，为保证喷涂质量，分次多遍纵横交叉进行喷涂。喷涂设备及试件如图 4-5 所示。

图 4-5　试件喷涂

第二节　混凝土与防护材料抗冲磨试验

一、抗冲磨性能

(一) 高速水沙法

首先采用高速水沙法同时对三种配方聚脲防护材料进行抗冲磨试验,累计冲磨 2 h 后停机,防护涂层冲磨 2 h 前后表面形貌对比如图 4-6 所示。试验发现:冲磨 2 h 后,防护涂层与基底混凝土依然牢固黏结,未出现鼓泡、剥离等现象;涂层表面发生了磨损,原本光滑的表面变得粗涩,出现了波纹状蚀痕;总体上涂层冲磨破坏较轻,厚度变化很小。为了评价聚脲防护的相对抗冲磨性能,在相同的试验条件下,进行一组无防护的基底抗冲磨混凝土抗冲磨试验,与之比较。图 4-7 为无防护试件表面冲磨 2 h 前后的形貌对比,可以看出,水工抗冲磨混凝

（a）冲磨前　　　　　　　　　　　（b）冲磨 2 h 后

图 4-6　防护系统表面冲磨前后形貌对比

（a）冲磨前　　　　　　　　　　　（b）冲磨 2 h 后

图 4-7　混凝土试件表面冲磨前后形貌对比

土表面的冲磨破坏比防护涂层的冲磨破坏明显严重得多,说明防护涂层的抗冲磨性能比水工抗冲磨混凝土优异。另外,从试件表面冲磨破坏形貌看,冲磨作用与空化空蚀作用有显著的区别,挟沙水流冲磨破坏具有方向性、大面积、均匀性,而空蚀破坏多集中于局部区域,持续冲击掏蚀,破坏特征差异明显。

根据多组次试验冲磨前后质量变化,计算平均磨损率、平均抗磨蚀强度及平均磨损厚度等抗冲磨指标,列于表4-3。由表可知,各防护涂层冲磨2h后,质量损失均很小,说明防护材料的抗冲磨性能较好,三种聚脲材料之间相差不大,其中S聚脲抗冲磨性能相对较优。

比较防护系统与水工混凝土的抗冲磨参数可知:按质量损失分析,防护涂层抗冲磨强度比水工抗冲磨混凝土高10倍以上;按磨损厚度分析,防护涂层的抗冲磨性能约为混凝土的5倍。

表4-3 高速水沙法2h平均抗冲磨参数

材料	平均质量损失 /g	平均磨损率 /[kg/(h·m²)]	平均抗磨蚀强度 /(h·m²/kg)	平均磨损厚度 /mm
G	4.3	0.123	8.1	0.246
Z	3.5	0.099	10.1	0.198
S	3.0	0.085	11.8	0.170
CM	46.2	1.313	0.762	1.094

(二) 水下钢球法

采用规范中水下钢球法对三种聚脲及无防护混凝土进行抗冲磨试验,每块试件冲磨时间为72h。冲磨前后试件表面形貌如图4-8所示。

由图可知,表面无防护的抗冲磨混凝土发生了极其显著的冲磨破坏,试件表层砂浆全被剥蚀,粗骨料亦发生磨损,大部分外露,而聚脲防护涂层表面除光泽轻微褪去、略变涩外,未发现明显磨损迹象。

(a) 混凝土冲磨前　　　　(b) 混凝土冲磨72h后　　　　(c) 防护试件冲磨72h后

图4-8 有无聚脲防护试件冲磨前后表面形貌比较

测量试件冲磨前后质量损失,得到材料平均抗冲磨参数列于表4-4。由表可知,在水下钢球的冲磨作用下,聚脲防护与无防护混凝土的冲磨破坏差异太大,水下钢球法不适用于柔性材料的抗冲磨性能评价,无法判别三种柔性材料的优劣。

表4-4　水下钢球法材料平均抗冲磨参数

材料	平均质量损失 /kg	平均磨损率 /[kg/(h·m²)]	平均磨损体积 /cm³	平均磨损厚度 /mm
Z	0	0	0	0
G	0	0	0	0
S	0	0	0	0
CM	1.016	0.206	423.33	6.20

通常情况下,对于混凝土材料,水下钢球法模拟含推移质水流所造成的磨损破坏要比高速水沙法模拟水流含悬浮质的磨损破坏严重。而从本章聚脲防护涂层的抗冲磨试验发现,聚脲涂层在水下钢球冲磨作用下基本完好无损,高速水沙法的磨蚀破坏相对明显,原因主要在于两种方法的冲磨作用机理不同,导致不同类型材料的冲磨响应存在较大差异。高速水沙法的作用机理主要体现为金刚砂(悬移质)对试件表面的冲击、切削作用,水下钢球法的冲磨作用体现为钢球(推移质)对试件表面的跃滚、冲击、摩擦作用。对于聚脲涂层的柔性体,含沙水流的切削作用会造成表面一定的磨损,而在光滑钢球的冲击荷载作用下,聚脲涂层会发生弹性形变,吸收了大部分冲击能量,很难造成磨蚀破坏,同时,钢球与原型推移质的冲磨作用并不相似。因此对于聚脲涂层柔性体不宜采用水下钢球冲磨进行抗冲磨性能试验,应另辟蹊径。

(三) 水下棱石法

针对水下钢球法在评价柔性材料抗冲磨性能方面的不足,提出用天然的玄武岩粗骨料替代钢球作为试验冲磨骨料,形成了水下棱石法,具体见第三章第五节。采用提出的水下棱石法(即改进的水下钢球法),对五组试件进行抗冲磨试验,其中三组表面有聚脲防护,编号分别为S、Z和G,另外两组为无聚脲防护的橡胶混凝土和C60硅粉混凝土。对三组有聚脲防护试件和橡胶混凝土累计冲磨时间均为96 h,对C60硅粉混凝土试件冲磨72 h。

表面有聚脲防护试件以G为例,冲磨24 h后平均质量损失3.0 g,若密度按1 g/cm³计算,则平均磨损厚度0.045 mm。G涂层表面形貌随冲磨时间的变化如图4-9所示。随时间的增加,冲磨破坏不断发展,防护层逐渐变薄,冲磨96 h

后,涂层的厚度变化见图 4-10,圆盘中心未冲磨区域厚度 4 mm,边缘主要磨损区域厚度减至 1 mm 左右,可以直观地看出涂层发生明显磨损。

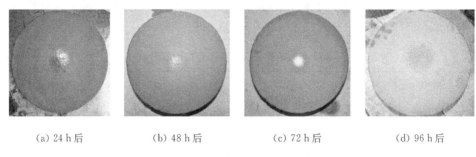

(a) 24 h 后　　　　(b) 48 h 后　　　　(c) 72 h 后　　　　(d) 96 h 后

图 4-9　G 冲磨过程表面形貌变化

图 4-10　冲磨 96 h 后涂层厚度变化

以表面无聚脲防护的橡胶混凝土试件为例,冲磨 24 h 后与冲磨前试件表面形貌对比见图 4-11。试件除了中间局部未发生磨损外,周围其他区域均发生明显磨损;24 h 冲磨平均质量损失 289 g,若密度按 2.4 g/cm³ 计算,平均冲磨厚度约 1.823 mm。

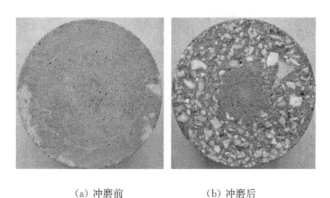

(a) 冲磨前　　　　　　(b) 冲磨后

图 4-11　橡胶混凝土冲磨(24 h)前后表面对比

　　试验中平均质量损失及按 72 h 冲磨时间计算的平均抗冲磨强度和平均磨损厚度见表 4-5。由表可知,在相同条件下冲磨 96 h,Z 平均失重 20 g,G 平均失重 17 g,S 平均失重 8 g,每冲磨 24 h 试件失重都比较均匀;无聚脲防护混凝土表面磨损破坏显著,橡胶混凝土尤为突出;由抗冲磨强度可知,G 与 Z 抗冲磨性能相当,S 的抗冲磨强度约为它们的两倍,因此,相对而言 S 的抗冲磨性能更优异;三种聚脲材料的抗冲磨性能都远大于高性能混凝土的抗冲磨性能,若按磨损质量考虑,S 的抗冲磨性能是 C60 硅粉混凝土的 60 倍,若按磨损厚度考虑,约 20～30 倍。

表 4-5　水下棱石法材料平均抗冲磨参数

材料	平均质量损失/g				平均抗冲磨强度(72 h)/(h·m²/kg)	平均磨损厚度(72 h)/mm
	24 h	48 h	72 h	96 h		
Z	6.0	11.0	16.0	20.0	307.416	0.234
G	3.0	8.0	13.0	17.0	378.358	0.190
S	1.0	3.0	6.0	8.0	819.776	0.088
橡胶混凝土	289	558	710	873	6.928	4.330
硅粉混凝土			379		12.978	2.312

　　图 4-12 为三种聚脲材料冲磨 96 h 后表面形貌对比。G 和 Z 磨损较明显,由于圆盘中间磨损少、周围磨损多,涂层表面出现较为规则的层间纹理,相对而言,S 的冲磨破坏程度较弱,且磨损的均匀性较好。

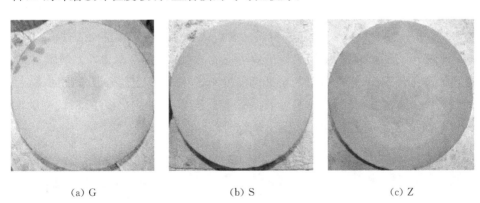

(a) G　　　　　　　　　(b) S　　　　　　　　　(c) Z

图 4-12　三种聚脲材料冲磨 96 h 后表面形貌对比

　　根据冲磨过程中质量损失计算平均磨损厚度,三种聚脲涂层平均磨损厚度与冲磨时间的关系如图 4-13 所示。可以看出,S 的平均磨损速度最慢,抗冲磨性能最优。

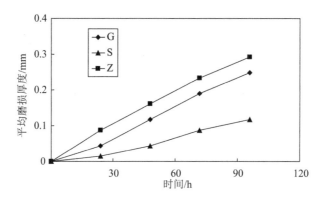

图 4-13　平均磨损厚度与冲磨时间关系

二、材料硬度影响

三种配方试验结果表明,S的抗冲磨性能优于G和Z,S和G仅在硬度上有所差别,因此,聚脲的硬度对其抗冲磨性能有一定影响。为进一步考察聚脲硬度和抗冲磨性能的关系,提出五种不同硬度的聚脲配方,分别为邵 D25(很软)、邵 D30(软)、邵 D40(中)、邵 D50(硬)、邵 D60(很硬)。其中邵 D40 聚脲与前文 S 配方相同。仍然采用高速水砂法和水下棱石法进行抗冲磨试验。

(一)高速水沙法

采用高速水沙法对不同硬度聚脲(邵 D25、邵 D30、邵 D40、邵 D50 和抗冲磨混凝土各 3 组,共 15 组)进行抗冲磨试验,水流含沙率为 7%,含沙水流冲磨速度为 40 m/s,冲磨时间 2 h。不同材料冲磨前后表面形貌对比见图 4-14。聚脲表面均发生了明显磨损,光滑平整的表面变得粗涩,并可观察到较多蚀坑,4 种硬度聚脲中邵 D25 表面最粗糙;抗冲磨混凝土破坏显著,表层砂浆全部磨损,粗骨料裸露。从磨损程度上看,聚脲磨损量微乎其微,厚度变化很小,而抗冲磨混凝土磨损量显著,厚度变化较大。

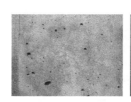

(a) 防护材料邵 D30　　　　　　　　　　　(b) 抗冲磨混凝土

图 4-14　试件冲磨 2 h 前后形貌对比

高速水沙法试验得到各材料抗冲磨参数列于表 4-6。根据表中平均磨损厚度可知,聚脲的磨损量明显比 C60 抗冲磨混凝土小得多,抗冲磨性能是其 10 倍以上。图 4-15 绘出聚脲磨损厚度与硬度之间的关系,随着聚脲硬度增大,磨损量增大,抗冲磨性能减弱,其中邵 D25 和邵 D30 磨损量较接近,但邵 D25 表面平整度较差。

表 4-6　高速水沙法不同硬度聚脲平均抗冲磨参数

材料配方	平均质量损失 /g	平均磨损体积 /cm³	平均磨损厚度 /mm
邵 D25	1.35	1.35	0.076
邵 D30	1.5	1.5	0.085
邵 D40	2.1	2.1	0.119
邵 D50	2.8	2.8	0.159
CM	92.25	38.44	2.178

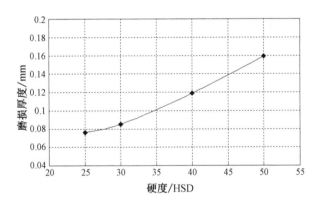

图 4-15　聚脲磨损厚度与硬度的关系

(二) 水下棱石法

采用前文提出的水下棱石法,对五种硬度聚脲分别进行三组试验,共 15 组,试验中每 24 h 停机观察称重并更换磨料,每块试件累计冲磨时间为 96 h。

从五种配方的试件中各随机选择一块进行跟踪观察,冲磨过程中表面形貌变化见图 4-16～图 4-20。总体上看,五种配方在玄武岩磨料冲磨作用下均发生明显蚀损,破坏规律和磨损进程与前文试验一致。其中图 4-20 邵 D60 表面形貌变化最具代表性,随冲磨时间增加,聚脲被逐层剥蚀,层间纹路不断显现。不同配方之间抗冲磨性能存在差异,其中邵 D25、邵 D30 和邵 D40 磨损的均匀性较好,手摸可感觉到磨损厚度较小,而邵 D50 和邵 D60 磨损厚度相对较大,抗冲磨性能相对较差。另外,在五种配方中,虽然邵 D25 磨损厚度较小,但其冲磨后表面最为粗糙。

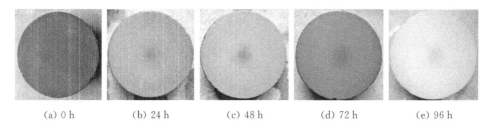

(a) 0 h   (b) 24 h   (c) 48 h   (d) 72 h   (e) 96 h

图 4-16 邵 D25 冲磨过程表面形貌变化

(a) 0 h   (b) 24 h   (c) 48 h   (d) 72 h   (e) 96 h

图 4-17 邵 D30 冲磨过程表面形貌变化

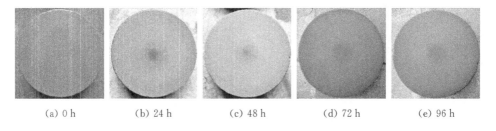

(a) 0 h   (b) 24 h   (c) 48 h   (d) 72 h   (e) 96 h

图 4-18 邵 D40 冲磨过程表面形貌变化

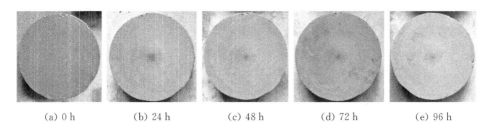

(a) 0 h   (b) 24 h   (c) 48 h   (d) 72 h   (e) 96 h

图 4-19 邵 D50 冲磨过程表面形貌变化

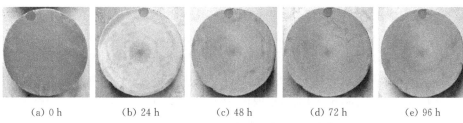

(a) 0 h   (b) 24 h   (c) 48 h   (d) 72 h   (e) 96 h

图 4-20　邵 D60 冲磨过程表面形貌变化

五种硬度聚脲冲磨过程中平均质量损失、平均抗冲磨强度和平均磨损厚度列于表 4-7。由表可知，随冲磨时间增加，同种聚脲的磨损量均逐渐增大；随聚脲硬度增大，相同时间的磨损量增大，抗冲磨性能总体上呈降低趋势。

表 4-7　水下棱石法不同硬度聚脲平均抗冲磨参数

配方	平均质量损失/g				平均抗冲磨强度/(h·m²/kg)	平均磨损厚度(96 h)/mm
	24 h	48 h	72 h	96 h		
邵 D25	1	2.75	5	6.5	1 008.95	0.095
邵 D30	1.75	3	4.5	5.5	1 192.40	0.081
邵 D40	2	4	6.5	8.75	749.51	0.128
邵 D50	4.5	9.5	16	22.5	291.48	0.329
邵 D60	6.5	14	21	27	242.90	0.395

平均磨损厚度与冲磨时间以及聚脲硬度的关系分别绘于图 4-21 和图 4-22。可以看出，平均磨损厚度与冲磨时间基本上呈线性关系；邵 D50 和邵 D60 抗冲磨性能明显偏弱，邵 D25 和邵 D30 抗冲磨性能相差不大，邵 D30 略优。

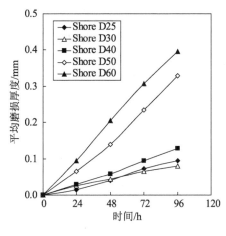

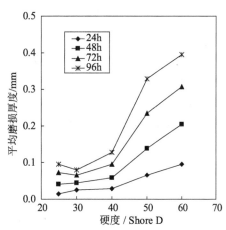

图 4-21　平均磨损厚度与冲磨时间关系　　图 4-22　平均磨损厚度与聚脲硬度关系

未冲磨聚脲表面十分平整,冲磨 96 h 后,聚脲表面均出现较多蚀坑,邵 D25 虽然磨损量较小,但表面最为粗糙,邵 D30 表面粗糙度明显轻于邵 D25。为考察不同硬度聚脲的冲磨破坏特征,采用环境电子扫描显微镜观察其微观形貌。图 4-23 为聚脲冲磨前表面及内部形貌,未冲磨聚脲表面较平整,内部有较多直径几十微米的气泡。冲磨 96 h 后,提取邵 D25、邵 D40 和邵 D60 具有代表性的三种硬度聚脲表面微观形貌如图 4-24 所示,可清晰看出,聚脲表面均出现不同程度的磨损,但冲磨破坏特征差异明显:最软的邵 D25 虽然磨损量较小,但表面最为粗糙,有气泡的位置磨损后出现凹坑,无气泡的位置出现较规则的鱼鳞状蚀痕;邵 D40 表面粗糙度明显小于邵 D25,有气泡位置磨损后出现凹坑,但气泡表面未完全磨损,尚有部分残存,冲磨方向性明显,无气泡位置较平整,有蚀痕但不突出;邵 D60 磨损量大,冲磨后表面较平整光滑,基本没有凹坑和蚀痕。

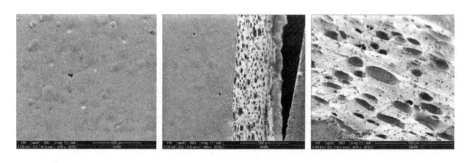

图 4-23　冲磨前表面及内部微观形貌

(a) 邵 D25　　　　　　　(b) 邵 D40　　　　　　　(c) 邵 D60

图 4-24　冲磨后微观形貌(96 h)

高速水沙法和水下棱石法试验得出的结论基本一致:硬度对聚脲的抗冲磨性能影响较大,随防护材料硬度的增大,抗冲磨性能呈降低趋势,但硬度过小冲磨后表面粗糙度增大。这主要由于硬度较小的材料在冲击作用下能够发生较大弹性形变而吸收大部分能量,磨损量小而表层粗涩,随材料硬度增大其脆性增大,磨损量增大而表面相对光滑。因此,综合磨损量和破坏特征,邵 D30 聚脲配方抗冲磨效果最佳,按磨损厚度考虑,抗冲磨性能是抗冲磨混凝土的 60~70 倍。

第三节　止水橡胶材料冲磨试验

葛洲坝、三峡等高水头船闸反弧门顶止水频频损坏,给船闸运行安全及效率带来较大不利影响。反弧门顶止水破坏的原因非常复杂,受止水的形式、材料、安装、工作条件等诸多因素影响。阀门顶止水基本采用橡胶材料,为提高其强度并仍保持足够的韧性,曾开展过材料配方研究,对比过橡胶、尼龙、聚乙烯、橡塑合成材料等,针对影响高水头船闸阀门顶止水使用寿命的几个因素,提出三种不同配方材料,研究止水材料的抗冲磨特性。

一、试验材料及设计

针对输水阀门顶止水提出三种不同配方橡胶材料,称为配方 1、配方 2 和配方 3(对应 HC1~HC3),进行抗冲磨试验。利用邵氏硬度计测试了三种止水材料的硬度,每种材料试件测试 3 个不同位置,取平均值,测试结果见表 4-8,三种配方止水平均硬度差异明显,配方 1 至配方 3 由软到硬,处于三个基本等差的硬度级,分别为 60±5、70±5、80±5。

表 4-8　止水材料硬度

组次编号	硬度/邵 D		
	HC1	HC2	HC3
1	55	69	80
2	57	70	83
3	56	67	86
平均	56	69	83

采用提出的水下棱石法,以坚硬的带有棱角的玄武岩代替光滑的钢球作为冲磨磨料,为保证各试件试验条件一致,设计能够同时容纳 3 块试件的固定装置,如图 4-25 所示。在进行冲磨试验前,称量每块试件质量;每次放入 1 kg 磨料,冲磨试验共进行 48 h,冲磨至 24 h 时停机,更换一次磨料;试验结束后,取出试件晾干,再次称量每块试件质量,计算抗冲磨参数,并用扫描电镜观测冲磨前后止水试件表面形貌变化。

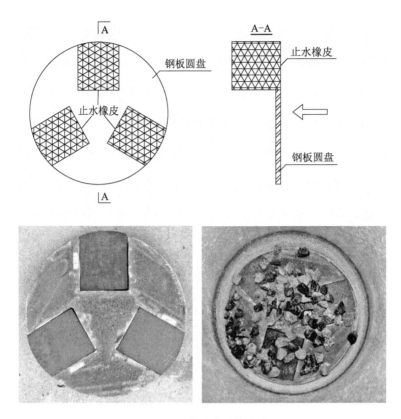

图 4-25　抗冲磨试件设计

二、抗冲磨性能

按上述抗冲磨试验设计制作止水橡胶试件,三种配方试件在相同冲磨条件下连续冲磨 48 h,重复进行 3 组相同的试验,称量试件冲磨前后的质量,计算平均失重、蚀损率和抗冲磨强度。平均抗冲磨参数见表 4-9,可以看出,三种材料磨损量均不大,其中配方 3 失重相对较大,抗冲磨强度最小,配方 2 相对略优。

表 4-9　不同配方橡胶平均抗冲磨参数

配方	平均失重/g	蚀损率/[g/(h·m²)]	抗冲磨强度/(h·m²/g)
HC1	0.5	1.30	0.77
HC2	0.4	1.04	0.96
HC3	0.7	1.82	0.55

采用环境扫描电镜观察三种配方止水材料冲磨前后的表面形貌,如图

4-26～图4-28所示。可以看出,止水材料初始表面略显粗糙,存在随机分布的一些细小微粒,表面不是非常光滑平整,在冲磨48 h后,三种配方止水表面发生较大变化,均出现一定程度的蚀损,表现出较为规则的鱼鳞状或波纹状蚀损形貌,但三种配方材料之间蚀损特征存在一定的差异。配方1材料偏软,韧性较大,磨损破坏形貌较为粗糙,随着材料硬度的增大,材料的脆性增大,冲磨后材料表面越光滑,同时蚀损程度增大。综合抗冲磨强度和蚀损破坏形貌,配方2材料相对较优。止水橡胶材料和聚脲防护材料试验结果基本一致,揭示了柔性材料抗冲磨性能的影响因素。

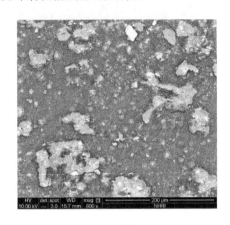
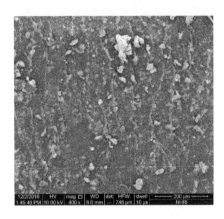

（a）冲磨前　　　　　　　　　　　　　　（b）冲磨后

图4-26　配方1止水材料冲磨前后表面微观形貌对比

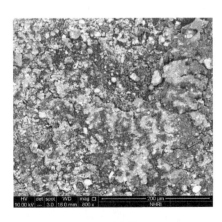

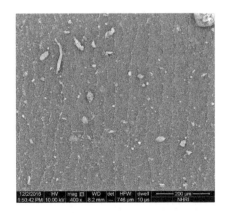

（a）冲磨前　　　　　　　　　　　　　　（b）冲磨后

图4-27　配方2止水材料冲磨前后表面微观形貌对比

 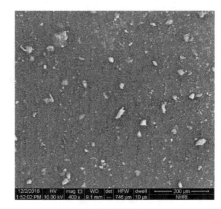

(a) 冲磨前   (b) 冲磨后

图 4-28　配方 3 止水材料冲磨前后表面微观形貌对比

参考文献

［1］卢安琪.三峡工程抗磨蚀材料试验研究［R］.南京:南京水利科学研究院,1991.

［2］王治明.东风水电站泄水建筑物抗蚀耐磨材料的选择与应用［J］.水力发电,1997(4): 21-23.

［3］刘观伟,王顺森,毛靖儒,等.汽轮机叶片材料抗固粒冲蚀磨损能力的试验研究［J］.工程 热物理学报,2007,28(4):622-624.

［4］黄继汤,田立言,李玉柱.挟沙水流中几种金属材料抗空蚀和抗磨蚀性能的试验研究［J］. 水利学报,1983(7):27-36.

［5］Sato J, Usami K, Okamura T, et al. Basic study of coupled damage caused by silt abrasion and cavitation erosion［J］. J. JSME: B, 1991, 57(539): 20-25.

［6］Zhao K, Gu C Q, Shen F S, et al. Study on mechanism of combined action of abrasion and cavitation erosion on some engineering steels［J］. Wear, 1993, 162/163/164: 811-819.

［7］Horszczaruk E. Abrasion resistance of high-strength concrete in hydraulic structures［J］. Wear, 2005, 259: 62-69.

［8］Stachowiak G W, Batchelor A W. Abrasive, erosive and cavitation wear［M］. 3rd ed. Engineering Tribology, 2006.

［9］Wang X, Luo S Z, Liu G S, et al. Abrasion test of flexible protective materials on hydraulic structures［J］. Water Science and Engineering, 2014, 7(1): 106-116.

［10］Xu W L, Li Q, Chen H S, et al. Erosion and abrasion on mild carbon steel surface by steam containing SiC microparticles［J］. Wear, 2010, 268(11/12): 1547-1550.

第五章 高速水流空化空蚀试验

缩放型空化空蚀发生装置被国内外学者广泛应用于空化与空蚀特性研究，更多的用于水工抗冲磨防空蚀混凝土材料性能评价与优选，该装置也被列为水工混凝土防空蚀试验的规范方法。长期以来，其应用对我国抗冲磨防空蚀高性能混凝土的技术发展发挥了重要作用。近年来，在进行材料抗空蚀试验的同时，也利用高速高压 Venturi 空化空蚀发生装置，开展了高速水流空化区 1：1 水动力荷载特性测试，探讨了空蚀破坏作用的影响因素，并从宏观和微观不同层面阐述了混凝土材料的空蚀破坏特征及空蚀破坏发展进程，为揭示材料的空蚀破坏机制起到一定的积极作用。

第一节 空化水动力特性

一、试验设计

《水工建筑物抗冲磨防空蚀混凝土技术规范》(DL/T 5207—2005)中混凝土材料空蚀破坏试验推荐的 Venturi 空化空蚀发生器如图 5-1 所示，上游高压水流在试验段最窄的喉口断面达到最大流速和最低压力，在喉口处发生空化，空化泡随主流到达下游扩散段，因边界分离和压力升高，在顶部边界即试件表面及附近溃灭，造成混凝土表面发生空蚀破坏。装置试验段为 100 mm 等宽的流道切片，喉口的高度为 10 mm，即喉口断面为 100 mm×10 mm（宽×高），在试验室条件下，进口压力可达 150 m 水头，喉口断面流速可达 50 m/s 以上，满足不同空化条件试验要求。

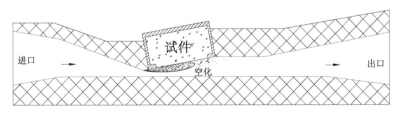

图 5-1 混凝土材料空蚀试验

在空化诱发空蚀破坏的作用机制方面,有许多的空化荷载试验研究,提出了不同的理论学说,本书针对建立的Venturi空化空蚀发生器,研究探讨空化作用于试件壁面的动水荷载特性。为测试作用于试件表面的空化荷载,制作有机玻璃试件,并在试件纵向中心线上等间距对称布置5个压力测点,编号$P_1 \sim P_5$,如图5-2所示。将安装传感器的试件布置于空化空蚀发生器,如图5-3所示,即可进行空化作用荷载试验。

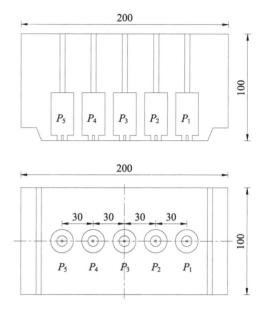

图5-2　空化荷载测点布置(单位:mm)

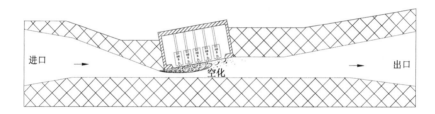

图5-3　空化荷载试验

二、模型制作与试验工况

按试件尺寸制作有机玻璃模型,在空化作用壁面安装高精度脉动压力传感器,如图5-4所示,考虑到脉动荷载幅值可能较大,且安装空间有限,特与生产厂家联系定制了高量程(100 m水柱)小直径的高频脉动压力传感器,传感器的感应面为直径2 mm的圆形,然后将有机玻璃试件安装于试验装置内并密封,关键需要解决传感器电缆线从内到外连接问题,试件槽顶盖需要开孔走线并解决走线后的密封问题。安装完成后开展空化荷载试验,如图5-5所示。除布置脉动压力传感器测量空化荷载外,在试验段偏下游侧布置了一高精度三向振动加速度传感器,测量空化引起的振动特性。脉动压力传感器与振动加速度传感器分别经应变仪和电荷放大器滤波放大后,接入大容量数据采集系统,进行水动力信号测试存储分析,测试系统如图 5-6 所示。

图 5-4　试件有机玻璃模型　　**图 5-5　空化试验**　　**图 5-6　水动力测试系统**

试验中主要考虑上下游压力组合不同工况,实际进行的试验工况见表 5-1。首先在下游压力不变的情况下,逐步增大上游压力,探讨空化的发生和发展以及试件表面空化荷载特性;然后将上游固定于三个不同压力下,对应不同的喉口流速,变化下游压力,重点探讨上游压力和下游压力变化对空化水动力荷载的影响。

表 5-1　空化试验工况

工况编号	上游压力/kPa	下游压力/kPa	喉口流速/(m/s)	空化数
1	34	4	8.2	3.057
2	55	4	10.5	1.857
3	96	4	13.9	1.056
4	160	4	17.9	0.640
5	206	4	20.3	0.499
6	250	4	23.3	0.301
7	300	4	26.1	0.183
8	300	25	26.4	0.159
9	300	30	26.4	0.159
10	300	35	26.4	0.159
11	300	40	26.4	0.159
12	300	45	26.4	0.159
13	300	50	26.4	0.159
14	300	55	26.4	0.159
15	300	60	26.4	0.159

（续表）

工况编号	上游压力/kPa	下游压力/kPa	喉口流速/（m/s）	空化数
16	300	65	26.4	0.159
17	300	70	26.4	0.159
18	300	75	26.4	0.159
19	300	80	26.4	0.159
20	300	85	26.4	0.159
21	300	90	26.4	0.159
22	300	100	26.4	0.159
23	300	110	26.4	0.159
24	600	150	34.0	0.216
25	600	170	34.0	0.216
26	600	190	34.0	0.216
27	600	200	34.0	0.216
28	600	210	34.0	0.216
29	600	230	34.0	0.216
30	600	250	34.0	0.216
31	1 000	290	43.3	0.177
32	1 000	320	43.3	0.177
33	1 000	350	43.3	0.177
34	1 000	380	43.3	0.177
35	1 000	410	43.3	0.177

注：1 m 水柱＝10 kPa

三、空化形态

开展 Venturi 空化空蚀发生装置水动力荷载特性试验同时也是对装置性能进行调试的过程，为材料空蚀试验奠定基础。首先，通过缓慢调节旁通的调水阀门，控制稳压箱内的压力以及通过试验段的流量，使进口压力和过流流速缓慢增大，同时调节出口阀门控制下游压力，使工作段从无空化到初生空化再到空化发展、阻塞空化、强空化等不同状态，如图 5-7 所示，从试验段侧面有机玻璃观察窗可以看出不同空化状态的发展变化过程。另外，已充分发展的阻塞空化和强空化两个状态从试验段底部有机玻璃观察如图 5-8 所示。

（a）初生空化　　　　　　　　　　　　　　　（b）空化发展

（c）阻塞空化　　　　　　　　　　　　　　　（d）强空化

图 5-7　空化形态（侧视）

（a）阻塞空化　　　　　　　　　（b）强空化

图 5-8　空化形态（仰视）

从空化形态可以看出，在压力和流速较小时已经发生明显的空化空蚀现象，即低流速级就会发生空化阻塞；随压力和流速的不断增大，空化不断增强，表现为空化气泡活动范围逐渐向下游扩展延伸、空化噪声声压增强、尾水脉动压力幅值增大等。

四、空化冲击荷载特性

空化空蚀发生装置的空化作用与上游压力、下游压力密切相关，上游压力影响喉口位置的流速和压力,决定了空化条件,下游压力影响空化气泡群溃灭作用的位置。以上游压力 p_u 为 300 kPa、喉口流速 v_t 为 26.4 m/s 的试验工况为例,下游压力 p_d 分别为 30 kPa、60 kPa 和 100 kPa,分别对应表中的工况 9、工况 15 和工况 22,考察作用于试件表面的压力特性。

通过试验装置侧面的有机玻璃观察窗可以看出,三种工况下,喉口均发生较强空化,但受下游压力影响,空化气泡群集中溃灭的位置有所差异,如图 5-9 所示。当下游压力为 30 kPa 时,下游压力较低,空泡随水流扩散较远,作用于试件表面大部分范围内;当下游压力为 60 kPa 时,下游压力增大,空泡溃灭区域向上游压缩,集中于试件中间位置溃灭;当进一步增大下游压力至 100 kPa 时,空泡溃灭区继续向上游压缩,集中于试件的前端。不同下游压力条件下,试件表面 $P_1 \sim P_5$ 测点荷载如图 5-10 所示,可以看出,空化泡群在试件表面溃灭,产生非恒定的冲击型荷载,在传感器 2 mm 直径的感应面情况下,实测荷载在 1 000 kPa 内。实测荷载变化规律与空化泡流态吻合,当下游压力为 30 kPa 时,试件表面空泡冲击范围较大,除 P_1 测点外,其他四个测点均有明显的冲击荷载作用,最下游的 P_5 测点作用相对较强,1 s 内约受到 30 次冲击作用;当下游压力增大为 60 kPa 时,空化泡溃灭区上移,集中于试件中间 P_3 测点附近,该测点 1 s 内约受到 50 次冲击作用;当下游压力增大至 100 kPa 时,空化泡群溃灭作用区集中至 P_2 测点,该测点1 s 内约受到 80 次冲击作用,冲击荷载主频随下游压力的变化见图 5-11。从作用荷载看,空化泡群溃灭在混凝土壁面产生高频、持续、非恒定的脉冲荷载,脉冲荷载幅值较大,一般在 400～800 kPa,实测相对较大的持续性非恒定高频脉冲荷载是混凝土空蚀破坏的主要原因,材料发生疲劳破坏的可能性较大。

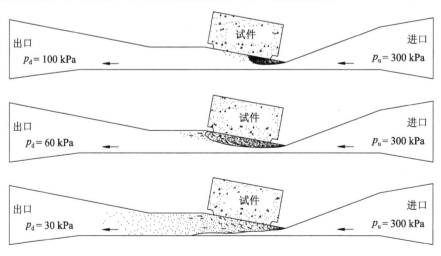

图 5-9　不同下游压力下空化流态示意

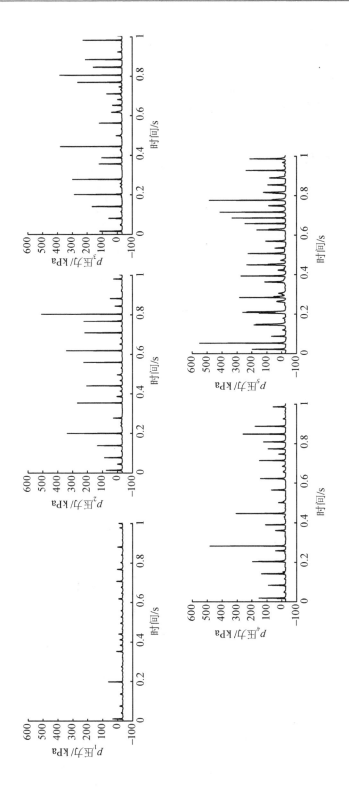

(a) $p_d = 30$ kPa

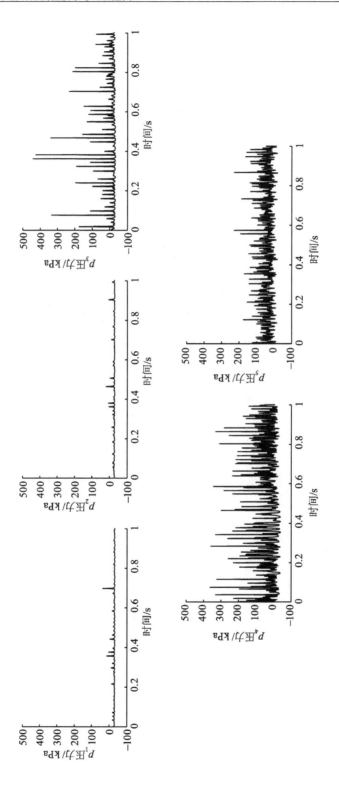

(b) $p_d = 60$ kPa

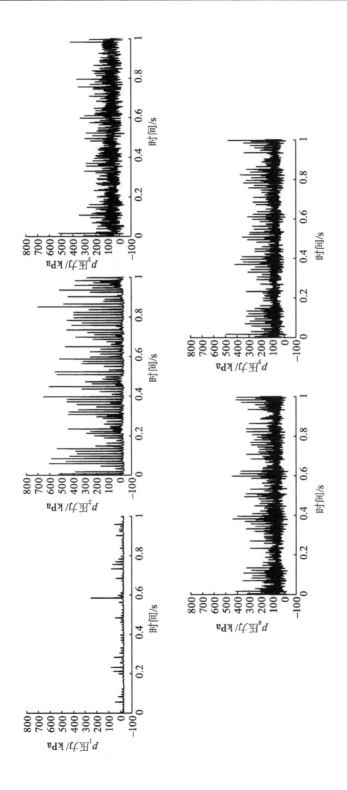

(c) $p_d = 100$ kPa

图 5-10　不同下游压力试件表面的荷载

从三个工况空化形态和实测脉动压力分布特性可知,在进口压力一定、空化强度一定的情况下,下游背压条件影响空化的作用,即空蚀效果。根据实测空化荷载特性可知,空化水流作用于壁面的荷载特性呈现为持续性、非恒定、高频、冲击性荷载,针对该类型荷载的特点,拟采用统计分析中的脉冲因素来反映不同条件、不同位置空化荷载的作用。对工况8~工况23共16个工况的试件表面5个测点脉动荷载的脉冲因数进行统计,绘于图5-12,图中竖直向坐标为脉冲因数,水平方向坐标长度0~12 cm是指试件临水壁面顺水流向的长度,水平方向另一坐标为下游压力,在3~11 m水柱(1 m水柱＝10 kPa)范围内变化,上游压力固定在30 m水柱不变。由图可见,在下游压力3 m水柱时,在试件壁面长度方向的脉冲因素分布较均匀,在试件12 cm坐标的位置即试件的尾部相对较大;随着下游压力的不断增大,脉冲因数的峰值由下游逐渐上移,且范围逐渐被压缩;脉冲因数的分布与空化冲击荷载一致,可以看出下游压力对空化作用的影响。在众多工况中,工况15即下游压力为6 m水柱时,空化冲击荷载集中作用于试件中心,作为空蚀试验工况相对较优。

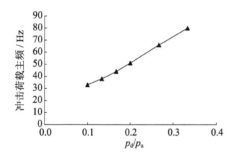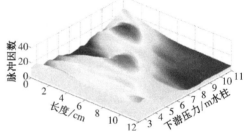

图 5-11 冲击荷载主频与下游压力的关系 图 5-12 不同条件不同位置空化荷载脉动因素

通过上述研究,基本明确了固定上游压力和空化条件下,改变下游压力时空化荷载的变化规律。继续开展了上游压力为60 m水柱和100 m水柱多组试验,对于两种进口压力,下游出口压力变化的影响规律同前,不需赘述。试验研究表明,工况27和工况34与工况15的空化形态基本一致,空化泡集中作用于试件中间位置,因此,通过对比这三种工况空泡脉动压力揭示流速增大引起空化荷载的变化。三种工况空化脉动荷载的最大值、最小值和均方根值统计列于表5-2,可以看出,随着流速的增大,脉动压力的极值和均方根值均增大。以试件中心测点 P_3 为例,空化作用荷载的最大值和均方根值随喉口流速的变化见图5-13,可清晰看出,随着喉口流速增大,空化作用荷载的最大值和均方根值均增大,并呈现加速增大的趋势。

表 5-2 空化脉动荷载统计特征值

工况	参数	脉动压力/kPa				
		P_1	P_2	P_3	P_4	P_5
15	最大值	557.07	662.61	697.81	270.40	96.04
	最小值	−44.89	−42.71	−34.67	−31.25	−33.82
	均方根值	53.62	62.68	32.91	27.89	30.10
27	最大值	685.81	653.71	825.69	206.78	746.59
	最小值	−98.75	−89.25	−33.29	−34.47	−73.96
	均方根值	124.93	133.51	33.54	29.74	111.52
34	最大值	1 165.43	1 274.46	1 147.96	233.48	842.17
	最小值	83.91	−3.76	−32.50	−29.60	−67.17
	均方根值	305.27	293.86	39.84	19.04	252.18

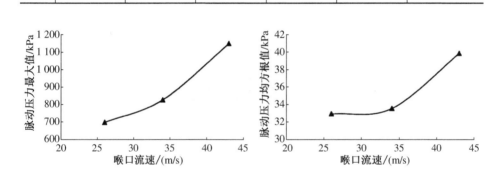

图 5-13 脉动压力特征值与喉口流速的关系

五、空化振动特性

众所周知,空化荷载作用在结构壁面引起结构冲击型振动,常造成水工结构无法正常平稳运行或出现剧烈振动失稳破坏,空化是水工结构流激振动中一类特殊的水动力荷载。空化强度通常采用空化噪声进行评估,空化噪声与结构振动是密切相关的,均能反映空化的强度,就本项试验而言,结构振动测试较空化噪声测试更加方便,因此,利用振动信号考察不同工况空化特性。振动加速度传感器布置于试验段出口附近侧壁,垂直于壁面为 Z 向,竖直向为 X 向,顺水流向为 Y 向。

以工况 22 为例,其条件下试验段振动过程线如图 5-14 所示。四个具有代表性工况的振动特征值统计见表 5-3。可以看出,工况 9 振动极值相对较大,其次是工况 15,工况 22 相对最小,这是因为振动加速度传感器位于试验段末端,而工况 9 背压最小,空化气泡溃灭范围影响最远,故引起振动较大。工况 15 和工况 22 背压逐步增大,空化泡被向上游压缩,影响范围逐渐缩小,故引起试验段出口处的振动减小。工况 15 与工况 34 空化形态基本一致,喉口流速差异较大,分别为 26.4 m/s 和 43.3 m/s,从两个工况下振动特征值看,振动响应的极值差异不是很大,均方根值差异相对较大,工况 34 水流速度较大,相对而言,其引起的振动响应有所增大,尤其振动加速度均方根值增大较为明显。

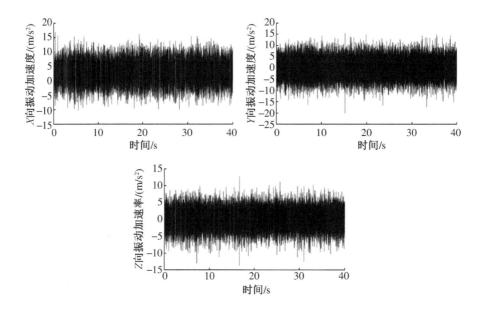

图 5-14 工况 22 试验段振动过程线

表 5-3 振动加速度统计特征值

工况	特征值	振动加速度/(m/s²)		
		X 向	Y 向	Z 向
9	最大值	29.76	31.63	49.61
	最小值	−21.50	−28.72	−55.47
	均方根值	3.40	4.11	4.68
15	最大值	17.61	21.29	20.92
	最小值	−8.19	−30.64	−21.86
	均方根值	2.91	2.19	2.08

（续表）

| 工况 | 特征值 | 振动加速度/(m/s²) | | |
		X 向	Y 向	Z 向
22	最大值	16.78	15.39	12.73
	最小值	−10.26	−20.03	−13.56
	均方根值	4.25	2.96	1.87
34	最大值	17.64	30.89	27.49
	最小值	−16.84	−27.18	−27.77
	均方根值	3.64	5.85	5.30

第二节　空蚀作用及混凝土破坏机理

一、试验材料与工况

采用规范推荐的 Venturi 空化空蚀发生装置,开展水工混凝土材料高速水流空化空蚀破坏机制试验研究,揭示空化水流的水动力荷载特性、混凝土材料的空蚀破坏特征、空蚀破坏的发展进程等,通过不同流速级、不同下游压力条件等多种工况试验,探讨水工混凝土壁面空蚀破坏的主要影响因素。

为研究在所测定荷载条件下水工混凝土材料的空蚀破坏特性,根据装置要求,制作了高性能抗蚀混凝土试件,其配合比见表 5-4。试件在标准养护室养护到 96 天龄期,进行空蚀破坏试验研究。为分析试件的空蚀破坏进程,每半小时或每小时取出试件称重一次,计算蚀损率,并拍照观察试件表面的空蚀破坏特征(见图 5-15)。

表 5-4　试件混凝土配合比

水胶比	砂率/%	胶凝材料用量/(kg/m³)	粉煤灰掺量/%	水/(kg/m³)	水泥/(kg/m³)	粉煤灰/(kg/m³)	砂/(kg/m³)	石/(kg/m³)	减水剂/%	抗压强度(60 d)/MPa
0.30	34	487	15	146	414	73	584	1 134	1.00	64.0

高速水流空化水动力荷载特性研究主要考虑不同喉口流速和上下游压力组合,然后在空化荷载试验的基础上,采用部分试验工况条件进行试件空蚀试验。首先,工况 1～工况 7 保持出口压力不变,上游压力从低到高逐步增大,喉口流

图 5-15 混凝土试件制作与养护

速随之相应增大,空化数呈减小趋势,空化不断增强;工况 8～工况 23 保持上游进口压力 30 m 水柱(1 m 水柱＝10 kPa)不变,下游出口压力从低到高逐步增大,喉口流速和空化数保持不变,但出口背压提高,空化作用效果发生较大变化;同样的,工况 24～工况 30 和工况 31～工况 35 分别将上游进口压力提高至 60 m 水柱和 100 m 水柱保持不变,不断调整背压进行试验。通过研究,掌握了各种工况下空化水动力荷载特性。

根据空化荷载试验情况,选择六个具有代表性的工况进行混凝土材料空蚀破坏试验,见表 5-5,包含了 26.4 m/s、34.0 m/s 和 43.3 m/s 三个流速级,试验结果在以下不同部分内容中介绍。

表 5-5 空蚀试验工况

工况编号	上游压力/m 水柱	下游压力/m 水柱	喉口流速/(m/s)	空化数
9	30	3	26.4	0.159
15	30	6	26.4	0.159
22	30	10	26.4	0.159
27	60	20	34.0	0.216
30	60	25	34.0	0.216
34	100	38	43.3	0.177

注：1 m 水柱＝10 kPa

二、空蚀破坏进程与特征

根据上述空化荷载试验情况,选择低速空化工况 9、工况 15 和工况 22 开展水工混凝土同种材料的空蚀破坏试验。首先以工况 15、$p_u = 300$ kPa、$p_d = 60$ kPa 为例,进行空蚀试验。本次试验不局限于规范中的空化空蚀要求,如空蚀试验为 8 h,中间不停机,仅一次计算质量损失和抗冲蚀强度。而本次试验对养护至 96 天龄期的试件共进行 20 h 试验,为仔细分析空蚀破坏的过程,每隔 0.5 h 试验后取出试件称重。0～11 h 空蚀试验过程,试件表面空蚀破坏形貌变化见图 5-16,蚀损区域发展见图 5-17,每张照片尺寸为 6 cm×6 cm,从图中可以

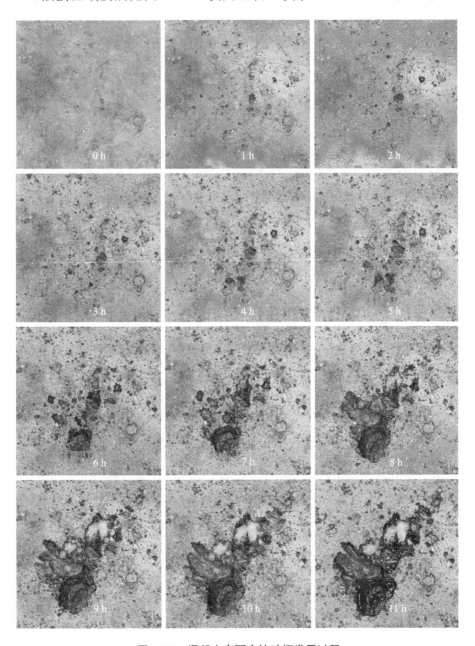

图 5-16　混凝土表面空蚀破坏发展过程

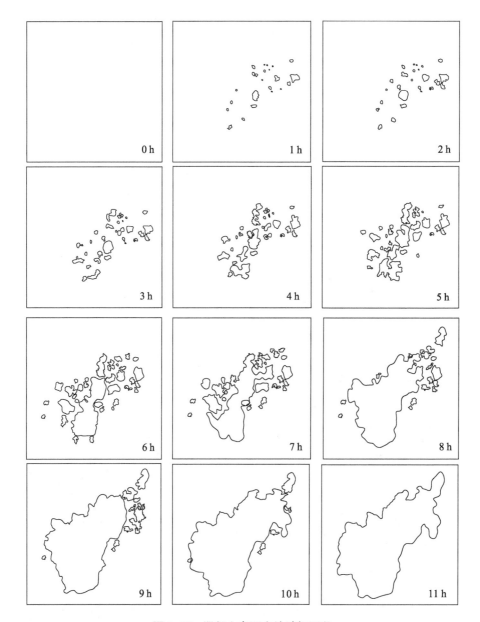

图 5-17　混凝土表面空蚀破坏面积

清楚看出混凝土材料空蚀破坏的发展及破坏特征。对于平整的混凝土表面,在空蚀冲击荷载作用下,首先发生破坏的是表层水泥浆,表面存在局部缺陷、强度较低的位置率先出现小的圆形蚀坑,小的蚀坑较多且分布随机;随着空蚀作用的累积,表层水泥浆持续破坏,小的蚀坑逐渐增加,已破坏的蚀坑不断扩大,蚀坑之间破坏连通；伴随着水泥浆的破坏，表面逐渐呈现多种大小不同、形状各异孔洞构成的砂浆骨架；在空蚀冲击荷载的进一步作用下，细骨料砂粒开始被剥离，蚀坑面积和深度同时增大，多个蚀坑之间不断合并连通，粗骨料逐渐外露；空蚀作用一段时间后，其主作用区混凝土表面形成了一个大的蚀坑，在空蚀荷载继续作用下，蚀坑在表面上向四周不断扩展，在深度上向内部不断掏蚀。

　　通过观察可知，空蚀是从水泥浆到细骨料再到粗骨料的缓慢破坏过程，是空蚀作用力大于材料的黏聚力而造成的蚀损。混凝土表面密实度、孔隙缺陷等影响较大，存在缺陷位置的水泥浆率先破坏，水泥浆不断被剥蚀后，砂粒细骨料外漏；在砂粒周围的水泥浆被不断剥蚀的过程中，砂粒与周围的黏聚力逐渐减小，直至小于空蚀的冲击荷载，砂粒被剥蚀；在水泥砂浆不断被剥蚀后，粗骨料外露，随着粗骨料周围的水泥砂浆逐渐被剥蚀，粗骨料外露面积逐渐增大，其黏聚力逐渐减小，直至小于空蚀冲击荷载，粗骨料被整体剥蚀。混凝土空蚀表现为材料的脆性破坏，对于混凝土骨料本身，由于强度较大，一般不会出现空蚀破坏，破坏主要发生在骨料的交界面上，表现为骨料的整体剥离，这一点与混凝土冲磨破坏特征有很大的不同，冲磨是混凝土逐层均匀损坏，包括对骨料的磨损。从混凝土材料的空蚀机制看，增大骨料之间的黏聚力、提高混凝土表面的密实度、减少缺陷等均有助于提高混凝土材料的抗空蚀性能。

　　上述混凝土表面空蚀破坏过程中试件质量损失情况见图 5-18，可以看出，随着空蚀时间的增加，混凝土试件质量损失随之持续稳定地增大，但增大的幅度有逐渐减小的趋势，在质量损失增大的过程中有小幅的波动。

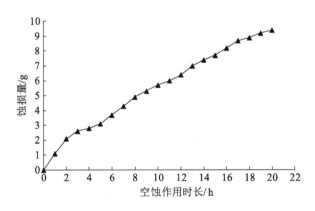

图 5-18　工况 15 条件下混凝土壁面蚀损量变化过程

　　根据混凝土表面空蚀破坏发展过程统计蚀损面积，蚀损面积增大过程见图 5-19，可以看出，空蚀破坏区域的形成，主要经历三个阶段，即初期表面小的蚀坑不断扩大阶段、多个蚀坑连通表面加速破坏阶段、大的空蚀区域边界稳定扩展阶段，与图 5-16 和图 5-17 表面空蚀破坏发展过程相对应。

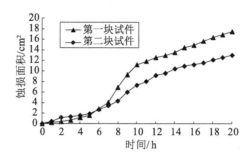

图 5-19　空蚀面积变化过程

三、空蚀破坏微观形貌

由于混凝土材料的组分复杂，空蚀破坏影响因素较多，为尽量减少一些不确定因素的影响，更好地反映材料的空蚀破坏特征，制作 P.I 42.5 基准水泥净浆试件，开展空蚀破坏特性试验。图 5-20 为净浆试件空蚀试验前后表面形貌对比，可以看出，在空蚀作用下，试件表面发生了明显的空蚀破坏，表面局部出现密集的蚀坑，其他区域破坏不明显。在空蚀破坏区域提取很小的试样，通过环境扫描电镜观察其破坏后的微观形貌。图 5-21 为水泥净浆试件表面空蚀破坏后不同尺度的微观形貌照片，可以看出，空蚀破坏不仅在宏观上可以看出多个孔洞或蚀

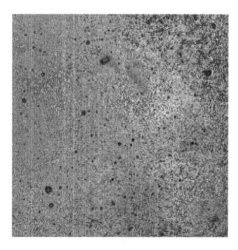

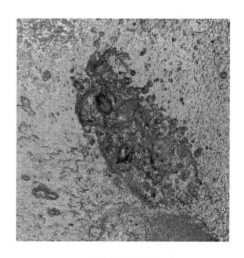

（a）试验前　　　　　　　　　　　　　　　　（b）试验 1 h 后

图 5-20　试件表面形貌照片

坑,对局部蚀坑放大后,在微观层面上也可以看出,仍然存在许多小的蚀坑,表面被空化荷载冲击掏蚀后,形成似散粒体堆积而成带不同形状孔洞的骨架结构。

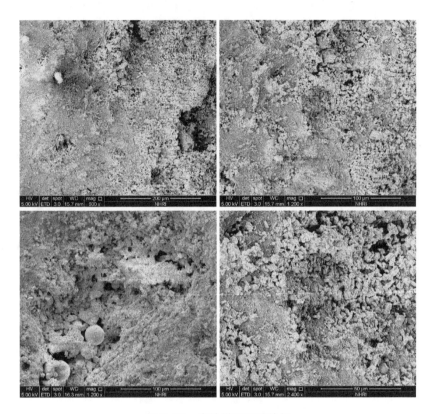

图 5-21　空蚀微观形貌特征

第三节　混凝土空蚀破坏的影响因素

一、下游压力对空蚀的影响

在工况 15 空蚀试验的基础上,再按工况 9 和工况 22 开展水工混凝土同种材料的空蚀破坏试验,与工况 15 进行对比,进一步考察不同荷载作用下混凝土试件表面的蚀损情况。试验过程中,每小时取出试件称重并观察空蚀破坏情况,每块试件试验均累计 20 h。

工况 9、工况 15 和工况 22 三种不同条件下,试件试验前后表面形貌对比见图 5-22,每张照片尺寸为 15 cm×9 cm(长×宽),从左向右为顺水流方向。从试验前后对比可以看出,在空化荷载作用下,试件表面出现了不同位置和不同程度的空蚀破坏。当下游压力为 30 kPa(工况 9)时,试件表面未出现较大的空蚀破坏,空蚀破坏主要发生于试件的最下游,空化泡作用范围较大但破坏较弱;当下游压力为 60 kPa(工况 15)时,在试件的正中间小范围内发生了明显的空蚀破坏,在三种条件中空蚀破坏作用最强;当下游压力为 100 kPa(工况 22)时,试件也发生了较明显的空蚀破坏,空蚀位置前移。总体上看,空蚀破坏的位置与荷载分布特性非常吻合,空蚀主要发生于某一集中区域,与混凝土冲磨破坏有显著区别。

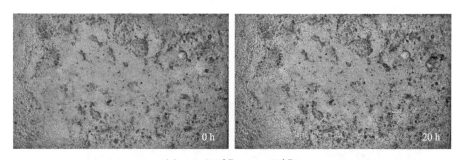

(a) p_u＝300 kPa、p_d＝30 kPa

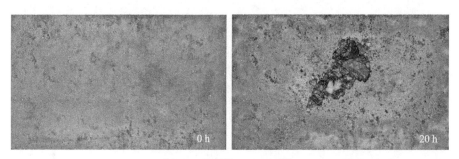

(b) p_u＝300 kPa、p_d＝60 kPa

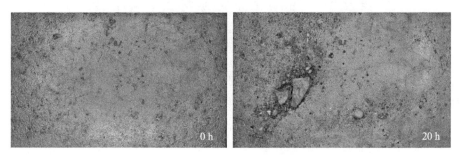

(c) p_u＝300 kPa、p_d＝100 kPa

图 5-22 不同空化条件下混凝土试件空蚀破坏形貌

对比三种工况,在上游压力一定、不同下游压力条件下,混凝土试件的空蚀质量损失对比见图5-23。在试验的 20 h 内,混凝土试件空蚀质量损失不断增加,随作用时间的增大,蚀损量增幅呈逐渐减弱趋势;对于三种空化作用条件,混凝土试件的质量损失存在一定的差异,空化泡作用于试件中间的空蚀破坏最强,质量

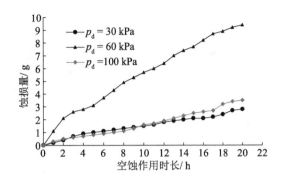

图 5-23　混凝土蚀损量对比

损失最大,空泡作用于近端和远端的破坏较弱,质量损失较小,相对而言,作用于远端的空蚀破坏最弱。可见,空蚀破坏不仅与空化时长有关,同时受下游压力条件影响较大,空蚀作用位置和荷载特性随压力的变化而发生显著变化。

二、流速对空蚀的影响

通过前文空化荷载试验,已确定工况 15、工况 27 和工况 34 三个不同流速级空化在试件表面的作用位置基本一致。为考察不同流速级空化作用效果,在工况 15 试验的基础上,进行了另外两个工况试验,进行对比。两组试验均累计进行 10 h,每小时取出称重并观察表面蚀损情况。

工况 27,上游压力 60 m 水柱(600 kPa)、下游压力 20 m 水柱(200 kPa)、喉口流速 34 m/s 条件下,试件质量损失过程线见图 5-24(a),试件表面破坏形貌变化过程见图 5-25。由图可以看出,工况 27 条件下,混凝土空蚀破坏仍主要发生于试件壁面的中间,作用位置与工况 15 基本一致,蚀损量与作用时间基本呈线性正相关关系,无论从质量损失统计还是表面蚀损形貌均可以看出,在速

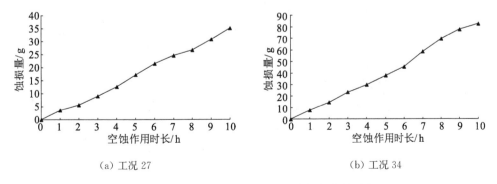

（a）工况 27　　　　　　　　　　　　（b）工况 34

图 5-24　不同条件下混凝土壁面蚀损量变化过程

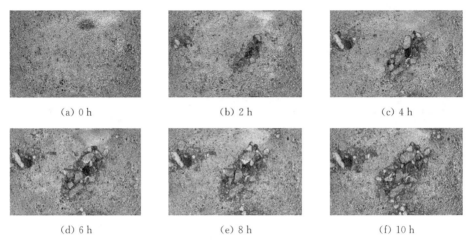

图 5-25　工况 27 混凝土试件表面蚀损过程

度增大的情况下,空蚀破坏作用明显增强。10 h 试验后,蚀损面积占试件表面积的 38.6%,而工况 15 试验 10 h 后蚀损面积仅占试件表面积的 6.9%。

工况 34,上游压力 100 m 水柱(1 000 kPa)、下游压力 38 m 水柱(380 kPa)、喉口流速 43.3 m/s 条件下,试件质量损失过程线见图 5-24(b),试件表面破坏形貌变化过程见图 5-26。由图可以看出,工况 34 条件下,混凝土空蚀破坏仍主要发生于试件壁面的中间,作用位置与工况 15 和工况 27 基本一致,蚀损量与作用时间基本呈线性正相关关系,无论从质量损失统计还是表面蚀损形貌均可以看出,在速度继续增大的情况下,空蚀破坏作用又有明显增强,10 h 试验后,蚀损面积占试件表面积的 78.1%。

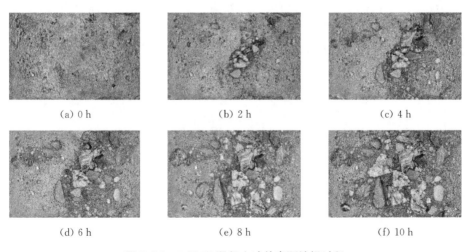

图 5-26　工况 34 混凝土试件表面蚀损过程

三个不同喉口流速(26.4 m/s、34 m/s 和 43.3 m/s)不同空化强度下混凝土试件的空蚀蚀损量与试验时间的关系对比如图 5-27 所示,很显然,随着喉口流速的增大,混凝土试件的蚀损量增大,以试验 10 h 状态为例,三个速度对应的蚀损量分别为 5.7 g、35.2 g 和 82.6 g,空蚀蚀损量与流速的关系如图 5-28 所示,若蚀损量用 Δm 表示、喉口流速用 v 表示,则通过试验获得的二者近似关系为

$$\Delta m = 1.741 \times 10^{-7} \, v^{5.349} \tag{5-1}$$

从拟合的公式可知,空蚀蚀损量与喉口流速近似呈幂指数的正相关关系,速度指数为 5.349,与通常所说的空蚀破坏程度是流速的 6～7 次方较为接近。

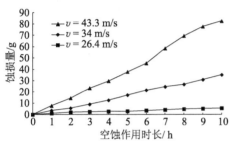

图 5-27　不同喉口流速试件蚀损量对比

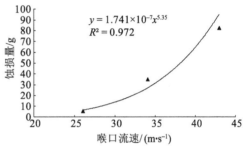

图 5-28　蚀损量与喉口流速的关系

三、混凝土材料强度影响

为探讨混凝土材料强度对抗空蚀性能的影响,在完全相同试验条件下(规范要求的喉口流速 48 m/s,连续试验 8 h),结合某工程抗蚀混凝土材料研究,对几种不同配比的水工高强混凝土进行抗空蚀试验。图 5-29 为 C40、C50 和 C60 抗空蚀混凝土试验前后的形貌对比。可以看出,三种混凝土材料空蚀破坏都很严重,其中 C40 混凝土空蚀最为严重,表面砂浆和部分大骨料均被剥蚀;随着混凝土强度提高,空蚀破坏程度相对减轻,但即使是 C60 高强混凝土,表面破坏依然显著。平均抗空蚀参数列于表 5-6,抗空蚀强度与混凝土强度呈现较好的线性相关关系,随着混凝土强度等级提高,其抗空蚀性能线性增大。

（a）试验前

（b）C40

（c）C50

（d）C60

图 5-29　不同强度混凝土空蚀破坏形貌

表 5-6　不同强度混凝土平均抗空蚀参数

混凝土材料类型	平均质量损失/g	平均蚀损率/%	平均抗空蚀强度/(h·m²/kg)
C40	108.78	2.211	1.177
C50	75.41	1.547	1.697
C60	28.21	0.606	4.537

四、柔性涂层的空蚀防护

尽管聚脲在水利水电工程领域已应用了几年时间,但在其防空蚀性能方面尚未进行测试研究,有的仅仅是简单的试验和定性评价。国内吴怀国曾通过高速含沙水流冲刷试验,得出聚脲抗冲磨性能大大超过 C60 硅粉混凝土;钟萍采用 Taber 摩擦磨损试验机和高速含沙水射冲蚀磨损试验机评价了聚氨酯(脲)涂层的抗冲磨性能;郭源君分析了导致弹性涂层表面磨蚀的主要因素,指出高速粒子流冲击可导致弹性体内应力波不能及时传播从而发生表面溃裂;陈亮研究发现双组分聚脲基材料具有较好的耐水流冲刷磨蚀以及防渗、抗碳化性能;国外研究主要关注聚脲的力学性能,抗蚀性能方面未见报道。因此,通过规范防空蚀试验,检验聚脲空蚀破坏规律和对水工建筑物的防护作用,具有现实意义。

在水工混凝土试件的基础上,严格按现场的施工工艺,制作了混凝土表面不同配方的聚脲防护涂层,试件如图 5-30 所示。采用规范试验方法对聚脲防护涂层的抗蚀性能进行测试评估。

图 5-30　试件

试验过程中空蚀发生器始终保持良好的工作状态。图 5-31 为两组配方聚脲材料各一块试件空蚀试验前后表面形貌对比。在空化气泡溃灭产生的强大冲击力连续作用 8 h 后,聚脲防护涂层与基底混凝土依然粘接完好,无任何剥离迹象;聚脲涂层表面形貌在试验前后几乎没有变化,仅表面轻微变涩,未发生空蚀破坏造成质量损失。

（a）配方1试件试验前 　（b）配方1试件试验后 　（c）配方2试件试验前 　（d）配方2试件试验后

图5-31 两组材料空蚀前后对比

试验表明,光滑平整的聚脲防护涂层抗空蚀性能良好,但涂层存在局部缺陷情况下的抗空蚀性能仍有必要考察。将试件聚脲涂层人为制造不平整缺陷,然后在相同条件下进行抗空蚀试验。图5-32为一块试件空蚀试验前后表面形貌对比。可以看出,缺陷聚脲涂层未发生明显破坏现象,仅缺陷位置的细小残渣被剥蚀,质量损失微小。聚脲材料试验的抗空蚀强度列于表5-7,与上述混凝土材料相比可看出,聚脲涂层抗空蚀性能显著优于高强抗空蚀混凝土,单纯的空蚀作用基本不会对聚脲造成破坏,对于空化气泡溃灭在试件表面产生的强大冲击力,聚脲涂层通过其自身的柔性形变吸收了冲击能量,且材料的抗拉强度很大,有效抵抗了空蚀损坏,聚脲防护材料的抗空蚀性能显著。

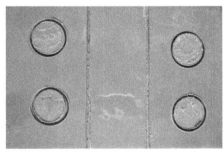
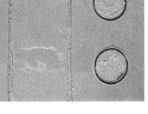

（a）试验前 　　　　　　　　　　　　　　　（b）试验后

图5-32 表面缺陷试件空蚀前后对比

表5-7 聚脲材料抗空蚀强度

材料类型		试件质量/g	质量损失/g	蚀损率/%	抗空蚀强度/(h·m²/kg)
聚脲涂层	表面光滑平整		0	0	—
	表面缺陷	4 623.2	1.37	0.030	93.431

参考文献

［1］ 林宝玉,等.刘家峡水电厂泄水道抗气蚀、抗冲磨、材料现场试验总结报告［R］.南京:南京水利科学研究院,1985.

［2］ 黄继汤,龙再明.硅粉混凝土抗空蚀性能的试验研究［J］.水利学报,1991(1):65-68.

［3］ 吴怀国.水工混凝土喷涂聚脲弹性体抗冲磨涂层的相关应用技术研究［J］.中国水利水电科学研究院学报,2005,3(1):40-43.

［4］ 钟萍,彭恩高,李健.聚氨酯(脲)涂层冲蚀磨损性能研究［J］.摩擦学学报,2007,27(5):447-450.

［5］ 郭源君,殷炯,何剑雄.水机过流件护面弹性涂层的粒子流冲击溃裂与磨蚀研究［J］.振动与冲击,2011,30(2):155-158.

［6］ Causey F E. Evaluation of materials for cavitation resistance［R］. Rep No. REC-OCE-70-51, U.S. Bureau of Reclamation, Denver, 1970.

［7］ Gikas I. Cavitation erosion on concretes and epoxy surfaces［J］. Technical Bulletin DAEE, 1981, 4(1): 89-121.

［8］ Billard J Y, Fruman D H. Etude experimental de l'influence d'un champ depression fluctuant sur l'apparition de la cavitation dans un venture［J］. Houille Blanche, 1992, 47 (7/8): 563-566.

［9］ Pham T M, Michel J M, Lecoffre Y. Qualification et optimisation d'un compteur dynamique a ogive centrale［J］. Houille Blanche, 1997, 52(4/5): 74-80.

［10］ Cheng C L, Webster C T, Wong J Y. Cavitation resistant coatings for concrete hydraulic structures［J］. ACI Materials Journal, 1990, 87(6): 594-601.

［11］ Karimi A. Cavitation erosion of a duplex stainless steel［J］. Materials Science and Engineering, 1987, 86: 191-203.

［12］ Karimi A, Maamouri M, Martin J L. Cavitation-erosion-induced microstructures in copper single crystals［J］. Materials Science and Engineering: A, 1989, 113: 287-296.

［13］ Karimi A, Maamouri M. Microscopic study of cavitation erosion behaviour in copper and Cu-5.7wt.%Al single crystals［J］. Wear, 1990, 139: 149-169.

［14］ Karimi A, Avellan F. Comparison of erosion mechanisms in different types of cavitation ［J］. Wear, 1986, 113(3): 305-322.

［15］ Momber A W. Cavitation damage to geomaterials in a flowing system［J］. Journal of Materials Science, 2003, 38(4):747-757.

［16］ Filho J, Genovez A. Alternative apparatus to evaluate cavitation damage［J］. Journal of Materials in Civil Engineering, 2009, 21(12): 797-800.

［17］ Chen H S, Li J, Chen D R, et al. Damages on steel surface at the incubation stage of the vibration cavitation erosion in water［J］. Wear, 2008, 265(5/6): 692-698.

［18］ Escaler X, Farhat M, Avellan F, et al. Cavitation erosion tests on a 2D hydrofoil using surface-mounted obstacles[J]. Wear, 2003, 254(5/6): 441-449.

[19] Dular M, Stoffel B, Širok B. Development of a cavitation erosion model[J]. Wear, 2006, 261(5/6): 642-655.

[20] Matevž Dular, Aljaž Osterman. Pit clustering in cavitation erosion[J]. Wear, 2008, 265 (5/6): 811-820.

[21] Wu J H, Guo W J. Critical size effect of sand particles on cavitation damage[J]. Journal of hydrodynamics, 2013, 25(1): 120-121.

[22] Xu W L, Bai L X, Zhang F X. Interaction of a cavitation bubble and an air bubble with a rigid boundary[J]. Journal of Hydrodynamics, 2010, 22(4): 503-512.

[23] Wu J H, Luo C. Effects of entrained air manner on cavitation damage[J]. Journal of hydrodynamics, 2011, 23(3): 333-338.

[24] Luo J, Xu W L, Niu Z P, et al. Experimental study of the interaction between the spark-induced cavitation bubble and the air bubble[J]. Journal of Hydrodynamics, 2013, 25(6): 895-902.

第六章 高速水流空蚀与冲磨
耦合作用试验

前文已提及,实际的水利水电工程中,水流往往挟带悬移质或推移质,空蚀与冲磨往往同时发生,但从空蚀与冲磨已有的研究基础看,目前的方法和装置多按单一破坏作用下的试验考虑,而实际工程中,水工建筑物过流表面会受到挟沙水流冲磨和空蚀的共同作用。已有研究表明,两种破坏作用相互促进、相互影响,较为复杂,非一般单一破坏作用所能表征,开展水工混凝土空蚀与冲磨耦合作用研究具有重要意义。本章通过研发的高速水流空蚀与冲磨耦合作用试验装置,真实模拟高速挟沙水流的冲磨与空蚀的耦合作用,开展挟沙水流空化特性、作用荷载、材料蚀损机制研究,通过不同流速、沙粒等条件下的净浆水泥的冲磨与空蚀试验,研究挟沙水流冲磨与空蚀耦合作用机制,并探讨流速和沙粒粒径的影响。

第一节 耦合作用试验设计

一、试验用沙

采用研发的装置进行材料的冲磨与空蚀混合作用试验,需要准备试验用沙和制作试件。试验用沙可以采用实际工程所在河流的沙子,本章研究所采用的沙子为河沙,并采用分析筛进行筛分,沙子颗粒分级及编号见表6-1,筛分后不同粒径的沙子见图6-1。将粒径0.08~5 mm之间的沙粒分为6个区间,由大到小编号分别为1号~6号。本章试验主要采用5号沙,研究沙子粒径影响时,进行了4号、5号和6号三种对比试验。

表6-1 沙子颗粒分级及编号

编号	1号	2号	3号	4号	5号	6号
粒径范围 /mm	$5.0 > \phi \geqslant 2.5$	$2.5 > \phi \geqslant 1.25$	$1.25 > \phi \geqslant 0.63$	$0.63 > \phi \geqslant 0.315$	$0.315 > \phi \geqslant 0.16$	$0.16 > \phi \geqslant 0.08$

图 6-1　筛分后的试验沙粒

二、试件制作

混合试验所用的试件与空蚀试验完全相同,故仍按前文空蚀试验混凝土配方制作试件,在养护到预定龄期后进行试验。另外,为了探讨混合作用的影响因素及作用机制,避免混凝土成分及破坏的复杂性,采用 P.I 42.5 基准水泥,按水灰比(水与水泥的质量比)0.4 制作水泥净浆试件,P.I 42.5 基准水泥的胶砂强度试验结果见表 6-2,其中 m(水泥)：m(标准砂)：m(水)＝1：3：0.5。本章研究主要对混凝土和水泥净浆两种材料试件进行空蚀与冲磨耦合作用试验。

表 6-2　P.I 42.5 基准水泥的胶砂强度试验结果

破坏荷载/kN	破坏强度/MPa	破坏强度均值/MPa
75.0	46.9	
78.4	49.0	
78.2	48.9	
73.5	45.9	48.2
77.8	48.6	
80.1	50.1	

第二节　耦合作用荷载

研发的冲磨与空蚀耦合作用试验装置,经水工混凝土材料试验检验,具有较好的空蚀与冲磨耦合作用效果,在空蚀与冲磨耦合作用下,混凝土表面呈现出空蚀和冲磨复合破坏特征,混合作用下的破坏程度明显大于单独作用,空蚀与冲磨之间存在一定的促进和增强作用。试验装置的成功研发为开展冲磨与空蚀耦合作用机制研究奠定了基础。

一、挟沙水流空化特性

试验条件采用第五章空蚀试验工况 15 相同的条件,喉口流速为 26.4 m/s,喉口断面空化数为 0.159,试验采用 5 号沙,控制含沙量为 0.35 g/L。挟沙水流空化流态如图 6-2 所示,从试验段侧壁有机玻璃观察窗看不出挟沙水流空化流态与单纯水流空化流态的差异。但几次挟沙水流空化试验后,侧面的有机玻璃观察窗已经发生明显蚀损,如图 6-3 所示,这是清水空化中没有发生的,已初步可以看出含沙水流的破坏作用。随后,对装置进行了改造,用 50 mm 厚的不锈钢板替换嵌入有机玻璃的侧面。

图 6-2　挟沙空化水流流态　　　　图 6-3　有机玻璃观察窗表面蚀损

振动与空化噪声即空化强度密切相关,振动可以反映空化的强弱,同样,利用试验段安装的三向振动加速度传感器测量空化引起的装置振动,通过测量相同试验工况下挟沙水流空化振动和单纯水流空化振动,对比差异,分析挟沙水流空化特性。相同条件下是否挟沙水流空化振动对比见表 6-3,从振动统计特征值可以看出,水流是否挟沙引起的空化振动基本一致,无实质性差异,对比二者三个方向振动均方根值,水流挟沙情况下的振动略小,三个方向均偏小约 5%,相对而言,水流挟沙后的空化强度略有降低。

表 6-3　相同条件下是否挟沙水流空化振动对比

工况	参数	振动加速度/(m/s²)		
		X 向	Y 向	Z 向
挟沙水流	最小值	116.90	46.89	126.46
	最大值	−110.44	−41.02	−119.90
	平均值	1.32	0.07	1.72
	有效值(均方根)	8.40	5.12	7.49

（续表）

工况	参数	振动加速度/(m/s²)		
		X 向	Y 向	Z 向
单纯水流	最小值	149.96	53.90	112.96
	最大值	−110.54	−49.10	−120.33
	平均值	1.35	0.07	1.73
	有效值(均方根)	8.88	5.36	7.83

二、冲磨空蚀耦合作用荷载

在相同的试验条件下,采用水动力学测试系统,测试混凝土壁面空化与冲磨作用以及单独空化的水动力荷载,试件表面 5 个测点的脉动压力过程线对比见图 6-4。可以看出,水流是否挟沙在试件表面产生的冲击荷载无明显差异。各测点脉动荷载统计特征值列于表 6-4,无论是峰值还是均方根值,两种情况基本没有差别,可见水流含沙对空化冲击水流荷载无明显影响,从动水荷载上未能发现沙粒的冲击作用。

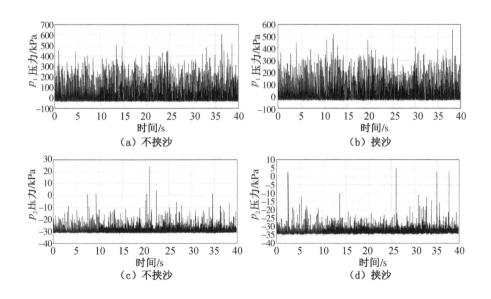

（a）不挟沙　　（b）挟沙　　（c）不挟沙　　（d）挟沙

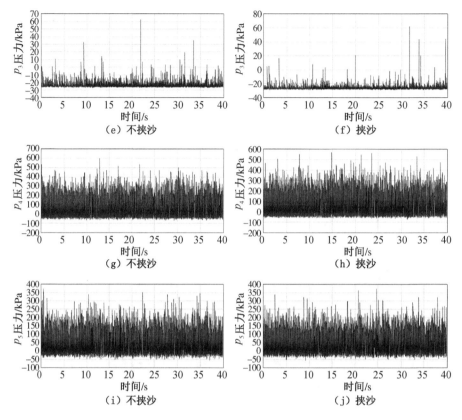

图6-4　相同条件下是否挟沙作用荷载对比

表6-4　水动力荷载特征值统计

工况	参数	压力/米水柱				
		p_1	p_2	p_3	p_4	p_5
挟沙水流	最小值	−57.15	−71.85	−29.33	−35.27	−38.30
	最大值	370.39	562.94	61.63	4.68	550.61
	平均值	26.86	26.11	−26.55	−32.96	−6.74
	有效值（均方根）	46.08	63.28	26.62	33.00	35.11
单纯水流	最小值	−55.44	−70.86	−27.55	−31.77	−38.03
	最大值	369.40	594.84	62.23	24.26	601.70
	平均值	27.56	22.07	−24.41	−29.52	−10.38
	有效值（均方根）	48.07	62.16	24.52	29.58	36.28

注：1米水柱＝10 kPa

第三节　混凝土试件耦合破坏试验

利用研发的装置对水工混凝土材料开展试验,重点探讨空蚀与冲磨耦合作用机制。试验采用第五章空蚀试验工况 15 相同的条件,喉口流速为 26.4 m/s,喉口断面空化数为 0.159,试验采用 5 号沙,控制含沙量为 0.35g/L。试件养护至 96 天进行试验,试验过程中每半小时取出试件称重,并向沙桶补充试验沙,根据试验前后质量变化,计算蚀损参数,并采集表面形貌照片,观察空蚀与冲磨混合作用蚀损特征、蚀损破坏进程。为了反映空蚀与冲磨混合作用下混凝土表面的蚀损效果,在相同的条件下,分别进行了单独空蚀(纯水)和单独冲磨(无空化)试验。每组试验共进行 3 小时,实测各试件蚀损过程质量变化见图 6-5。

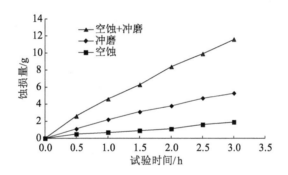

图 6-5　不同作用方式下蚀损量与试验时间的关系

从空蚀与冲磨混合作用试验可以看出,在高速挟沙水流的作用下,混凝土试件表面发生了明显的蚀损破坏,随着试验时间的增加,混凝土试件质量损失逐渐增大,基本呈线性增长。混凝土试件表面蚀损特征形貌见图 6-6,图片尺寸为 15 cm×9 cm(长×宽),图片对比显示,在空蚀与冲磨的共同作用下,混凝土表面破坏呈现空蚀和冲磨两种蚀损特征,在空蚀主要作用区,混凝土表面出现相对较大的蚀坑,为混凝土表层砂浆与粗骨料分离脱落所致,随着试验时间的增加,空蚀蚀坑不断扩展和加深,更多砂浆骨料被剥离;而冲磨作用区域相对较广,混凝土表面冲磨破坏相对均匀,沿厚度方向层层加深,呈现明显的顺水流方向的沟槽,没有空蚀集中作用区的大的蚀坑。空蚀与冲磨两种不同作用机制在图片中得到了充分体现:空蚀主要是空化气泡的溃灭冲击作用,导致砂浆骨料不断剥落,呈现出各种随机分布的蚀坑;而冲磨主要是沙粒的摩擦切削作用,导致混凝土表面出现均匀的磨损,呈具有方向性的波纹状沟槽。

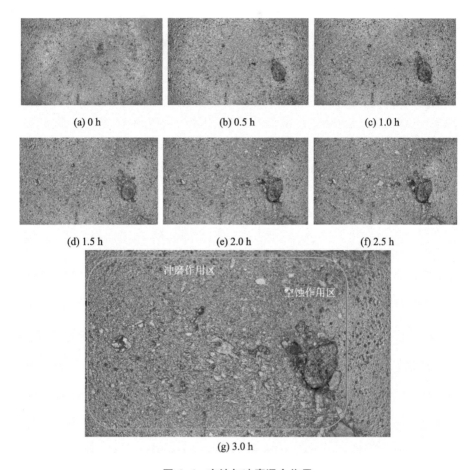

图 6-6　空蚀与冲磨混合作用

还可以看出,在相同试验条件下,混合作用下试件质量损失大于单独冲磨和单独空蚀试件质量损失之和,混合作用蚀损平均增大 42.5%,可见,高速挟沙水流空蚀与冲磨相对二者单独作用有一定的加强。三种作用方式下,试验 3 h 后试件表面蚀损情况对比见图 6-7,能够清晰地看出,混合作用反映了二者单独作

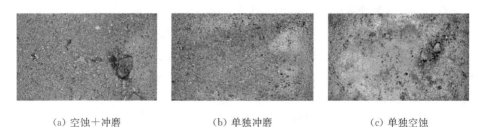

（a）空蚀＋冲磨　　　　（b）单独冲磨　　　　（c）单独空蚀

图 6-7　混合作用与单独作用对比（试验时间 3 h）

用的破坏特征,说明研发的装置能够较好地开展高速挟沙水流蚀损特性研究。在空蚀和冲磨相应的作用区域,相比单独作用,混合作用下空蚀破坏和冲磨破坏程度明显更大,这也体现出冲磨与空蚀之间的耦合作用,使破坏能力有所增强。

在相同的试验条件下,进行了另一块不同强度的混凝土材料试件空蚀与冲磨耦合作用试验。试件养护 60 d 的抗压强度约 50 MPa,试验 3 h 前后,试件表面形貌对比见图 6-8。试件表面出现了相同的蚀损特征。空蚀区和冲磨区蚀损特征鲜明,再次验证了耦合作用的效果。由于强度的降低,蚀损程度明显加剧,总质量损失约 31 g,约为强度 64 MPa 混凝土的 2.67 倍。

(a) 试验前　　　　　　　　　　　　　　　　　(b) 试验 3 h 后

图 6-8　试验前后形貌对比

第四节　水泥净浆材料耦合破坏试验

一、试验工况

制作水泥净浆试件,养护至 96 d 龄期,开展冲磨与空蚀耦合作用试验。试验工况见表 6-5,喉口流速分别为 34 m/s 和 43 m/s,含沙量控制为 0.35 g/L,试验用沙采用 3 种粒径,编号分别为 4 号、5 号和 6 号(见第六章第一节),在试验装置的顶部安装试件进行冲磨与空蚀耦合作用试验的同时,在装置的底部安装一块试件,该试件将受到挟沙主流的水平冲磨作用,无空蚀作用,仅发生冲磨破坏,与耦合作用进行对比。

试验方法同前,试验每进行半小时停机,取出试件进行称重和表面形貌观测,每个工况累计进行 2 h 的试验。对试验后试件表面的破坏形貌除了用相机拍照外,取样采用扫描电镜观测其破坏的微观形貌,进一步揭示其蚀损破坏特征。

表 6-5　试验工况

工况编号	上游压力/米水柱	下游压力/米水柱	喉口流速/(m/s)	空化数	沙子编号	备注
CA-1	60	20	34	0.216	5号	冲磨空蚀耦合作用、冲磨单独作用同时试验
CA-2	100	38	43	0.177	5号	
CA-3	60	20	34	0.216	4号	
CA-4	100	38	43	0.177	4号	
CA-5	60	20	34	0.216	6号	
CA-6	100	38	43	0.177	6号	

注：1 米水柱＝10 kPa

二、耦合作用破坏试验

（一）CA-1 工况试验

在 CA-1 工况试验条件下，耦合作用和单独冲磨作用 2 h 前后，试件的形貌对比分别见图 6-9 和图 6-10。试件照片显示的尺寸均为 15 cm×9 cm（长×宽）。从试验前后试件表面形貌对比可以看出，在空蚀与冲磨耦合作用下，试件主空蚀区出现了许多小的蚀坑，尚未形成大的破坏，冲磨区范围较大，磨损较为明显，由于是单一的水泥净浆材料，磨损厚度反映不是非常明显，在有初始孔洞的位置磨损较为清晰，有明显的顺水流向的延伸破坏，形成多个小的沟槽。在冲磨单独作用下，试件表面出现了较为明显的冲磨破坏，试件表面初始很多小的孔洞被磨损消失，稍大的孔洞被破坏扩大，总体上看，单独冲磨破坏弱于耦合作用。从图 6-11 试件的质量损失也可以看出，耦合作用的质量损失大于冲磨单独作用，约是其 2 倍，在耦合作用中，冲磨破坏的贡献更大。

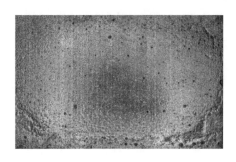

　　　　(a) 0 h　　　　　　　　　　　　(b) 2 h

图 6-9　CA-1 耦合作用前后形貌对比

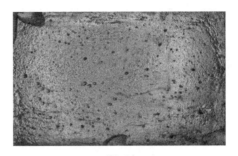

(a) 0 h　　　　　　　　　　　　　(b) 2 h

图 6-10　CA-1 单独冲磨作用前后形貌对比

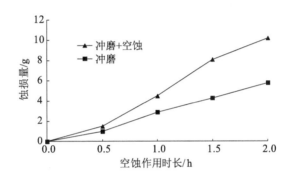

图 6-11　CA-1 耦合作用与冲磨单独作用试件质量损失过程

（二）CA-2 工况试验

在 CA-2 工况试验条件下,耦合作用和单独冲磨作用 2 h 前后,试件的形貌对比分别见图 6-12 和图 6-13。与工况 CA-1 相比,本工况水流速度增大,可以看出,在耦合作用下,试件的主空蚀区发生了明显的蚀损,出现相对较大的蚀坑,在蚀坑周围也存在冲磨破坏的痕迹,为共同作用的结果,在试件的大部分范围内

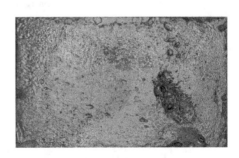

(a) 0 h　　　　　　　　　　　　　(b) 2 h

图 6-12　CA-2 耦合作用前后形貌对比

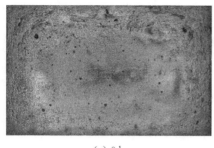

(a) 0 h　　　　　　　　　　　　　　(b) 2 h

图 6-13　CA-2 单独冲磨作用前后形貌对比

均发生了冲磨破坏,表面出现鱼鳞状或波纹状的蚀损形貌。在冲磨单独作用下,由于流速的增大,试件表面冲磨破坏明显增强,蚀损特征同上。从图 6-14 试件质量损失可以看出,在流速增大后,无论是耦合作用还是冲磨单独作用,蚀损量均成倍增大,耦合作用破坏仍然强于冲磨单独作用。

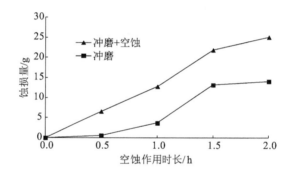

图 6-14　CA-2 耦合作用与冲磨单独作用试件质量损失过程

(三) CA-3 工况试验

在 CA-3 工况试验条件下,耦合作用和单独冲磨作用 2 h 前后,试件的形貌对比分别见图 6-15 和图 6-16。试验沙粒由 5 号变为 4 号,沙粒粒径增大。耦

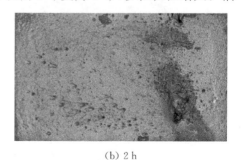

(a) 0 h　　　　　　　　　　　　　　(b) 2 h

图 6-15　CA-3 耦合作用前后形貌对比

(a) 0 h

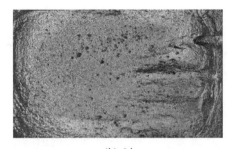
(b) 2 h

图 6-16　CA-3 单独冲磨作用前后形貌对比

合作用破坏情况总体与工况 CA-2 类似,但表面形貌特征更为突出,主空蚀区冲磨的痕迹更明显,冲磨区冲磨破坏更清晰。在单独冲磨作用下,试件表面出现较为明显的磨损,由于沙粒粒径增大的影响,试件表面呈现多个较深的沟槽,也出现了多个冲击蚀坑。图 6-17 试件质量损失过程总体规律同前。

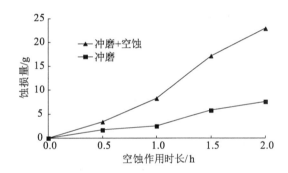

图 6-17　CA-3 耦合作用与冲磨单独作用试件质量损失过程

（四） CA-4 工况试验

在 CA-4 工况试验条件下,耦合作用和单独冲磨作用 2 h 前后,试件的形貌对比分别见图 6-18 和图 6-19。本工况是在 CA-3 基础上增大试验流速,耦合

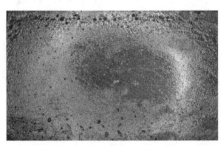
(a) 0 h

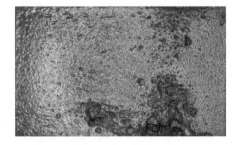
(b) 2 h

图 6-18　CA-4 耦合作用前后形貌对比

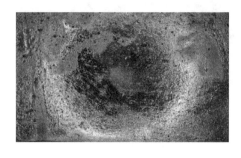 

(a) 0 h   (b) 2 h

图 6-19　CA-4 单独冲磨作用前后形貌对比

作用蚀损依然较强,但单独冲磨破坏作用试件表面破坏明显加剧,形成了面积较大较深的磨损坑,图 6-20 试件质量损失显示,单独冲磨破坏作用的质量损失基本接近耦合作用,沙粒粒径增大及流速的增大对冲磨效果有明显的影响。

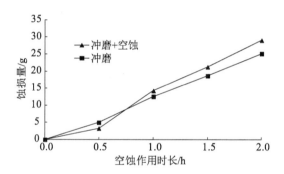

图 6-20　CA-4 耦合作用与冲磨单独作用试件质量损失过程

(五) CA-5 工况试验

在 CA-5 工况试验条件下,耦合作用和单独冲磨作用 2 h 前后,试件的形貌对比分别见图 6-21 和图 6-22。耦合试验所采用的沙粒编号变为 6 号,沙粒粒

(a) 0 h   (b) 2 h

图 6-21　CA-5 耦合作用前后形貌对比

 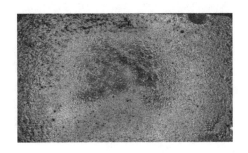

(a) 0 h   (b) 2 h

图 6-22 CA-5 单独冲磨作用前后形貌对比

径显著减小。从蚀损形貌可以看出,在耦合作用下,试件表面空蚀、冲磨破坏特征依然较为清晰,主空蚀区存在冲磨的作用痕迹,冲磨区冲磨破坏较为明显,在普遍磨损的基础上,出现多个长条状的蚀坑。而在冲磨单独作用下,试件表面出现普遍性的磨损,但蚀坑特征并不突出,破坏程度明显小于耦合作用中的冲磨破坏,从图 6-23 质量损失统计也可以看出。

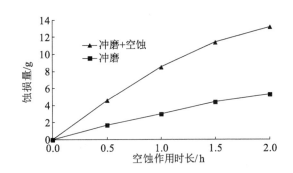

图 6-23 CA-5 耦合作用与冲磨单独作用试件质量损失过程

(六) CA-6 工况试验

在 CA-6 工况试验条件下,耦合作用和单独冲磨作用 2 h 前后,试件的形貌对比分别见图 6-24 和图 6-25,质量损失过程见图 6-26。与工况 CA-5 相比,本工况试验速度增大。耦合作用下,试件表面发生了所有工况中最严重的蚀损,空蚀破坏范围增大,主空蚀区及周围有明显的冲磨破坏特征,是二者混合作用的结果,主冲磨区是否有空蚀作用,从宏观上很难判断,可利用扫描电镜从微观揭示。在单独冲磨作用下,试件表面的破坏形貌与工况 CA-5 类似,没有明显的加剧,细沙颗粒对壁面的冲磨作用相对较弱,速度影响不明显。

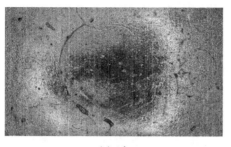
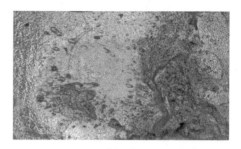

(a) 0 h   (b) 2 h

图 6-24　CA-6 耦合作用前后形貌对比

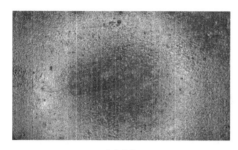
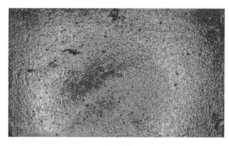

(a) 0 h   (b) 2 h

图 6-25　CA-6 单独冲磨作用前后形貌对比

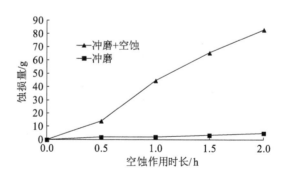

图 6-26　CA-6 耦合作用与冲磨单独作用试件质量损失过程

第五节　混凝土空蚀与冲磨耦合破坏机制

一、耦合破坏机制微观分析

试验 2 h 前后试件表面形貌变化见图 6-27,可以看出,材料表面破坏规律总体同前,在含沙水流单独冲磨作用下,试件表面出现了较大面积的磨损,呈现明显方向性的沟槽;在混合作用下,试件表面出现较大的空蚀坑,其内部还有许多小的蚀坑,也出现较大范围的冲磨破坏区。

  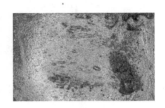

(a) 试验前　　　　　　　(b) 单独冲磨作用　　　　　(c) 冲磨与空蚀耦合作用

图 6-27　试验前后试件表面形貌(2 h)

采用先进的环境扫描电镜对试验前试件、单独冲磨后、单独空蚀后、冲磨与空蚀耦合作用后的表面形貌进行观察和对比分析,以揭示不同作用的蚀损破坏微观特征。

试验前试件表面初始形貌如图 6-28(a)所示,尽管制作后的试件表面看起来非常平整,但放大后可以看出存在许多天然的缺陷,包括许多凹陷起伏,偶尔也存在相对较深的孔洞,表面附着少量的不规则的散粒体,这也是泄水建筑物混凝土结构表面出现空化空蚀破坏的原因之一。

单独冲磨作用后试件表面的微观形貌见图 6-28(b),冲磨破坏表面存在波纹状或鱼鳞状的起伏破坏特征,表面看起来比试验前初始状态更加平滑,基本没有附着的小颗粒,放大后试件表面的微观形貌更加清晰,表面凹凸不平,呈连续的片状结构,偶尔也有一些小的蚀坑,这些蚀坑可能是试件本身自带的。

单独空蚀破坏作用后试件表面的微观形貌见图 6-28(c),空蚀破坏的微观形貌与冲磨作用截然不同,空蚀破坏不仅在宏观上可以看出多个孔洞或蚀坑,将局部蚀坑放大后,在微观层面上也可以看出存在许多小的蚀坑,表面被掏蚀后剩下似散粒体堆积形成的骨架结构,表面相对独立的散粒体结构与冲磨后形成的片状结构在微观形貌上有很大的区别,体现了空蚀冲击与冲磨磨损作用机理方面的差异。

冲磨与空蚀耦合作用下的试件表面微观形貌如图 6-28(d)所示,耦合作用下的蚀损特征具有冲磨和空蚀的局部双重特征,但不全面,试件表面有冲磨作用形成的片状结构,也有空蚀作用形成的大量细小孔洞,表面的独立的散粒体已不多见,这不仅体现了试件蚀损的冲磨空蚀双重作用,也体现了空蚀与冲磨之间的促进作用,空蚀作用形成的散粒体骨架结构在冲磨作用下很难存在,冲磨加速了空蚀的破坏作用,空蚀使冲磨变得更加容易,一冲一磨,交互作用,总体上加速了试件的蚀损,这是二者耦合作用的机制(见图 6-29)。

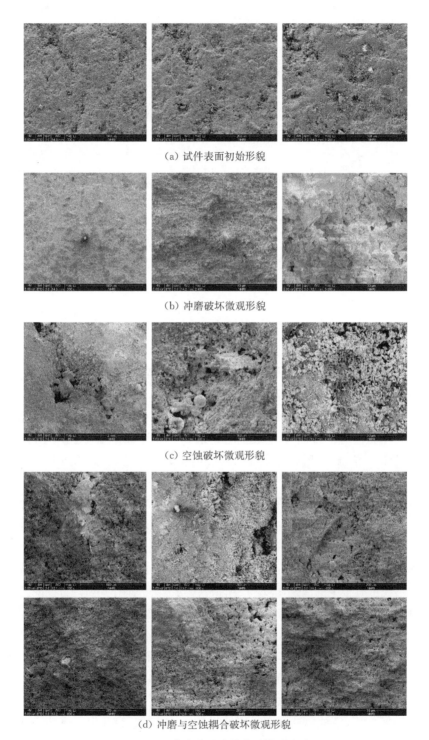

（a）试件表面初始形貌

（b）冲磨破坏微观形貌

（c）空蚀破坏微观形貌

（d）冲磨与空蚀耦合破坏微观形貌

图 6-28　试验前后试件表面微观形貌

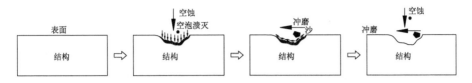

图 6-29　耦合作用机理示意图

二、水流速度影响

三组试验(三种不同沙粒粒径)、每组两个不同速度的单独冲磨和耦合作用试验结果对比见图 6-30,图中的 1～3 组分别对应沙粒编号为 4 号～6 号。可以看出,随着速度的增大,单独冲磨作用、冲磨与空蚀耦合作用蚀损量基本呈增大趋势。单独冲磨作用,颗粒粒径较大的速度影响更加明显,当采用 6 号小粒径沙粒时,速度增大没有造成试件质量损失的增大。耦合作用下,随着水流速度的增大,蚀损量明显增大,尤其沙粒粒径减小时,损失量增幅呈增大的趋势。根据试验结果建立两种作用条件下试件蚀损量与水流速度之间的关系,见图 6-31,蚀损量与流速近似呈幂指数关系。

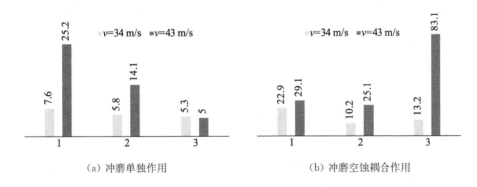

（a）冲磨单独作用　　　　　　　　（b）冲磨空蚀耦合作用

图 6-30　速度对耦合作用蚀损的影响

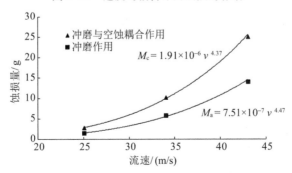

$$M_c = 1.91 \times 10^{-6} v^{4.37}$$

$$M_a = 7.51 \times 10^{-7} v^{4.47}$$

图 6-31　蚀损量与流速的关系

三、沙粒粒径影响

4 号～6 号三种粒径级配的沙粒对应的中值粒径分别为 0.48 mm、0.24 mm、0.12 mm,在三种不同粒径沙粒试验条件下,试验 2 h 后,单独冲磨和耦合作用的试件的蚀损量统计分别见表 6-6 和表 6-7。单独冲磨作用和耦合作用下蚀损量与沙粒粒径的关系分别见图 6-32 和图 6-33。可以看出,随着沙粒粒径的增大,冲磨磨损率增大;单独冲磨作用下,随着沙粒粒径的增大,冲磨破坏能力随流速增大而加速增大;耦合作用下,随沙粒粒径的减小,破坏能力随流速增大而加速增大。现象与沙粒在水流中的流态密切相关,单独冲磨作用下,沙粒大则较重,更容易冲击壁面,而沙粒小则轻,更容易跟随水流流动,对下壁面作用较弱。而在耦合作用下,试件位于水流顶部,大粒径沙粒对试件冲磨能力偏弱,而小粒径细沙则随空化水流直接冲击试件壁面,造成了试件的严重破坏。

表 6-6　单独冲磨作用下蚀损量统计

| 中值粒径 | 蚀损量/g | | 增幅 |
/mm	34 m/s	43 m/s	
0.48	7.6	25.2	231.6%
0.24	5.8	14.1	143.1%
0.12	5.3	5.0	−5.7%

表 6-7　耦合作用下蚀损量统计

| 中值粒径 | 蚀损量/g | | 增幅 |
/mm	34 m/s	43 m/s	
0.48	22.9	29.1	27.1%
0.24	10.2	25.1	146.1%
0.12	13.2	83.1	529.5%

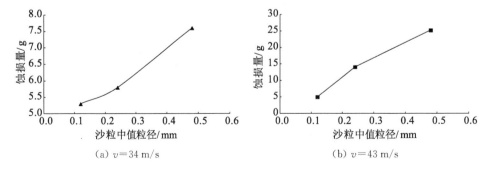

(a) $v=34$ m/s　　　　(b) $v=43$ m/s

图 6-32　单独冲磨作用蚀损量与沙粒粒径的关系(2 h)

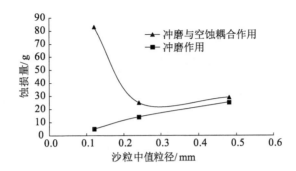

图 6-33　耦合作用蚀损量与沙粒粒径的关系（2 h）

参考文献

［1］田立言,黄继汤.挟沙水流中空泡溃灭的实验研究［J］.水力发电学报,1999(1):68-73.

［2］廖庭庭,陈和春,高甜,等.三峡水电站过机泥沙粒径对水轮机叶片空化空蚀的影响［J］.中国农村水利水电,2012(2):121-123.

［3］唐勇,朱宗铭,庞佑霞,等.冲蚀和空蚀交互磨损及其影响因素研究［J］.水力发电学报,2012,31(5):272-277.

［4］庞佑霞,朱宗铭,梁亮,等.多种材料的冲蚀与空蚀交互磨损试验装置的研制及应用［J］.机械科学与技术,2012,31(1):1-3.

［5］张涛,陈次昌,郭清.含沙水流中翼型空蚀磨损试验［J］.农业机械学报,2010,41(11):31-37.

［6］汪家道,陈皓生,秦力,等.水力机械空蚀中微颗粒的关键作用［J］.科学通报,2007,52(22):2683-2687.

［7］李健,张永振,彭恩高,等.冲蚀与气蚀复合磨损试验研究［J］.摩擦学学报,2006,26(2):164-168.

［8］席世宏,陈广山,陈志伟,等.水工混凝土建筑物抗气蚀抗冲磨的研究［J］.水利水电施工,2003(3):39-41.

［9］Wang X, Hu Y A, Li Z H. Experimental study on the mechanism of the combined action of cavitation erosion and abrasion at high speed flow［J］. International Journal of Concrete Structures and Materials, 2019, 13(1):58.

第七章 高速水流冲蚀切片试验

在水利水电工程中,高速水流冲击或冲蚀问题较为常见,代表性的如高坝挑流消能水舌冲击水垫塘底板,但水流冲击主要关注水垫塘底板上的压力脉动和底板的稳定问题。本章开展的冲蚀切片试验源于工程中遇到的特殊问题,即丰满新坝施工期受老坝泄洪高速水流的冲击问题,在试验室内开展了不同速度高速水流对不同龄期坝体碾压混凝土的冲蚀作用。

第一节 挑流冲击荷载

挑跌流水垫塘消能形式是峡谷区高拱坝普遍采用的一种坝身泄洪消能形式。实践表明,这是一种安全、经济的坝身泄洪消能布置方案。挑流消能设计重点关心的问题包括坝身挑跌水流进入下游水垫塘内的流动特征、淹没冲击射流的衰变规律与射流对水垫塘底板的冲击压力及其分布等,主要为挑流孔口布置、水垫塘结构设计等提供依据。

通常挑流消能是通过泄水道摩阻,水舌在空中掺气、扩散、碰撞及落入下游水垫后,产生极其强烈的冲击剪切、紊动旋滚和冲刷来消能的。一般前两者消能仅占 $20\%\sim30\%$,主要能量是依靠冲坑水垫的旋滚来消刹。水垫塘内的典型流态为斜向淹没冲击射流和淹没水跃流的混合流态,如图7-1所示。射流水股入

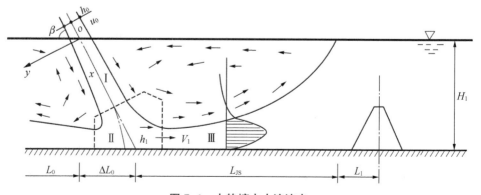

图 7-1　水垫塘内水流流态

塘后,沿主射流方向可分成3个不同性质的子区域,即淹没射流区(Ⅰ)、冲击区(Ⅱ)和壁射流区(Ⅲ)。其中在淹没射流区,主流近似遵循线性扩散规律,时均速度分布近似满足相似性条件。在冲击区,主流转向、流线弯曲,流速迅速减小,压力急剧增大,对水垫塘底板产生巨大的冲击压力,是造成底板块失稳破坏的主要区域,表现出明显的冲击射流特征。而在壁射流区,主流贴底射出,并沿程扩散和迅速跃起,在主流区的顶部形成大的表面旋滚区,具有明显的淹没水跃特征。

在主流与旋涡区之间的交界区域是一层强紊动剪切层区,在该区内主流通过强紊动剪切和扩散作用使其有效动能不断地被消刹,因此该区域是射流有效动能消刹的主区域。由交界面区域所消刹的主流动能,一部分传递给紊流,用于生成紊动涡体,维持紊流脉动,同时因主流区速度分布的不均匀性和流线的弯曲、变形过程,这些紊动涡体不断地被拉伸、压缩、扭曲、分裂与破碎,大尺度的涡体不断地分裂成小尺度的涡体,能量逐渐地由大尺度涡传给小尺度涡,直至某一级小尺度涡把传来的能量通过黏性而耗散(紊动耗散);一部分传递给宏观旋涡区,以维持大尺度旋涡区的转动;还有一小部分是在能量的传递过程中因时均速度梯度而引起的黏性耗散。一般而言,在上述主流机械能的传递、再分配和消散过程中,由紊流脉动所提取的能量(一部分维持紊流运动,一部分被紊动耗散)最多,其次是射流两侧的主旋涡区所吸收的能量,而由时均剪切作用所消散的能量最小。

剪切层的发展主要是由大尺度涡(具有与剪切层宽度同量级)的拟序结构相互作用、合并以及大涡的卷吸作用造成的,并非小尺度涡紊动扩散的结果。剪切层区中的大涡拟序结构可分为纵向涡和展向涡,其中展向涡结构对剪切层的发展起主控作用,这些展向涡几乎以不变的速度向下游移动,且通过相邻涡的合并、涡配对,涡的尺度和涡距不断增大,从而控制着剪切层的发展。此外,这些展向涡在合并和卷起的过程中,虽然可能会出现扭曲和倾斜,但具有一定的二维性。主射流区大尺度紊动涡体的拟序结构如图7-2所示。

从流体动力学观点出发,可以认为挑射水舌对水垫塘、河床的影响与破坏,主要是动水压力,尤其是脉动荷载造成的,与作用水头、泄量、下游尾水深度、下游地质及地形条件均有重要关系。通过对一实际工程挑流消能下游冲坑内水流脉动压力

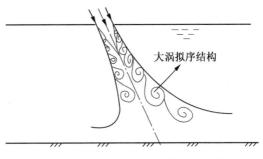

图7-2　主射流区大尺度紊动涡体的拟序结构

的量测,可以得出挑流消能冲坑内射流的一些特性。其中某一传感器量测得的脉动压力功率谱密度见图 7-3,脉动压力的概率分布见图 7-4。可以看出,引起冲刷坑内压强脉动的涡旋结构以低频为主,脉动能量集中在频率 3 Hz 以内的脉动上。这与紊流理论所认为的在冲坑水流中脉动压力是由大能量、低频率的大尺度涡旋产生的结论相符合。挑流消能冲坑内射流脉动压力的概率分布基本符合正态分布,当水垫深较浅时,"紊动-剪切"是压力脉动的主要来源,因而脉动压强偏离正态分布;但当水垫深增大到一定值,尤其是下游为淹没射流和出坑水流为淹没水跃流的情况时,"紊动-紊动"则是脉动压力的主要来源,因而脉动压力的分布趋于正态分布。

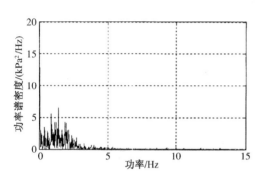

图 7-3　典型测点脉动压力功率谱密度　　图 7-4　典型测点脉动压力概率分布

大量的研究表明,挑射水流落入下游水垫之后,在射流冲击区将产生很大的脉动压力,其能量约在 0～10 Hz 之间,主频在 5 Hz 内,脉动压力近似呈正态分布。

水垫塘底板通常由若干不同规格的施工块组成,稳定以板块浮升失稳为控制条件,水垫塘内基本流态为淹没冲击射流和淹没水跃的混合流态,含气水流紊动剧烈,交变动水荷载的反复作用,对底板的稳定构成不利影响。高速射流作用下,水垫塘底板失稳破坏大致有以下几种形式:

(1) 射流冲击压力过大,材料性能、施工质量满足不了要求,板块劈裂或掏蚀;

(2) 脉动荷载过大,板块振动失稳;

(3) 止水损坏,动水压力进入块缝面层并沿缝面层迅速传播,导致板块与基岩分离,板块倾覆或浮升;

(4) 基岩被淘刷虚空,板块翻转或折裂。

止水破坏范围越大,底板失稳越倾向于倾覆或浮升;止水、锚固相同板块越厚越容易出位;止水、板厚相同锚固量越大,越容易翻转或折裂。

在对水垫塘底板稳定控制时,对最大冲击压强 Δp 及其分布系数 α(最大冲击压力与作用距离之比)设限,可以提供底板稳定问题参考。日本的凌北等5个拱坝工程的统计结果显示 $\Delta p \leqslant 300$ kPa、$\alpha \leqslant 1$ 工程运行安全。我国二滩工程采用 $\Delta p \leqslant 150$ kPa、$\alpha \leqslant 1$ 作为水垫塘底板稳定的控制指标,小湾、构皮滩等工程也采用此指标。

采用最大冲击压强 Δp 及其分布系数 α 作为底板稳定控制指标,虽然简洁方便,但也有其明显不足。例如部分挑流消能的水垫塘底板压力分布不存在较大峰值,底流消能的消力池甚至不存在 Δp。水垫塘冲击压力是射流动能转换的结果,水垫的吸能作用影响较大;脉动压强主要是紊流动能转化,受大尺度旋涡控制,在水垫中衰减相对较慢。将最大冲击压强 Δp、压力脉动强度 σ_p 与上举力 F 量化联系,控制水垫塘底板稳定更为合理。

第二节　冲蚀切片试验工程背景

丰满水电站大坝全面治理工程要在老坝下游处建造一座新碾压混凝土重力坝,丰满水电站大坝全面治理工程以发电为主,兼有防洪、灌溉、城市及工业供水、生态环境保护、水产养殖和旅游等综合利用,供电范围为东北电网,在系统中担负调峰、调频和事故备用等任务。水库正常蓄水位 263.50 m,汛限水位 260.50 m,死水位 242.00 m,校核洪水位 268.50 m,总库容 104.73×10^8 m³。新建大坝为碾压混凝土重力坝,坝顶全长 1 068.00 m,共分 58 个坝段,由挡水坝段、发电引水坝段、挡水过渡坝段、溢流坝段组成。大坝基本剖面为三角形,其顶点高程 268.50 m,上游坝面为垂直面,下游坝坡为 1:0.75,坝顶高程 269.50 m,最大坝高 94.50 m。坝体通仓浇筑,不设纵缝,碾压后用切缝机切割横缝。溢流坝段位于主河床上,共 12 个坝段 10 号～21 号,组成 11 个溢流表孔,溢流孔跨坝缝布置,每孔净宽 12.00 m,堰顶高程 250.00 m。溢流坝最大泄量 20 807 m³/s,采用挑流消能。新老坝平面布置及典型剖面见图7-5。

新老两坝坝轴线距离为120 m,新坝上游面距老坝挑流鼻坎末端仅6～7 m。因此,在新坝施工期,老坝度汛下泄水流会直接冲击到新坝坝体,见图7-6 和图7-7。根据水工模型试验和数值计算可知,度汛水流对新坝的冲击速度超过30 m/s,最大接近 35 m/s,下泄的高速水流可能会对施工期不同龄期混凝土产生冲蚀作用,其影响不容轻视。这是国内外老坝治理工程首次碰到的技术问题,也是影响工程能否顺利完成的关键因素之一。

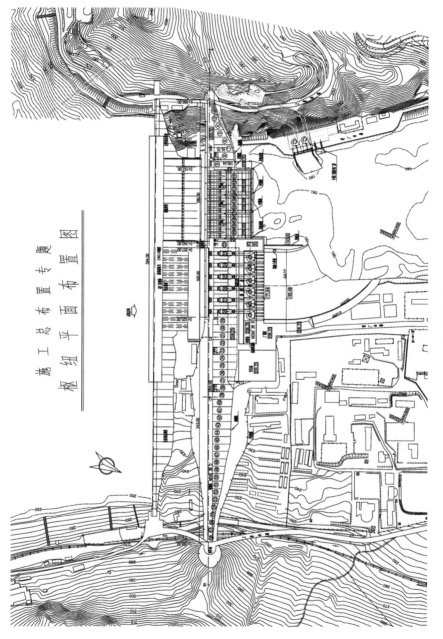

（a）平面布置

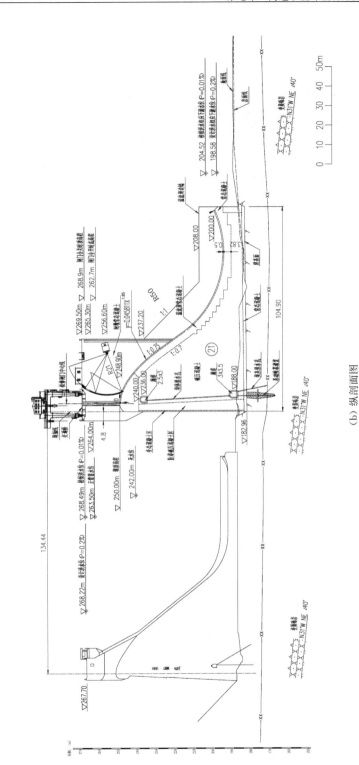

(b) 纵剖面图

图 7-5 新坝老坝布置

图 7-6　丰满老坝泄洪照片

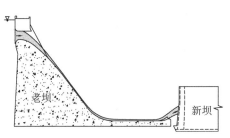

图 7-7　高速水流冲击示意图

第三节　试验材料与工况

一、混凝土材料

根据中水东北勘测设计研究有限责任公司科学研究院提供的筑坝碾压混凝土配合比和变态混凝土浆液用量(见表 7-1 和表 7-2),制作混凝土试件。混凝土骨料为二级配,所以确定试件的尺寸采用 150 mm×150 mm×300 mm,混凝土的拌制、成型、养护、材料力学参数测试等均按规范进行。

表 7-1　碾压混凝土配合比

设计标号	水胶比	骨料级配	砂率/%	粉煤灰掺量/%	Vc值/s	含气量/%	外加剂品种及掺量/%		单方混凝土材料用量/(kg/m³)							
							SK-2	SK-H	水泥	粉煤灰	胶材总量	水	SK-2	SK-H	砂	石
C₉₀20 F300 W6	0.42	二	35	45	7.3	5.3	0.3	0.03	105	86	191	81	0.573	0.057 3	721	136 8
备注	1. 水泥为抚顺水泥股份有限公司生产的 42.5 级中热硅酸盐水泥; 2. 粉煤灰为吉林热电厂生产的 Ⅱ级灰; 3. 外加剂为中国水利水电科学研究院生产的 SK-2 缓凝高效减水剂及 SK-H 引气剂; 4. 骨料为卵石,产自吉林九台料场; 5. 二级配骨料比例 $m(5\sim20 \text{ mm})$：$m(20\sim40 \text{ mm})(\%)=50：50$															

表 7-2 变态混凝土浆液用量

混凝土标号及部位	水胶比	水泥品种	粉煤灰掺量/%	单方变态混凝土浆液材料用量/(kg/m³)		
				水泥	粉煤灰	水
C$_{90}$20 F300 W6	0.37	P. MH 42.5	45	771	631	519
备注	1. 水泥为抚顺水泥股份有限公司生产的 42.5 级中热硅酸盐水泥,粉煤灰为吉林热电厂生产的Ⅱ级灰; 2. 变态混凝土的浆体掺量为碾压混凝土体积的 6%,当碾压混凝土搅拌完成后在出机口加浆,将浆体与碾压混凝土搅拌均匀后,倒出成型混凝土试件					

二、试验工况

试验工况组合:混凝土试件 4 个龄期 14 天、28 天、60 天和 90 天,水流 4 个冲击速度 30 m/s、31.5 m/s、33 m/s 和 35 m/s,共 16 个工况,每个工况进行 5 组试验取平均。

试验工况按混凝土龄期与水流冲击流速组合如表 7-3。其中对 7 天龄期碾压混凝土的水流冲击试验,进行了冲击面有裂缝缺陷和无裂缝缺陷两种情况的对比试验。不含预备性试验,共 28 个工况,每个工况制作 5 块试件,共制作试件 28×5＝140(块),进行冲击试验 22×5＝110(组),材料力学试验 28×5＝140(组)。

表 7-3 试验工况表

混凝土	龄期/天	水流冲击流速/(m/s)					试件数/块
		0	30	31.5	33	35	
碾压混凝土	14	√	√	√	√	√	5×5＝25
	28	√	√	√	√	√	5×5＝25
	60	√	√	√	√	√	5×5＝25
	90	√	√	√	√	√	5×5＝25
	7	√				√	2×5＝10
	7 (缝缺陷)	√				√	2×5＝10
变态混凝土	14	√	√	√	√	√	5×5＝25

水流冲击试验时,选取试件相对应的 2 个 150 mm×300 mm 长方面为冲击面,水流冲击试件中心位置,在照片中用正方形标出(下同)。每面分别冲击 2 h,共 4 h,每 1 h 后取出观察并拍照比较,试验后称重,计算冲蚀率、抗冲蚀强度,测

试材料力学参数。参照试件同时进行材料力学试验,研究水流冲击前后材料力学性能的变化。

第四节　冲蚀试验成果

一、碾压混凝土蚀损机制

采用研发的试验装置,按工况组合对碾压混凝土 4 个龄期(14 d、28 d、60 d、90 d)的试件在 4 种不同流速条件下进行了多组水流冲击试验。试验过程中,整套装置在长时间持续运行条件下工作状态良好,射流稳定,最大流速达到36 m/s 以上,能够很好地满足试验要求。

水流冲击前后都对试件进行了拍照,通过比较观察冲蚀破坏情况,其中一组不同龄期试件在 35 m/s 流速下冲击 1 h 前后表面形貌对比如图 7-8 所示。由图可以总结得出:高速射流对混凝土的冲击作用主要体现为射流的冲蚀与折射流的磨蚀;在 35 m/s 高速水流连续冲击 2 h 后,各龄期的混凝土试件均未出现严重破坏现象,仅表面胶凝材料有不同程度的剥蚀;表面有缺陷、表层有大骨料或骨料较密集的部位,更容易被剥蚀;随着龄期增长,冲蚀破坏程度有所减弱。

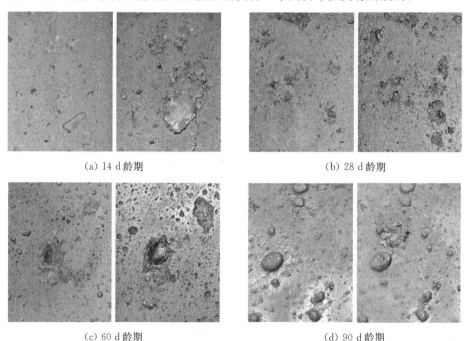

(a) 14 d 龄期　　　　　　　　　　(b) 28 d 龄期

(c) 60 d 龄期　　　　　　　　　　(d) 90 d 龄期

图 7-8　不同龄期试件在 35 m/s 速度冲击 1 h 前后形貌对比(局部放大)

二、冲蚀与速度的关系

通过 4 个龄期 4 个冲击速度的 80 组冲蚀试验，总结得出碾压混凝土各工况的平均冲蚀参数，见表 7-4。从表中数据可以看出，随着混凝土龄期的增长，冲蚀率减小，即抗冲蚀强度增加，但 60 d 龄期以后渐趋稳定；相同龄期的碾压混凝土，随着冲击速度的增大，冲蚀率增大，它们之间近似呈乘幂关系，即 $N=cv^P$，对 4 个龄期混凝土的冲蚀率与冲击速度进行乘幂拟合如图 7-9 所示，其中常数 c 在 $4\times10^{-5}\sim2\times10^{-3}$之间，速度指数 P 在 3～4 之间。

表 7-4　平均冲蚀参数

冲击速度/(m/s)	冲击时间/h	平均失重/g				平均冲蚀率/[g/(m² · h)]			
		14 d 龄期	28 d 龄期	60 d 龄期	90 d 龄期	14 d 龄期	28 d 龄期	60 d 龄期	90 d 龄期
30.0	2	14.098	7.426	2.310	2.880	156.644	82.511	25.667	31.997
31.5	2	16.760	8.697	3.066	3.466	186.217	96.637	34.063	38.508
33.0	2	19.602	10.492	3.433	4.128	217.794	116.581	38.144	45.861
35.0	2	23.555	13.119	4.336	4.906	261.722	145.765	48.181	54.511

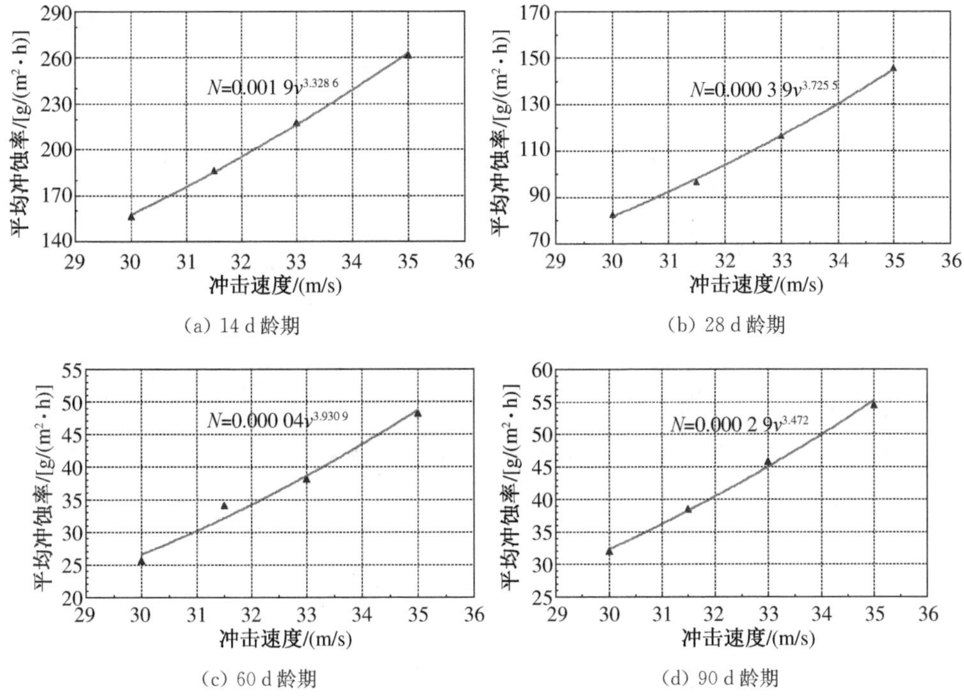
N=0.001 9v^3.328 6
N=0.000 3 9v^3.725 5
N=0.000 04v^3.930 9
N=0.000 2 9v^3.472
平均冲蚀率/[g/(m²·h)]
冲击速度/(m/s)
(a) 14 d 龄期
(b) 28 d 龄期
(c) 60 d 龄期
(d) 90 d 龄期

图 7-9　冲蚀率与冲击速度的关系

关于冲蚀率与射流速度之间的关系前人曾进行过大量研究,按乘幂拟合得到不同材料冲蚀率的速度指数列于表 7-5。由表可见,不同材料的速度指数各异,金属约为 2.5,陶瓷约为 3,聚合物大于 5,而本章根据 4 个龄期近百组试验结果可以总结得出,在冲击角度为 90°的清水冲击下,用于新坝的碾压混凝土冲蚀率的速度指数在 3~4 之间。

表 7-5 不同材料冲蚀率的速度指数

作用类型	冲蚀			空蚀
材料	金属	陶瓷	聚合物	混凝土
速度指数	2.25~2.55	3	>5	7~10

三、碾压混凝土(RCC)与变态混凝土(DC)冲蚀对比

新坝上游面采用的是变态混凝土浇筑,在坝体浇筑到一定高程后,上游面可能会受到度汛水流的直接冲击。为了考察变态混凝土受高速水流冲击情况,制作 14 d 龄期试件进行水流冲击试验。图 7-10 为变态混凝土 14 d 龄期其中一组混凝土试件冲击前与冲击 1 h 后表面形态的对比,对应 30~35 m/s 4 个冲击速度。

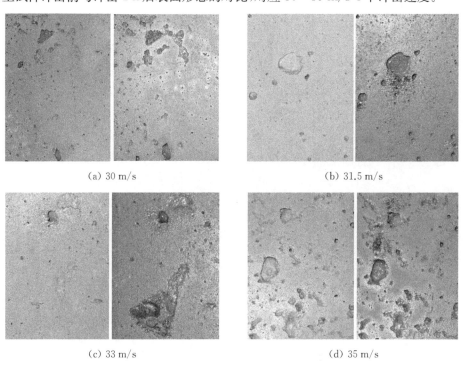

(a) 30 m/s

(b) 31.5 m/s

(c) 33 m/s

(d) 35 m/s

图 7-10 变态混凝土冲蚀 1 h 前后表面形貌对比

可以看出,水流冲击后试件表面存在小范围冲蚀破坏现象,冲蚀破坏特征与碾压混凝土试件是相同的,相比碾压混凝土14 d龄期,变态混凝土破坏程度明显减轻。通过冲蚀试验和轴心抗压强度试验得到14 d龄期的变态混凝土试件的平均冲蚀参数见表7-6。从表中的统计数据可以看出,试件的质量损失和冲蚀率随着冲击速度的增大而不断增大,冲蚀率与冲击速度的关系绘于图7-11,相关关系同上,速度指数约为3.613。

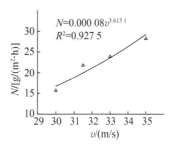

图 7-11　平均冲蚀率与冲击速度的关系

表 7-6　两种混凝土 14 d 龄期冲磨参数对比

流速/ (m/s)	平均质量损失/g		平均冲蚀率/[g/(m² · h)]	
	RCC	DC	RCC	DC
30.0	14.10	1.41	156.64	15.69
31.5	16.76	1.96	186.22	21.79
33.0	19.60	2.15	217.79	23.90
35.0	23.56	2.54	261.72	28.19

四、碾压混凝土 7 d 龄期

上述 2 种混凝土 5 个龄期百余组冲蚀试验表明:各龄期的混凝土试件均未出现严重破坏现象,仅表现为表面胶凝材料不同程度的剥蚀;随着混凝土龄期的增长,抗冲蚀强度不断增强;表面有缺陷或表层大骨料较多的部位,更容易被剥蚀;和变态混凝土相比,碾压混凝土抗冲蚀性能相对较弱。因此,为进一步明确低龄期缺陷碾压混凝土的抗冲蚀性能,选取 7 d 龄期的碾压混凝土,人为制造裂缝缺陷,进行高流速(35 m/s)的水流冲击对比试验。

7 d 龄期碾压混凝土试件在 35 m/s 水流速度下冲击 1 h 前后形貌对比如图 7-12 所示。总体看来,7 d 龄期的碾压混凝土其抗冲蚀性能相对较差,易发生较严重的冲蚀破坏,施工中应避免高速水流冲击。平整无缝的混凝土表面在冲击之后多处发生剥蚀,与 14 d 龄期相比,其破坏范围和程度要大得多。图 7-13 是两组表面有裂缝或缺陷的试件试验情况,受冲击之后在裂缝的周围冲蚀破坏相对严重,平均冲蚀参数和力学参数见表 7-7,相同条件下,表面存在裂缝或缺陷时混凝土抗冲蚀强度较表面平整情况降低近 50%。

图 7-12　试件冲击 1 h 前后形貌对比(表面无裂缝)

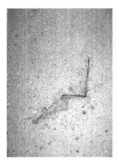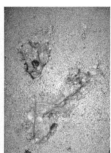

(a) 第一组　　　　　　　　　　　　　(b) 第二组

图 7-13　碾压混凝土试件冲击 1 h 前后形貌对比(表面有裂缝)

表 7-7　试件冲击 2 h 后的冲蚀参数和力学指标

工况	冲击速度/(m/s)	冲击时间/h	失重/g	冲蚀率/[kg/(m² · h)]	抗冲蚀强度/(h · m²/kg)	轴心抗压强度/(N/mm²)	弹性模量/GPa
有缝	35	2	84.923	16.985	0.059	3.94	20.40
无缝	35	2	46.920	9.384	0.107	4.81	21.25

五、冲蚀对材料力学性能的影响

对于丰满重建坝工程的高速水流冲击问题,一方面是关心冲蚀可能造成的新坝蚀损破坏问题,另一方面是新坝被高速水流冲击荷载作用后是否对其力学性能产生影响。因此,在每块试件完成高速水流冲击试验后,在试验室内对其进行了力学性能测试。表 7-8 列出了不同龄期混凝土试件试验前后的实测力学参数。可以看出,随着混凝土龄期的增长,材料的轴向抗压强度和弹性模量不断增大,但对于特定龄期的混凝土试件,是否经过高速水流冲击,材料的力学性能参数差别很小,材料性能与冲击速度没有明显的内在关系,因此,高速水流冲击对材料的力学性能不产生影响。

表7-8　材料力学参数

流速/(m/s)	轴向抗压强度/MPa				
	RCC 14	RCC 28	RCC 60	RCC 90	DC 14
0.0	11.70	16.73	19.39	23.02	14.01
30.0	11.73	17.27	21.16	24.14	14.95
31.5	11.58	17.21	20.53	23.94	14.28
33.0	11.73	17.64	21.45	22.98	14.18
35.0	11.76	16.67	20.83	23.41	14.40
流速/(m/s)	弹性模量/GPa				
	RCC 14	RCC 28	RCC 60	RCC 90	DC 14
0.0	23.47	28.09	30.33	33.14	23.67
30.0	23.77	29.73	30.18	31.75	23.38
31.5	23.87	29.06	31.23	29.88	23.53
33.0	23.64	29.62	32.28	31.83	24.58
35.0	24.20	29.42	30.92	33.73	24.10

参考文献

[1] 尹延国,胡献国,崔德密.水工混凝土冲击磨损行为与机理研究[J].水力发电学报,2001(4):57-64.

[2] 刘娟,许洪元,齐龙浩,等.几种水机常用金属材料的冲蚀磨损性能研究[J].摩擦学学报,2005(5):470-474.

[3] 周永欣,赵西城,吕振林.冲击角度对SiC/钢基表面复合材料冲蚀磨损性能的影响[J].铸造,2007,56(5):495-500.

[4] 郭源君,肖华林,高永毅,等.UHMWPE/纳米SiO_2弹性复合材料的粒子流冲蚀特性研究[J].振动与冲击,2009,28(10):122-125.

[5] 胡少坤,于晶,胡开放,等.液体橡胶/环氧树脂复合材料的冲蚀磨损性能[J].特种橡胶制品,2007,28(5):37-40.

[6] Wang X, Luo S Z, Hu Y A, et al. High-speed flow erosion on a new roller compacted concrete dam during construction[J]. Journal of Hydrodynamics, 2012, 24(1): 32-38.

第八章　高速缝隙流空化与自然通气

　　船闸是应用最为广泛的通航建筑物,我国目前已建成千余座船闸,在沟通构建高效畅通的内河水运网中发挥重要作用。在船闸充泄水过程中也存在高速水流问题,而且是复杂的非恒定流过程,尤其近年来随着高水头船闸的快速发展,船闸的工作水头不断增大,阀门段高速水流空化问题日益突出。船闸根据水头可分为三类:水头低于 10 m 的为低水头船闸,水头高于 20 m 的为高水头船闸,介于 10~20 m 的为中水头船闸。阀门高速水流空化问题最初在 20 世纪 80 年代建成投运的葛洲坝船闸(工作水头 27 m)中得到充分暴露,针对工程中出现的强烈空化声振问题,南京水科院在原型观测的基础上研发了 1:1 切片试验装置研究发现了高水头船闸中存在的顶缝空化现象,针对缝隙负压特点,创新性地提出了门楣自然通气防空化技术,并成功应用于葛洲坝船闸改造,后经历水口、五强溪、三峡等多座高水头船闸的研究实践,得到充分的检验和应用,门楣自然通气已成为高水头船闸防空化设计的必备措施。在高水头船闸建设方面,三峡连续五级双线船闸总水头 113 m,中间级最大工作水头 45.2 m,是多级船闸的代表;大藤峡船闸最大工作水头 40.25 m,是我国目前建成的水头最高的大型单级船闸。到目前为止,空化依然是高水头船闸设计建设中需要妥善解决的关键技术问题,仍是制约船闸向更高水头发展的难题。本章从缝隙流空化问题出发,利用研发的缝隙流切片试验装置,研究探讨缝隙空化特性、门楣自然通气防空化机理,并对多座高水头船闸的防空化技术应用效果进行介绍。

第一节　阀门段空化问题与应对措施

一、阀门段空化问题

　　高水头船闸输水阀门段典型布置如图 8-1 所示,在竖井底部布置为反向弧形输水阀门,该门型具有启闭灵活、防空化性能好等优点,是高水头船闸的首选门型。与常见水工钢闸门类似,阀门底缘是易发生空化的部位,底缘空化发生于底缘尖端的梢涡。由于门后主流与旋滚区交界面上紊动剪切作用较强,底缘空化在门后剪切层及旋滚区内得到强化和发展,形成如图 8-2 所示的空化云。阀门的底缘空化在减压模型试验中是较容易发现和反演的,早期被认为是阀门段空化的主要空化源。

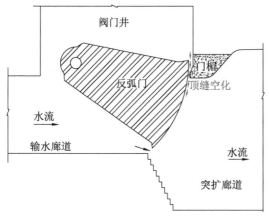

图 8-1　门楣布置示意图

图 8-2　阀门底缘空化流态

在介绍阀门门楣空化问题之前,先对门楣或顶缝的概念进行描述。图 8-1 中阀门面板的右侧为胸墙,二者之间形成了很窄的缝隙即所谓的顶缝,顶缝两侧边界线型布置即所谓的门楣体型,是研究的对象。在阀门关闭挡水时,阀门顶止水与胸墙斜面贴紧密闭,缝隙不过流;在阀门开启输水时,顶止水与胸墙分离,缝隙连通,在阀门门前门后水头差作用下,缝隙段形成由上向下的高速射流,在缝隙段内部产生负压,发生空化,即所谓的门楣空化或顶缝空化,空化冲击作用于左侧阀门面板引起阀门振动,并造成缝隙两侧壁面空蚀。

随着船闸工作水头的不断提高,输水阀门的空化和振动问题已成为船闸水力设计的关键。大量工程原型观测成果表明,在高水头船闸输水阀门段,除阀门底缘较易发生空化外,在阀门开启过程中,因阀门面板与门楣形成的缝隙形状犹如文丘里管,而作用水头接近于上、下游水位差,门楣缝隙段更易发生空化,且强度远超过底缘空化,称为顶缝空化或门楣空化,其空化类型属剪切型,噪声谱中高频能量突出,空化溃灭所产生的空蚀破坏作用较强。典型的阀门段空化流态及噪声频谱分别见图 8-3 和图 8-4。门楣空化不但导致门楣范围及阀门面板发生空蚀现象,还与底缘空化产生的压力脉冲互相回授,使某些较大开度时的廊道"声振"现象有所加强。

输水阀门顶缝空化包括两个方面。其一是在阀门开启之初,顶水封与门楣形成的间隙小于面板与门楣的间隙,止水处先发生空化,止水形式对其影响较大;其二是阀门开启过程中,顶止水脱离门楣后,止水与门楣的间隙远大于面板与门楣的间隙,此时门楣发生空化,门楣线型起主要作用。

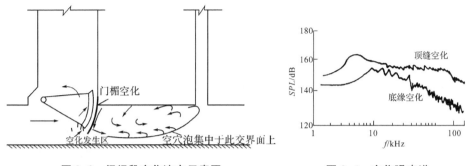

图 8-3　阀门段空化流态示意图　　　　图 8-4　空化噪声谱

葛洲坝船闸设计运行水头 27 m,是我国首座真正意义上的高水头大型船闸。由于早期对空化问题认识不足,输水阀门段空化及声振对通航建筑物及设备的正常运转造成了严重后果。多次原型观测资料显示,葛洲坝 1 号船闸反弧门后存在水下总声级为 167.7～171.5 dB 的低频强旋涡空化,门楣缝隙处产生强射流、高频脉动、高频空化。1 号船闸反弧阀门 M20 止水螺栓被剪断,反弧门门楣 16 Mn 的钢板已蚀出 8～10 mm 深的沟槽。3 号船闸反弧门面板蚀穿,底缘成蜂窝,门楣厚度为 24 mm 的钢板被蚀穿,两端部混凝土外露。2 号、3 号船闸设计了廊道顶部自然通气,实测进气效果不明显。为此,1 号船闸增设了门楣通气和 4 台 3L-10/8 型空压机通气的两种措施。原型观测表明,设计的门楣通气装置未能实现自然通气。

二、防空化技术

针对葛洲坝船闸门楣和底缘空化问题,南京水科院首创了 1∶1 切片模型开展实际缝隙流的特性研究,并提出了自然通气防空化措施,其基本思路是缩小喉顶部断面间隙,增加负压并将负压区提高到喉口顶部,经过 1∶1 切片模型试验,对门楣掺气布置形式进行了系统研究,提出在阀门门楣处止水座板下部增加负压板的工程措施。葛洲坝船闸门楣改造后,达到了很好的防空化效果,门楣自然通气技术获得成功。葛洲坝船闸防空化技术创新与实践为我国高水头船闸防空化体系的建立乃至高水头船闸的发展奠定了重要基础。

伴随着高水头船闸的建设,面对工程中的实际问题,通过不断的研究探索与工程实践,促进了高水头船闸建设技术的进步,对高水头阀门空化问题认识不断深入,逐步形成了针对不同工作条件高水头阀门的系统性防空化技术体系,为高水头阀门设计提供了技术支撑,妥善解决了高水头船闸阀门空化问题,确保阀门安全平稳运行。高水头阀门防空化技术体系简单总结如下:

(1)结构简单、工程投资小的"平顶廊道体型＋小淹没水深＋门楣自然通气＋廊道顶自然通气"完全被动防护新技术。该创新技术的核心是,阀门段廊道体型设计为最简单的平顶形式,允许阀门底缘出现较强空化(最小相对空化数仅为0.1,阀门后廊道顶的负压达−10.0 m水柱,超过规范允许的−3.0 m水柱),采用通气防护措施减免阀门强空化。根据门楣通气适应范围广及通气效果好的特点,以门楣自然通气作为基本措施,将廊道顶自然通气作为门楣通气措施的补充手段,设计中保证船闸高水头运行时廊道顶有一定负压,利用门楣及廊道顶联合通气充分抑制空化。在上下游水位发生变化、船闸水头降低到廊道顶不能自然通气时,则通过门楣自然通气解决阀门门楣及底缘空化问题。模型试验与原型观测研究中探讨了门楣及廊道顶通气对空化强度及闸室停泊条件的影响,确定了较优的通气量及通气管布置。该技术的优点是,阀门段廊道体型简单且廊道埋设深度浅,施工方便,工程投资小。2000—2006年,结合当时国内实际运行水头最高的红水河大化船闸及乐滩船闸(水头29.0 m),首次应用了该项新技术,通过两座船闸运行检验,减免空化效果十分显著。

(2)主动防护与被动防护相结合的"新型阀门段廊道体型＋综合通气措施"新技术。尽管采用上述完全被动防护技术可以解决阀门空化问题,且具有诸多优点,但对闸室输水系统有一定要求,进入闸室的空气应能通过输水系统各出水孔均匀逸出,以免影响闸室停泊条件。为此针对多座高水头船闸,开发了主动防护与被动防护相结合的"新型阀门段廊道体型＋综合通气措施"新技术。该技术的要点是,通过阀门段廊道体型优化研究,提出新的阀门段廊道体型,改善阀门底缘空化条件,尽量减弱空化强度,但不追求完全不出现空化,控制阀门底缘相对空化数不小于0.5;对仍存在的底缘空化,利用门楣自然通气解决。在阀门段廊道体型优化中,吸取顶部突扩增加门后压力和底部突扩改善底缘空化流态的长处,提出"顶部突扩＋底部突扩"而侧面不扩大的新型廊道体型,并首次提出了升坎自然通气及跌坎强迫通气措施抑制新型廊道体型可能发生的空化。

对于"底突扩＋顶突扩"新型廊道体型,底部突然扩大后,阀门底缘的绕流流态得到改善,对抑制底缘空化和门体振动有利;门后廊道垂向空间大,主流能够较快地沿程扩散,降低了主流流速。突扩廊道收缩升坎的约束,提高了主流在突扩空腔以及下游廊道内走向与旋涡空间排列结构的稳定性。突扩体出口廊道高于阀门处进口廊道,进一步稳定门后旋滚区,增加消能效果。收缩升坎采用高次曲线,突扩廊道出口水流平顺。底扩处加设了台阶状跌坎,不仅减弱垂直跌坎下游次回旋区紊动强度,更便于检修。通过确定合理的廊道埋设深度(一般不超过10 m),可控制阀门底缘相对空化数不小于0.5。利用门楣通气抑制新型廊道体型底缘仍存在的一定程度的空化。门楣自然通气后在门后廊道形成的掺气水流较好地保护了主流上边界。

由于廊道一般埋设较浅,升坎处负压不可避免,传统的做法是改善体型尽量减小负压。本项研究允许升坎出现较大负压,首次在升坎处设置掺气槽,实现自然通气,在通气管下游形成掺气水流,可有效抑制升坎空化,并对升坎及其下游边壁起到保护作用。采取跌坎强迫通气措施,不仅可解决跌坎空化问题,而且可利用跌坎通气后形成的掺气水流对廊道底板起到较佳的防护作用。"门楣自然通气＋升坎自然通气＋跌坎强迫通气"形成的掺气水流,对整个廊道边壁都起到了保护作用,可确保阀门安全运行。嘉陵江草街船闸阀门段廊道防空化体型及通气管(门楣通气、跌坎通气、升坎通气)布置方案见图8-5。红水河桥巩船闸根据平板门开启过程底缘与突扩廊道跌坎位置相对固定的特点,研究提出了可自然通气的跌坎体型及通气管布置。由于减压试验中未发现升坎空化,故未设置升坎通气措施。该船闸最终采取的防空化技术为"新型阀门段廊道体型＋门楣自然通气＋跌坎自然通气",阀门段设计见图8-6。

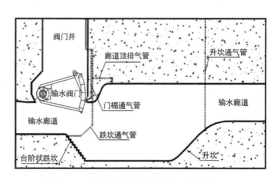

图 8-5　草街船闸阀门防空化布置

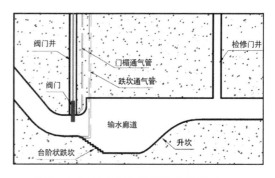

图 8-6　桥巩船闸阀门段防空化设计

主动与被动综合防空化措施在举世瞩目的三峡五级船闸中得到了成功应用。三峡船闸中间级阀门作用水头高达45.2 m,空化问题非常突出,最终采用了"快速开启($t_v=2$ min)＋大淹没水深(26.0 m)＋底扩廊道体型＋门楣自然通气＋跌坎强迫通气(原型中虽预埋了跌坎强迫通气管,经有水调试,发现跌坎空化持续时间不长,且强度可以接受,未设置空压机)"的综合措施。其门后廊道体型为底部突扩3 m,顶部为1∶10的渐扩形式,侧面不扩大,如图8-7。三峡船闸原型观测表明,阀门启闭过程中门楣通气稳定,运行非常平稳,振动较小,底缘无空化发生,综合措施较好地解决了阀门空化这一关键性技术难题。

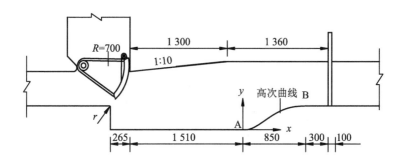

图 8-7　三峡船闸阀门段底扩廊道体型(单位：cm)

三、阀门防空化设计原则

通过长期对国内几乎所有中高水头船闸阀门空化特性及抗空化措施的研究实践,提出了船闸阀门防空化设计基本原则：

（1）20 m 以下的中低水头船闸,门后廊道体型设计为非常简单的平顶或者顶扩廊道体型,阀门后廊道高程一般与进入闸室的主廊道相同,采用门楣自然通气措施解决阀门空化问题。

（2）30 m 以上的超高水头船闸,推荐采用主动防护与被动防护相结合的"新型阀门段廊道体型＋综合通气措施"新技术。

（3）20～30 m 之间的高水头船闸,根据船闸的重要性及规模,既可选择结构简单、工程量省的"平顶廊道体型＋小淹没水深＋门楣自然通气＋廊道顶自然通气"新技术,在平顶廊道体型下,根据门后廊道顶负压(控制在−5～−8 m 水柱之间)确定阀门处廊道高程,也可选择主动防护与被动防护相结合的"新型阀门段廊道体型＋各种通气措施"这一更为可靠的新技术,根据阀门底缘处于发展空化阶段(相对空化数不小于 0.5)这一原则确定阀门处廊道高程。

我国设计规范及以往的研究均从主动防护的角度出发,要求阀门底缘工作空化数大于临界空化数,即相对空化数 $\sigma/\sigma_i \geqslant 1$,阀门段廊道顶负压控制在 3 m 水柱以下,如不满足条件,则采取加大淹没水深直接提高压力或者通过采取工程措施避免阀门发生空化,通俗意义就是"严防死守"策略。对于高水头甚至超高水头船闸,存在的问题是阀门段廊道布置较复杂,阀门处埋设深度较大,工程投资大。

提出的被动防护措施,允许阀门发生空化,以最小相对空化数 $\sigma/\sigma_i = 0.1 \sim 0.5$ 为设计原则(完全被动技术 $\sigma/\sigma_i \geqslant 0.1$;主动与被动相结合技术 $\sigma/\sigma_i \geqslant 0.5$),廊道顶负压可以达到 -10 m 水柱,采用各种通气技术形成的气垫作用防止阀门及廊道边壁发生空蚀破坏,从而解决阀门空化难题,即"因势利导"策略,是高水头船闸阀门防空化技术理论和设计方法的重大突破。

从阀门防空化措施研究与实践可以看出,针对各种工作条件阀门防空化设计中,门楣自然通气是必备措施,其不仅能够妥善解决阀门门楣顶缝空化,对阀门底缘空化、廊道跌坎和升坎空化也有很好的抑制作用。但门楣自然通气效果与门楣体型、阀门工作条件密切相关,故采用 1:1 切片试验装置,开展门楣缝隙流试验,探讨顶缝空化特性与自然通气防空化机理,以及门楣体型设计的影响,可供高水头船闸阀门防空化设计参考。

第二节　门楣自然通气与体型设计

一、门楣自然通气措施

门楣自然通气措施即利用门楣缝隙段负压,通过布置通气管路,实现向缝隙段自然通气,通气后,缝隙段压力提高,空化被较好地抑制,同时气体发挥水垫作用,显著减弱空化的影响。自葛洲坝船闸出现空化声振问题,采取门楣自然通气措施获得成功后,该措施在后续建设的多座高水头船闸中得到了推广应用,典型的如三峡船闸、乐滩船闸、草街船闸、红花船闸等等。通过多个实际工程的检验,门楣自然通气措施具有很好的防空化效果,不仅能够抑制门楣顶缝空化,而且对于阀门底缘空化也有很好的抑制作用,已经成为中高水头船闸阀门防空化必备措施。

与美国采用的廊道顶部通气技术相比,门楣处水流流速较高,负压容易形成,阀门开启过程中通气的开度范围较大,能适应我国河流水位较广的变化范围,这是门楣通气技术在我国得到推广应用的重要原因。当然,顶止水缝隙水流具有极高流速,且能量较大,它紧贴阀门面板,其流场的稳定与否直接影响阀门的工作状况,在门楣范围内增加设施必须慎重;同时,采用门楣自然通气技术,应根据阀门的工作条件,选择合适的门楣体型,因为门楣的线型、顶止水的位置、门楣与面板的间隙、掺气挑坎的尺寸对门楣空化及通气效果都有较大的影响。开展门楣自然通气效果影响因素研究,对妥善解决船闸阀门顶缝空化问题及抑制阀门底缘空化问题无疑是非常有意义的。

二、门楣体型参数

门楣缝隙段主要包括进口斜段、喉口、掺气槽、缝隙直段和出口段,如图 8-8 所示,所涉及关键尺寸参数如下:

喉口宽度 h_1;

缝隙段起点宽度 h_2;

缝隙比 h_1/h_2;

缝隙段终点宽度 h_3;

进口斜段夹角 α;

出口圆弧半径 R;

掺气坎长度 l;

缝隙段长度。

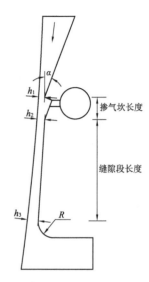

图 8-8　门楣体型示意图

高水头船闸的建设实践促进了门楣缝隙空化机理的研究,经过长期的研究探索,在门楣缝隙流空化特性、门楣自然通气抑制空化等方面取得了丰硕的成果,使对阀门门楣空化声振原因有了清晰的认识,提出并逐渐完善的自然通气技术对抑制门楣缝隙空化效果十分显著,在门楣体型设计得当的情况下,缝隙空化问题能够得到妥善解决。

三、门楣体型研究进展

20 世纪 70 年代苏联曾对顶止水缝隙进行过一些研究,但其缝隙为 0.1～0.2 mm 的微小缝隙,参考价值有限。20 世纪 70～90 年代,随着我国一批高水头船闸的建设,如葛洲坝 1 号、2 号、3 号船闸(27 m 水头),水口(41.7 m),五强溪(42.5 m)等,为工程建设需要,高水头船闸阀门顶缝空化及应对措施研究进入了高速发展时期,取得了大量的创新性成果。其间,南京水利科学研究院鉴于原型与模型间的差异首创了阀门门楣 1:1 切片试验技术,为开展门楣缝隙空化机理及门楣线型等研究奠定了基础。郑楚珮、胡亚安采用 1:1 切片技术研究了葛洲坝船闸阀门缝隙水流的水力特性,根据不同的空化特征及现象,将缝隙空化演变分为无空化、亚空化、空化初始、空化发展、阻塞空化、超空化等阶段,得出初生空化时的缝隙段上下游压力关系为 $p_{ui}=1.44p_{di}+0.7$;无空化时脉动压力优势频

率 98 Hz，空化时，优势频率为 300 Hz 左右，在初始阻塞状态下，喉口压力为
−60 kPa，当缝隙整个断面空化阻塞时，水流为非连续流。胡亚安对五强溪三级
船闸输水阀门进行了门楣缝隙 1∶1 切片试验研究，将门楣体型分为扩散型、收
缩型及基本平行型，并在相同的进出口布置及同一最小间隙（$d=12\ \text{mm}$）下，进
行了不同体型的空化特性试验，提出体型优选空化数 $\sigma_1=(p_u+p_a-p_v)/(p_u-p_d)$，用于判断体型优劣，扩散（$-5°$）、平行（$0°$）、收缩（$5°$）临界空化数分别为
3.15、1.37、1.51，扩散型易发生空化，可采用自然通气减免，平行型抗空化性能最
佳。拟合得到扩散体型阻塞空化状态上下游压力比 p_{ui}/p_{di} 为 1.8。三峡船闸门
楣体型研究成果指出，尽管平行型和收缩型体型抗空化性能优于扩散型，但由于
门楣段施工及安装精度较难控制，且阀门长期运行后变形等因素的影响，很难保
证其体型尺度，而门楣缝隙处高速水流是十分危险的空化源，相反，扩散型门楣
由于水流较易在缝隙段产生负压区、过流能力强、缝隙流速大，通气条件较易得
到满足，因此，带通气设施的扩散型门楣体型减免顶缝空化的可靠度更大，同时
门楣高速掺气射流对底缘空化有很好的抑制作用。三峡五级船闸（中间级水头
45.2 m）采用"扩散型门楣体型＋自然通气"抗空化措施，取得了显著的效果，原
型观测门楣通气稳定，最大通气量 0.5 m³/s 以上，阀门运行平稳。此后，该措施
逐步推广应用于船闸工程，如大化、乐滩、红花、草街等等。在推广应用中，依然
采用 1∶1 切片技术，对扩散体型通气效果及其影响因素又开展大量的基础性研
究，主要包括喉口宽度、缝隙比（喉口宽度与缝隙段起点宽度之比）、掺气坎长度
等因素，为门楣体型优化提供依据，通过多个工程应用检验，已基本形成了一些
相对成熟的门楣体型，以下对门楣体型所涉及的基本参数进行介绍。

门楣缝隙段主要包括进口斜段、喉口、掺气槽、缝隙直段和出口段，如图 8-8
所示，每段体型的影响分别介绍如下：

（1）进口斜段

进口斜段与竖向的夹角，在一定程度上影响缝隙水流的来流紊动度和缝隙
段的流态，夹角愈大，影响愈明显，五强溪船闸该夹角选择 15°，三峡船闸该夹角
选择 20.25°，大藤峡船闸采用 21.15°，夹角控制在 20°左右较佳，对进流无明显不
利影响。

（2）掺气槽

在草街船闸门楣切片试验中，研究了掺气坎长度的影响。在喉口宽度 $h_1=$
12.88 mm 和缝隙比 $h_1/h_2=0.64$ 条件下，研究了掺气坎长度 $l=59.16$ mm、
74.16 mm、94.16 mm 时门楣的具体布置，探讨了掺气坎长度对门楣临界通气条
件及门楣通气量特性的影响。不同掺气坎长度条件下门楣临界通气条件见图

8-9,可以看出,掺气坎长度影响并不显著,长度增大,通气条件略微变差。

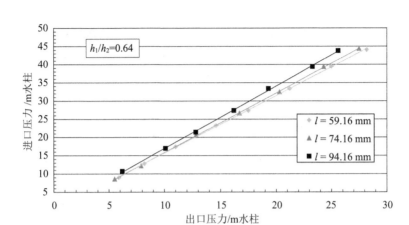

图 8-9 不同掺气坎长度时的门楣临界通气条件对比

固定缝隙比、不同掺气坎长度时,门楣缝隙段单宽通气量见图 8-10,其中 k 为相对压力,$k = (p_u - p_d)/p_d$。相对而言,当 $k \geqslant 4$ 时,掺气坎长度 $l = 74.16$ mm 所对应的单宽通气量略大。因此,草街船闸门楣掺气坎长度取为 74.16 mm。

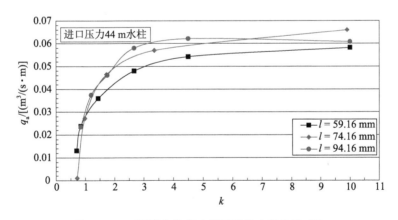

图 8-10 不同掺气坎长度缝隙段单宽通气量对比

(3) 缝隙段

根据门楣与阀门面板构成的几何形状,门楣体型可分为:

① 扩散型,最小间隙位于缝隙直段进口;

② 基本平行型,缝隙段面板与门楣的间隙变化不大;

③ 收缩型,最小间隙位于缝隙直段出口。

这三种常见门楣体型见图 8-8。长期的研究与工程实践表明,尽管平行型和收缩型的抗空化性能优于扩散型,但扩散型易产生负压,为自然通气提供了条件,扩散体型与自然通气措施相结合具有较好的门楣和底缘防空化效果,因此,选择扩散体型。

(4) 出口段

关于门楣缝隙段出口半径的影响,在水口、五强溪船闸门楣体型研究中进行过探讨。水口船闸输水阀门门楣出口半径对空化的影响研究表明,随着出口半径的增大,流线变得较平顺,过流能力随之增加,尽管 σ_{si} 随着半径加大而逐渐减小,但流量系数的增加又减小了工作空化数,不能说明出口半径越小,抗空化性能越差,未得出明确的结论。在五强溪门楣体型研究过程中,对于通常采用的出口半径 20 mm,设计部门从施工要求考虑,提出希望加大出口半径,因此进行了出口半径 20 mm 和 40 mm 的对比研究,试验在收缩型(15°)的门楣体型下进行。研究表明,出口半径加大增加了缝隙过流能力,在相同水位差作用下增大了门楣过流流速,初生空化数及工作空化数均相应降低,从 σ_{1i} 看,半径 20 mm 的抗空化性能优于 40 mm,但由于 40 mm 也未发生空化,同时初生空化并不导致发生空蚀,还有一定安全裕度,为施工方便,给出出口半径可以采取 40 mm 的结论。在采用扩散体型和自然通气技术后,实践表明,出口半径对通气没有太大影响,三峡船闸缝隙出口半径采取 100 mm,草街为 70 mm,安谷为 50 mm,大藤峡为 50 mm。

(5) 缝隙比

对于目前通用的扩散体型,应当保证最窄断面在喉口处(h_1)。在掺气坎长度 $l = 74.16$ mm,$h_2 = 20.0$ mm 条件下,不同缝隙比 h_1/h_2 对临界通气条件的影响见图 8-11,除 $h_1/h_2 = 1$ 时,通气条件较差外,其他 h_1/h_2 小于 1 时,如 0.89、0.78、0.64 相差不大,相对而言,缝隙比越小,通气条件越好,草街船闸门楣推荐 0.64。

(6) 喉口宽度

设计部门关心门楣的合理间隙,设计的间隙在施工过程中难于控制,同时阀门在水动力作用下的变形也会导致设计间隙值的变化,直接影响到门楣缝隙流态及其空化特性。

众所周知,缝隙和间隙的改变都会影响其水流雷诺数 Re 值,空化试验存在缩尺效应,前人在空化试验中曾得出 $\sigma_i \propto Re^n$。定义 $Re = vd/\nu$,v、d 分别为门楣最小断面过流流速和间隙。初生空化数与 Re 数的关系一直是人们关注的问

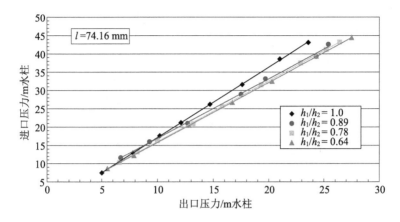

图 8-11　不同缝隙比条件下门楣临界通气条件

题之一,关系到模型值如何引申到原型中,空化类型不同,其变化规律有较大区别。葛洲坝 1 号船闸门楣切片试验结果指出,当 $Re > 3 \times 10^5$, σ_{si} 值不变(扩散型)。五强溪船闸门楣切片试验(收缩型,10°),进行了不同间隙($d = 6.9$ mm、12.6 mm、18.4 mm)试验,得到了初始空化数、流量系数与流速间的关系及固定流速下各参数与间隙的关系。结果表明:

① 固定门楣流速,随着门楣间隙的增加,初生空化数 σ_{si}、σ_{1i} 均增大,而流量系数 μ 值逐渐减小,空化安全度逐渐降低。

② 在同一间隙下,σ_{1i} 及 μ 值随流速的增加而增加,而 σ_{si} 变化不大,在 Re 数增加到一定程度后($Re \geqslant 5.6 \times 10^5$),σ_{si}、σ_{1i}、μ 趋于常数。

从上可知该类空化缩尺效应明显,缩尺的影响包含了门楣间隙及试验流速两方面,由于空化安全度随 Re 数或间隙 d 的增加而逐渐降低,因此该类试验必须采用大比尺模型试验研究,同时在船闸正式运行后,实际的门楣间隙值一般小于设计间隙值,因而其运行情况偏于安全。

（7）缝隙段长度

缝隙段长度与廊道淹没深度有关。草街船闸初始淹没深度 7.5 m,推荐的缝隙段长度较小,为 156.12 mm。三峡缝隙流切片试验研究表明,三峡船闸输水阀门廊道初始淹没深度较大,为 26 m,缝隙段长度是主要控制因素,三峡阀门最终采用门楣掺气坎与缝隙直段总长约 360 mm。同样,大藤峡廊道顶初始淹没深度为 22.5 m,门楣缝隙段长度对通气效果可能影响较大,在开展其切片试验研究前,推荐缝隙段长度 270 mm。

（8）止水形式

在五强溪阀门门楣切片试验研究中,从缝隙水流流态及空化特性方面对止水布置设计进行优化,将原方案中的两道阀门顶止水优化为一道。同时,对不同止水形式进行了系统性研究,包括斜面式(斜面式有 3 种,前后不修圆、后不修圆、前后修圆)、弓形体(改进而来)。斜面式后不修圆体型,当水头达到一定数值时,止水下游形成剪切层空化(梢涡空化),斜面式初始空化数均大于其工作空化数,抗空化性能较差,而改进而来的弓形体止水形式较优,刚好满足止水无空化条件。工程中由于止水漏水而引起结构空化空蚀现象较为常见,在阀门处于关闭状态时,顶缝长时间受高水头作用,一旦止水漏水,则止水处可能长时间处于空化状态,引起空蚀破坏。

四、门楣体型设计原则

门楣体型涉及尺寸参数较多,通过对大量研究成果的梳理,基本掌握了门楣体型设计的一些基本原则:

(1)门楣采用扩散体型,设置自然通气措施,可以有效解决门楣空化问题,是目前阀门防空化设计的必备措施。

(2)为顺利通气,喉口必须为门楣缝隙段的最小断面。

(3)缝隙比 h_1/h_2 须小于 1,在该范围内,临界通气条件无太大差异。

(4)进口斜段夹角在 20°左右不会产生不利影响。

(5)掺气坎长度对自然通气效果影响并不显著,相对而言,长度小对通气较有利。

(6)出口圆弧对通气影响不大,可选择 50~100 mm。

(7)缝隙段长度与廊道初始淹没深度关系密切,对于超高水头船闸初始淹没深度较大时,如大藤峡船闸,缝隙段长度宜采用较长方案,可选择 220~320 mm。

第三节 门楣自然通气影响因素

本节基于门楣自然通气一般原则,对世界上最高水头的大型单级船闸——大藤峡船闸工程进行门楣体型设计,开展门楣自然通气防空化 1∶1 切片试验研究,探讨门楣自然通气的主要影响因素。

一、门楣体型设计

大藤峡船闸阀门结构布置及阀门段廊道体型如图 8-12 所示。阀门上游最高水位 61 m,下游最低水位 20.75 m,最大工作水头 40.25 m。船闸输水阀门处廊道孔口尺寸为 5.0 m×5.5 m(宽×高),阀门选用适应高水头动水启闭、抗振性能良好的双面板全包反向弧形门,反弧外面板半径为 8.2 m,内面板半径为 7.3 m,阀门底缘与底板初始夹角为 90°。阀门段廊道底板高程−7.25 m,胸墙底高程−1.75 m。

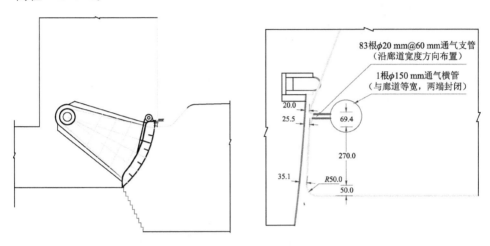

图 8-12　门楣基本体型

在已有大量研究成果的基础上,综合大藤峡船闸"输水阀门非恒定流水力学常压模型""非恒定流水力学减压模型"相关试验成果和大藤峡船闸阀门特点,提出阀门门楣基本体型,初步门楣体型如图 8-12 所示,主要参数如下:

(1) 扩散型体型;

(2) 进口斜段夹角 21.15°;

(3) 掺气坎长度 71 mm;

(4) 缝隙段长度 270 mm;

(5) 喉口宽度 20 mm;

(6) 缝隙段起点宽度 25.5 mm;

(7) 缝隙比 h_1/h_2 为 0.784;

(8) 缝隙段终点宽度 35.1 mm;

(9) 门楣出口圆弧半径 50 mm;

(10) 门楣宽度方向 83 个 $\phi20$ mm@60 mm 的通气支孔;

(11) 沿廊道宽度方向布置(两端封闭)1 根 $\phi150$ mm 通气横管;

(12) 通气主管两根,$\phi150$ mm(降低风速及噪声),通向闸顶。

在此基础上,考虑缝隙段长度增加 50 mm(即 320 mm)、减小 50 mm(即

220 mm)、喉口宽度增大5 mm(即25 mm)、减小5 mm(即15 mm),掺气槽尺寸增大,缝隙扩散角增大等方案,进行对比试验。重点考察缝隙段长度、宽度,掺气槽尺寸等参数对自然掺气效果的影响,通过敏感性试验分析,提出大藤峡阀门合理的门楣体型。

二、模型制作

模型包括门楣进口前管路、进口、缝隙段、出口、出口后管路等几部分,其中门楣进口前后管路的长度范围满足压力平稳的要求。切片模型缝隙段须保证模型和原型的几何相似、水流运动相似和动力相似,严格执行试验研究受控标准。

为便于观察门楣缝隙段流态、空化形态及门楣自然通气减免抑制缝隙段空化效果,门楣缝隙段采用透明有机玻璃制作,初次体型及加工如图8-13所示,有机玻璃厚度12 cm。为保证缝隙表面的加工精度,门楣体型在精密的数控机床上加工。

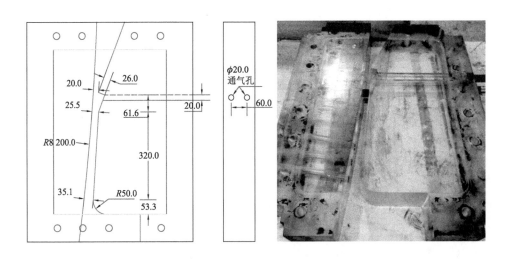

图8-13 门楣体型加工(单位:mm)

通气孔按原型实际尺寸布置,ϕ20 mm@60 mm,12 cm宽度正好布置两个直径为20 mm的通气孔。

三、试验工况

(一) 水位组合

(1) 上游最高通航水位61.00 m,下游最低通航水位20.75 m,此时水位差

为船闸最大工作水头 40.25 m,研究该水头下门楣通气特性;

（2）保持上游最高通航水位 61.00 m 不变,通过改变下游水位,研究门楣通气特性与作用水头的关系;

（3）保持下游最低通航水位 20.75 m 不变,通过改变上游水位,研究门楣通气特性与作用水头的关系;

（4）保持下游最高通航水位 41.21 m 不变,通过改变上游水位,研究门楣通气特性与作用水头的关系;

（5）针对设计推荐的阀门开启速率,研究各开度门井水位与门后压力条件下门楣通气与空化特性。

（二）阀门启闭速率

（1）充水阀门启门时间 t_v＝3 min、4 min、5 min、6 min、7 min、8 min;

（2）泄水阀门启门时间 t_v＝3 min、4 min、5 min、6 min;

（3）充、泄水阀门闭门时间 t'_v＝2～5 min。

阀门启闭速率工况需要利用船闸阀门水力学试验研究成果,提取不同启闭速率阀门各开度下门前门后压力,为切片试验提供边界条件。

四、观测参数及仪器设备

门楣体型评价主要依据自然通气效果,包括临界通气条件、阀门不同开度通气量及稳定性。门楣切片试验中观测的物理量主要包括门楣前后水流压力、流态、流量、流速、通气量、空化噪声、水流脉动等,所用的仪器设备及测控系统如下:

（1）管道压力——盘式读数压力表和电子压力表;

（2）流态——高速摄像系统及数码相机;

（3）流量——电磁流量计,同时采用超声波流量计进行对比验证;

（4）流速——掺气坎流速用流量与过水断面进行换算;

（5）通气量——采用高精度涡街空气流量计精确测量,每个通气孔安装 1 台;

（6）空化噪声——水听器及空化噪声测试系统;

（7）振动——振动加速度传感器及振动测试系统;

（8）水流脉动——脉动压力传感器及水动力学测试系统,测点布置见图 8-14,阀门面板上布置 6 个测点,门楣侧布置 3 个测点,编号 P_1～P_9。P_1 对应喉口,P_2 对应缝隙段起点,P_3～P_5、P_7～P_9 位于缝隙段内部,P_6 对应缝隙段出口。试验采用的主要仪器布置如图 8-15 所示。

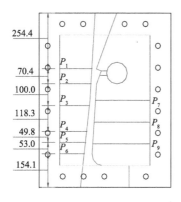

图 8-14　动水压力测点　　　　图 8-15　试验仪器设备

五、喉口宽度影响

门楣切片试验涉及多次体型修改,试验方案编排应有所考虑,从缝隙段长度最长的方案入手,再逐步缩短缝隙段长度,针对缝隙段长度 320 mm 方案,进行了不同喉口宽度 20 mm、15 mm、25 mm 的方案研究。在固定缝隙段长度的情况下,考察喉口宽度变化对门楣自然通气效果的影响。

(一)临界通气条件

在相同的缝隙长度(320 mm)条件下,对比三个缝隙宽度方案临界通气条件,见图 8-16,可以看出,喉口及缝隙宽度变化对门楣自然通气条件影响不大,缝隙宽度减小对通气更有利。实际工程中,阀门受制造、安装等误差影响,以及工作时受力产生位移,可能会导致门楣缝隙宽度大于或小于设计值,从本研究来看,在采用合理的体型的前提下,缝隙宽度小范围变化对通气条件不构成实质性的影响。

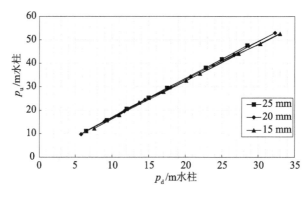

图 8-16　临界通气条件

在缝隙长度 320 mm、喉口宽度 20 mm 的体型下,大藤峡充水阀门双边4~8 min速率开启过程门楣自然通气判断见图 8-17,图中红色直线为临界通气分割线,左侧半区为能够自然通气,右侧半区为不能自然通气,可以看出,在列出的各种开启方式下,0.7 开度均不能自然通气,随开启速度加快,自然通气开度范围增大,但即使是 4 min 开启 0.7 开度依然不能自然通气;阀门 8 min 开启,在0.6 开度时刚好越过了自然通气范围。

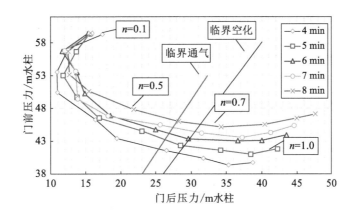

图 8-17 门楣自然通气判断

(二) 门楣通气量及缝隙段掺气浓度

门楣缝隙段平均掺气浓度 $c = Q_a / (Q_a + Q_w)$,其中 Q_a 为门楣通气量,Q_w 为门楣缝隙流量。不同喉口宽度门楣自然通气量与相对压力的关系见图 8-18,可以看出,喉口宽度变化对门楣的通气量几乎没有影响,在相对压力 k 大于 1.5 时,通气量趋于稳定,最大通气量近 0.6 m³/s,通气效果较佳。

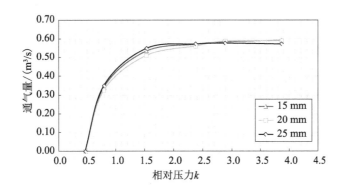

图 8-18 门楣自然通气量

相同的门前、门后压力条件下,喉口及缝隙宽度变化致使缝隙的过流量变化较大,而门楣通气量没有发生明显变化,因此缝隙段水流的掺气浓度会有明显不同。不同喉口宽度缝隙段平均掺气浓度随相对压力的变化见图8-19,相对压力k小于1.5时,掺气浓度变化较快,大于1.5时,掺气浓度趋于稳定;随喉口宽度增大,平均掺气浓度降低,25 mm 喉口宽度稳定的平均掺气浓度约12%,高于葛洲坝1号船闸原型观测资料(葛洲坝1号船闸缝隙段平均掺气浓度约7%)。

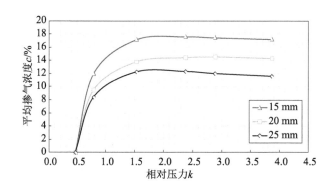

图8-19 缝隙段平均掺气浓度

(三)缝隙段压力

(1)时均压力

从前文不同工况缝隙段压力分布及变化规律可知,在门楣自然通气时,缝隙段内存在一定负压,不同喉口及缝隙宽度,缝隙段时均压力特性基本一致。以15 mm 和 25 mm 为例进行对比,缝隙段内不同测点的时均压力随开度变化见图8-20,可以看出,在0.1~0.5开度稳定通气的条件下,喉口宽度增大,缝隙段负压增大,应该与平均掺气浓度降低有关。

图8-21(a)为相同条件下门楣不通气与通气时缝隙段时均压力分布对比,可以看出,门楣通气显著改变了缝隙段的压力分布,由10 m 水柱的负压变为2 m 水柱以内的负压,通气不仅可以削弱喉口空化的影响,同时也改善缝隙段的压力条件,避免面板空化、水流气核低压空化。

(2)脉动压力

不同的喉口及缝隙宽度,缝隙段的脉动压力均方根值基本一致。相同条件下,门楣通气与不通气发生空化时缝隙段脉动压力差异较大,如图8-21(b)所示,可以看出,不通气时,缝隙段空化区水流脉动压力很小,明显小于通气时的脉动压力,在近出口处脉动压力增大明显,超过了通气时的脉动压力。

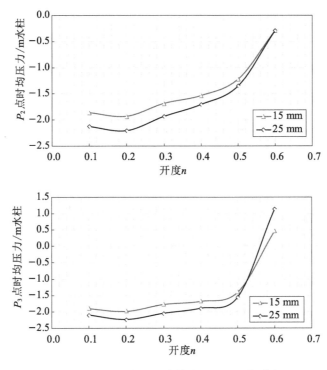

图 8-20　不同喉口宽度缝隙段时均压力对比

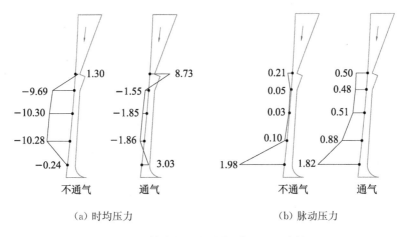

（a）时均压力　　　　　　　　（b）脉动压力

图 8-21　缝隙段压力分布（单位：m 水柱）

（四）振动加速度

图 8-22 为不同喉口宽度条件下掺气水流引起的振动对比。可以看出,随喉口及缝隙段宽度增大,相同的压力条件下掺气水流引起的振动加速度均方值增

大。通气与不通气(强空化)时测点三个方向的振动对比见表 8-1,通气后,振动降低约 70%~80%。

通过上述门楣自然通气特性、掺气流态、动水压力、空化噪声及振动响应多方面综合研究,可以看出,门楣自然通气能够有效抑制阀门顶缝空化。

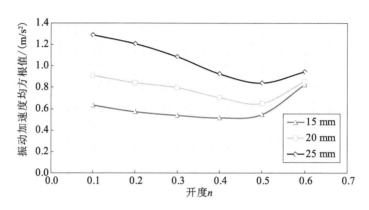

图 8-22　不同喉口宽度振动对比

表 8-1　通气减振效果

喉口 宽度/mm	方向	振动加速度均方根值/(m/s²)		降幅 /%
		不通气	通气	
20	x	1.65	0.49	70.30
	y	1.69	0.35	79.29
	z	2.28	0.55	75.88
25	x	1.88	0.58	69.15
	y	1.94	0.45	76.80
	z	2.85	0.73	74.39

六、缝隙段长度影响

在 320 mm 缝隙段长度试验基础上,缩短缝隙段长度至 270 mm、220 mm,进行缝隙段长度影响试验研究。针对两个不同缝隙段长度方案,门楣体型设计及模型照片见图 8-23,喉口宽度、缝隙段起点和终点的宽度均保持不变,即 $h_1 = 20$ mm、$h_2 = 25.5$ mm、$h_3 = 35.1$ mm,掺气槽及通气管等其他尺寸均相同。针对另两种缝隙段长度方案开展了与上述相同的试验,成果不再赘述。

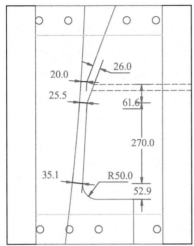
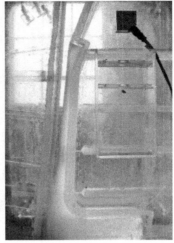

(a) 270 mm

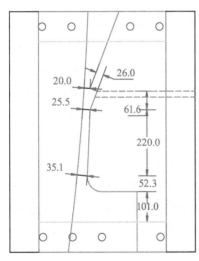
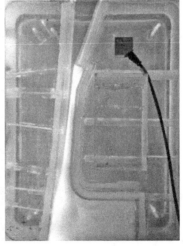

(b) 220 mm

图 8-23　门楣体型

在喉口宽度 20 mm 固定不变的情况下,对三个缝隙段长度(320 mm、270 mm、220 mm)方案的门楣自然通气效果进行对比,临界通气条件见图 8-24,阀门不同开度时的平均掺气浓度与相对压力见图 8-25。可以看出,在缝隙长度相对较长时,如 320 mm 和 270 mm,掺气浓度基本一致,但缝隙长度缩短至220 mm 时,掺气浓度有明显降低,可见,缝隙段长度不宜过短,推荐缝隙段长270 mm、喉口宽度20 mm。

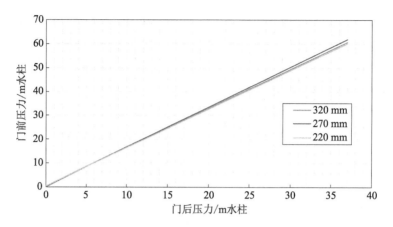

图 8-24　不同体型临界通气条件对比

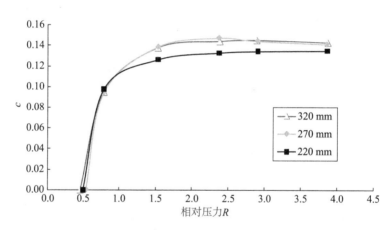

图 8-25　平均掺气浓度与相对压力

第四节　门楣自然通气防空化机理

一、缝隙空化及通气流态

门楣缝隙段空化形态与上下游压力条件密切相关,采用高速摄像系统获得不同条件下缝隙段典型空化及掺气水流流态如图 8-26 所示。从门楣缝隙空化的发展过程来看,可以分为三个阶段。第一阶段为临界通气时的弱空化[图 8-26(a)],此时,下游水位相对较高,喉口发生空化后,空化水流在掺气槽内旋滚,从缝隙段进口沿门楣壁面向下波状扩散,形成非常稳定的细微云状空化流态;降低下游出口压力至上游压力不再随其变化而变化,达到临界阻塞空化状态[图 8-26(b)],此时缝隙段流量、流速、上游压力固定,空化处于发展阶段,由喉口跌坎产生的空化水流附壁区域向下延伸,进入缝隙段,同时上游主流通过喉口后在负压作用下发生内部空化,在主流中心出现纵向空化气流,进入缝隙段后与喉口空化水流混合;再进一步降低下游出口压力,喉口跌坎空化进一步发展,附壁空化继续向缝隙段内部延伸,主流中心空化有所增强,左侧阀门弧形面板也出现了附壁空化,左、中、右三处空化气泡充斥了整个缝隙段[图 8-26(c)],此时达到强空化状态,受出口高压紊动影响,缝隙段空化水流附壁出现随机的回流,使缝隙后半段至出口的空化流态较为紊乱,面板及门楣两侧均会发生空化,与原型门楣钢板、阀门面板蚀损现象吻合。在强空化状态下,打开通气阀门,门楣自然通气,空化流态瞬间转变[图 8-26(d)],面板空化、主流中心空化消失,喉口跌坎空化与掺气槽内气体形成掺气水流,沿门楣壁面向下游流动扩散,至缝隙段出口断面基本混掺均匀。从门楣是否通气时的流态变化可以看出,门楣自然通气的防空蚀包括两个方面:消除了面板空化、主流中心空化,同时抑制了喉口跌坎空化。

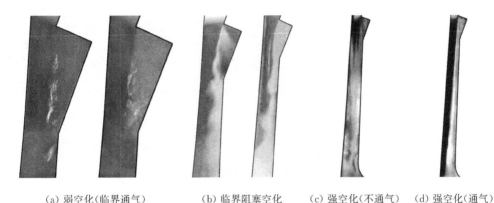

（a）弱空化(临界通气)　　（b）临界阻塞空化　　（c）强空化(不通气)　　（d）强空化(通气)

图 8-26　不掺气与掺气流态对比

同时,从图 8-27 阀门水力学整体模型门楣掺气流态也可以看出,缝隙掺气射流速度超过 30 m/s,掺气水流能够抵达阀门底缘。因此,门楣自然通气对底缘空化也有很好的抑制作用。

二、缝隙段压力特性

流态与压力是密切相关的,因此,通过分析缝隙段 5 个测点压力分布,可以进一步考察空化发展过程缝隙段压力特性及门楣自然通气抑制空化的机理。引入能够表征缝隙段空化条件的参数——下游空化数。

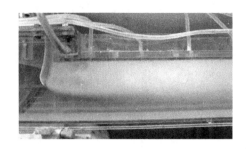

(a) 平底廊道　　　　　　　　　　　　　　(b) 底扩廊道

图 8-27　阀门水力学整体模型门楣掺气流态

$$\sigma_d = \frac{p_d + p_a - p_v}{v^2/(2g)} \tag{8-1}$$

式中：σ_d 为下游空化数；p_d 为下游控制压力；p_a 为大气压力；p_v 为饱和蒸汽压力；v 为喉口流速。缝隙段临界阻塞空化下游空化数为 0.54，然后逐渐降低下游压力，下游空化数逐渐减小，空化不断发展，此过程中，几个不同空化状态下缝隙段时均压力分布见图 8-28。在临界阻塞空化状态，仅缝隙段进口处测点（P_2）为负压，随着下游空化数降低，空化逐渐增强，水流向缝隙段延伸，缝隙段压力由正压变负压，且很快到达最大 -10 m 水柱左右的负压，下游空化数进一步减小则负压范围不断延伸扩大，在下游空化数 0.28 的时候，发生强空化，缝隙段基本全部达到了 -10 m 水柱的稳定负压状态。

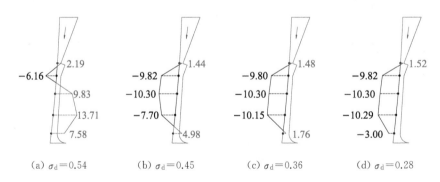

(a) $\sigma_d = 0.54$　　　(b) $\sigma_d = 0.45$　　　(c) $\sigma_d = 0.36$　　　(d) $\sigma_d = 0.28$

图 8-28　空化发展过程缝隙段压力变化（单位：m 水柱）

以前文强空化状态下不通气与通气两种工况缝隙段时均压力和脉动压力分布为例，在不通气强空化状态下，缝隙段内部绝大部分压力处于最低的 -10 m 水柱的负压，非常稳定，这是缝隙段发生强空化且空化充斥整个缝隙段的原因，喉口及缝隙段出口受上、下游压力影响，压力高于缝隙段内部。相同条件下，门楣自然通气时,缝隙段水流压力整体提升,由-10 m 水柱变为不足-2 m 水柱,此时达到压力与通气量的平衡状态,即欲实现稳定的通气,缝隙段仍须处于负压状态。从缝隙段脉动压力分布可以看出,在不通气时,缝隙段内部负压稳定,脉动很小,在近出口位置受空化气泡溃灭影响的脉动压力突然增大,在相同条件自然通气情况下,缝隙段水流脉动明显大于不通气工况,可见通气后缝隙段内部的水流紊动有所增大,伴随着掺气水流沿缝隙段向下扩散,脉动压力沿程表现出逐渐增大的趋势。

三、空化噪声及振动特性

相同工作条件下,通过阀门控制是否向缝隙段自然通气,不通气和通气情况下,空化噪声过程线对比见图 8-29,可以看出,不通气时,缝隙段发生强空化,噪声强度显著大于自然通气情况,前者约为后者的 5 倍,可见自然通气对空化具有很好的抑制作用,是避免出现"声振"的关键所在。

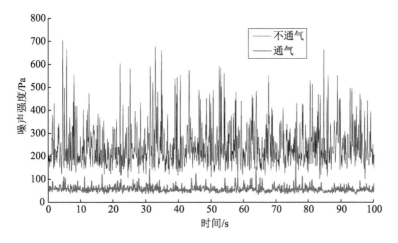

图 8-29　门楣通气与否空化噪声对比

另外,从前文的通气后振动降低约 70%~80%也可以看出,空化是振动的一个主要激励源,在空化被自然通气抑制后,振动也相应减小,振动与空化的关系密切。

四、通气量与缝隙压力关系

根据门楣自然通气条件及大藤峡船闸阀门水力学试验得到的阀门不同开度时的前后压力可知,在阀门 0.6 开度内门楣是可以自然通气的。利用门楣切片模型,调节进出口压力,模拟阀门不同开度时门楣工作条件,获得门楣自然通气量,通气量过程线见图 8-30,0.1~0.6 开度缝隙段压力分布见图 8-31。可以看出,自然通气能力与缝隙段压力是密切相关的,在小开度 0.1～0.3 时,缝隙段内部压力分布基本稳定,门楣通气量稳定;开度进一步增大后,随着下游压力逐渐升高,缝隙段压力分布逐渐受到影响,在 0.4 开度以后,受下游压力影响,缝隙段负压逐渐减小,负压范围缩小,门楣通气量相应减小,到 0.6 开度时,仅缝隙段进口一个测点存在负压,通气量大幅减小,0.7 开度时门楣不能自然通气,此时喉口发生较弱空化,可见自然通气、空化状态与缝隙段压力是密切相关的,在采用自然通气措施后,门楣缝隙段不会再发生强空化。

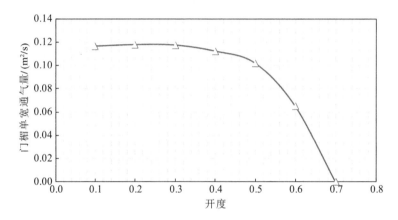

图 8-30　门楣自然通气量

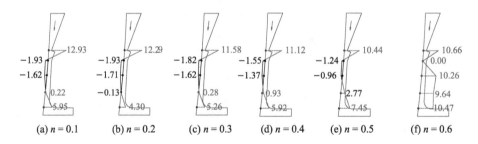

图 8-31　不同开度缝隙段时均压力分布(单位:m 水柱)

以缝隙段内部典型测点 P_2 为例,系列试验中 P_2 测点压力与门楣单宽通气量关系见图 8-32,单宽通气量与缝隙段压力近似呈二次多项式关系:

$$q_{\mathrm{a}} = -0.015\,9p^2 - 0.065\,5p + 0.049\,1 \qquad (8\text{-}2)$$

式中,q_{a} 为单宽通气量;p 为缝隙段起点处的压力。

通气量极值对应的缝隙段压力约 -2 m 水柱,此时缝隙段压力与通气量达到极限平衡状态。

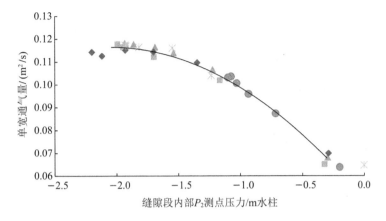

图 8-32　单宽通气量与缝隙段压力关系

　　采用高速高压缝隙流试验装置,开展高水头阀门 1∶1 切片试验,研究探讨了门楣空化特性及自然通气防空化机理,得到以下结论:切片试验发现,缝隙段空化包含喉口跌坎空化、主流中心空化、阀门面板空化,三处空化随空化的发展依次发生,在强空化阶段三者并存,空化水流充斥整个缝隙段,在缝隙段出口附近空化水流紊乱,伴有回射流。通气增加缝隙段压力,消除主流中心空化和阀门面板空化,抑制喉口跌坎空化。门楣空化在缝隙段产生负压,随着空化的发展,负压区不断延伸,直至整个缝隙段达到稳定的 −10 m 水柱负压,脉动压力很小;当采用门楣自然通气措施后,缝隙段压力整体升高,稳定在 −2 m 水柱左右,空化消失,保持一定负压是通气的必要条件,通气后缝隙段水流脉动压力增大。单宽通气量与缝隙段压力近似呈二次多项式关系,通气量极值对应的缝隙段压力约 −2 m 水柱,此时缝隙段压力与通气量达到极限平衡状态,当缝隙段压力逐渐升高时,门楣通气量逐渐降低,直至停止自然通气。

第五节　工 程 应 用

　　随着高水头船闸的不断建设和发展,顶缝空化问题越来越引起人们的重视,在闽江水口、沅水五强溪、长江三峡、红水河乐滩、大化、柳江巴江口、西江红花、那吉、嘉陵江草街、黔江大藤峡等船闸工程设计中都专列课题进行研究。葛洲坝三座船闸阀门空化声振及门楣通气措施的应用实践为三峡五级船闸阀门防空化设计提供了宝贵经验。根据试验成果,三峡五级船闸 24 只输水阀门均设计了门楣通气装置,运行效果良好,较好地解决了正常运行及各种事故工况下阀门段廊道空化问题。门楣通气措施已推广应用于乐滩、大化、草街、银盘、巴江口、红花、那吉、银盘、安谷、长洲、大藤峡、万安(新)、富春江等几乎所有的中高水头船闸建设。长期的不断研究探索和工程实践表明,门楣自然通气已成为中高水头船闸阀门门楣、底缘最为有效的防空化措施。

一、葛洲坝船闸

葛洲坝水利枢纽是长江上修建的第一个大型水利枢纽,是上游三峡水利枢纽的反调节水库和航运梯级。葛洲坝枢纽位于长江三峡出口南津关下游2.3 km处,为三峡工程的组成部分,起到航运梯级的作用,即渠化三峡大坝以下 37 km的天然航道,对三峡电站日调节非恒定流进行反调节,并利用河段落差发电。工程沿坝轴线的长度为 2 605.5 m,由拦河坝、泄水闸、船闸和水电站组成,其中通航建筑物主要有1、2、3 号船闸。1 号船闸位于右岸大江河床右侧,2 号、3 号两座船闸位于左岸三江河床。1、2 号船闸长 280 m,宽 34 m,最小槛上水深分别为5.5 m 和 5 m,最大工作水头 27 m,可通行大型客货轮及万吨级船队;3 号船闸长120 m,宽 18 m,最小槛上水深 3.5 m,最大工作水头 27 m,主要通过 3 000 吨级以下的客货轮及小型船队。葛洲坝 2 号、3 号船闸于 1981 年 6 月通航。大江 1号船闸于 1988 年 9 月开始试通航,1990 年 5 月正式通航。

前文已对葛洲坝船闸阀门段空化问题进行了介绍,经过1:1切片模型试验,对门楣掺气布置形式进行了系统研究,针对葛洲坝 1 号船闸,提出在阀门门楣处止水座板下部增加负压板和通气系统的工程措施,门楣自然通气设施布置见图8-33。通气系统的设计必须满足供气量,不损害原结构,适应高速水流工作环境,便于施工安装等。通气系统由通气主管、空气腔、通气支孔等组成,

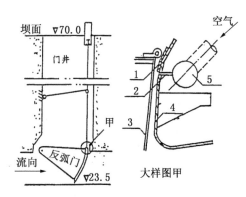

1—负压板;2—通气孔;3—面板;4—门楣;5—进气孔

**图 8-33 葛洲坝 1 号船闸门楣
自然通气布置**

其中空气腔与门楣母体构成封闭的立体空间,负压板焊接固定在门楣止水板上,选择一定的板厚,长度为 5 m,在负压板长度方向均布 198 个直径 10 mm 的通气支孔,反弧门开启时负压区吸力使空气经通气主管→空气腔→通气支管→负压区,实

现自然通气,达到抑制空化、声振的目的。由于门楣处缝隙流速高达 30～40 m/s,增加的负压板必须平整光滑,避免产生新的空化源。负压板材料选用不锈钢板,采取焊接工艺施工,并通过试验进一步确定负压板厚度。

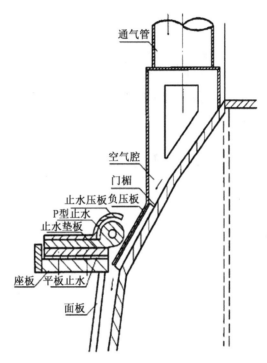

1993 年 1 月实施了 1 号船闸门楣通气工程,南京水利科学研究院受委托开展现场测试,提出了《葛洲坝 1 号船闸门楣负压挑坎负压板通气设施原型观测报告》。原观成果表明,门楣增加负压板后实现了稳定的自然通气,效果十分明显,在 0.2～0.6 开度范围内,无论是左侧还是右侧,门楣自然通气量均为 0.3 m³/s 左右。1 号船闸门楣通气的成功也为解决 2 号、3 号船闸空化与声振提供了经验。葛洲坝 3 座船闸反弧门门楣有两种不同形式,2 号、3 号船闸设计与 1 号船闸不同,未设空腔和通气孔。1993 年 5 月,委托南京水利科学研究院做了 2 号船闸充水阀门负压板的多种切片试验,确定通气系统布置,见图 8-34。不同体型临界通气条件见图 8-35,2 号船闸通气量与掺气浓度见图 8-36,可以看出,扩散体型的通气条件明显优于收缩体型。

图 8-34 葛洲坝 2 号船闸门楣自然通气布置

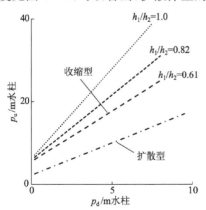

图 8-35 不同体型临界通气条件

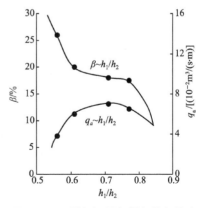

图 8-36 2 号船闸通气量与掺气浓度

1996 年 7 月,通过模型试验确定负压板的最佳尺寸范围。在总结 2 号船闸通气装置设计安装经验的基础上,3 号船闸通气装置的空气腔采用无缝钢管为主要部件,为确保空腔呼、吸气时不变形,提高空腔呼、吸气时承受交变应力能力,决定将空腔埋入侧壁混凝土中;空腔上部与大气相通,下部与负压板内 140 个 10 mm 的通气支孔相连。空气经通气主管→空腔→负压板内的空气支孔→负压区,实现自然通气。

采取门楣通气措施前,充水过程伴随密集的轰鸣,掺杂阵阵爆破声,检修门井盖板被强大的气浪掀动,缝隙处产生强烈的呼气和吸气现象,水雾、尘土高扬。1 号船闸阀门开启在 240~270 s 时阀门振动巨大,雷鸣声密集,可以听到 20 次以上爆破声。改进后,水听器输入计算机的监测曲线显示:噪声长时间稳定在 70~75 dB,较改进前降低 10~15 dB,极端噪声 120 dB 再未出现;强烈的振动、轰鸣声基本消失,爆破声减少到 5 次以下,其强度和次数显著降低,呼、吸气现象明显减弱,闸面趋于平稳,运行条件和工作环境明显改善。

原型观测成果中,当通气量达到 0.13 m^3/s 时顶缝空化噪声谱声压级下降 15~20 dB,并能抑制空化,如图 8-37 所示。实施门楣通气工程后,1 号闸 2×100 mm 主管进气风速为 20 m/s,进气量为 0.30 m^3/s;2 号闸 2×219 mm 主管进气风速为 7.5 m/s,进气量为 0.47 m^3/s;3 号闸 2×168 mm 主管进气风速为 13.5 m/s,进气量为 0.49 m^3/s。3 座船闸门楣通气量均大于 0.13 m^3/s,有效地抑制了顶缝空化。

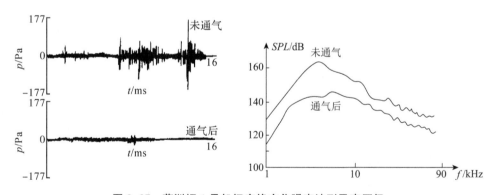

图 8-37　葛洲坝 1 号船闸底缘空化噪声波形及声压级

门楣通气后,顶缝高速水流将气体带至底缘,一部分气泡集中于门后主流与旋滚区的剪切层上,另一部分经旋滚区回旋,在回旋区内形成掺气水流。有关试验成果指出,门楣通气后,剪切层及旋滚中心掺气浓度最大,而底缘空化却又发生在门后剪切层及旋滚中心处,因而,门楣通气充分利用有限的进气量有效地抑制底缘空化。分析 1 号闸通气前后原型观测的声压波形及空化噪声谱,空化溃灭声级减弱 1/6～1/3,脉冲幅值大大降低,底缘空化已得到抑制。抽干门井检查时也证实了这一点。

启门力的大小取决于阀门井旋滚水流对阀门产生的上托力及底缘低压区对阀门产生的下吸力的变化。通气前后油缸压力过程线形状基本类似。启门力的脉动同阀门前后流态密切相关,如在门后不发生空化条件下启门脉动峰值常出现在较大开度。由于空化,特别底缘出现空化是阀门的一个强激振源,因而在空化发生时启门力脉动显著增大,尤以缸底脉动较为剧烈。门楣实现稳定的自然通气后,大大减弱了顶缝及底缘空化强度,启门力脉动亦随之降低,尖脉冲次数明显减少,脉冲峰值显著降低。通气后油缸顶压力脉动幅值由 615 kN 降为 330 kN,降幅 46%;缸底压力脉动幅值由 690 kN 降为 300 kN,降幅 57%。门楣通气减少了启门力脉冲次数和脉动强度,其中正脉冲次数减少了 80%,负脉冲次数减少了 76%,脉动强度降低 50%。

对已建的葛洲坝 1、2、3 号船闸进行了技术改造后的原型观测结果表明,改造后的门楣体型实现了门楣自然通气,较大程度抑制了这三座船闸自 20 世纪 80 年代建成运行以来存在的阀门空化和声振问题,门楣通气显著地改善了阀门工作条件,不仅完全消除了阀门顶缝空化,而且有效地抑制了阀门底缘空化,通入的空气对阀门下游面板及门后廊道均起到了很好的保护作用,减少每年停航检修时间 3 天,还可节省每 5 年一次的大修停航时间 7 天以上,节省了大量维修费用,经济和社会效益显著。

二、三峡船闸

长江三峡水利枢纽工程是世界最大的水利枢纽工程,是治理和开发长江的关键性骨干工程,具有防洪、航运和发电等巨大综合效益。三峡双线连续五级船闸(简称三峡船闸)为三峡水利枢纽的主要通航设施。三峡船闸是世界上连续级数最多、水头最高的船闸,规模巨大、技术复杂,线路总长 6 442 m,其中主体段长 1 621 m,上游引航道长 2 113 m,下游引航道长 2 708 m。闸室有效尺寸280 m×34 m×5 m(长×宽×槛上最小水深),运行水位上游 145 m 至 175 m,下游 62 m 至 73.8 m,总设计水头 113 m,最大通航流量 56 700 m³/s。三峡船闸 1994 年 4 月 17 日开工建设,2003 年 6 月 16 日进入试通航阶段,2004 年 7 月 8 日通过国家验收转入正式通航。

举世瞩目的三峡连续五级船闸总水头 113 m,中间级水头 45.2 m,阀门段孔口尺寸 4.2 m×4.5 m(宽×高),采用反弧门形式,阀门段初始淹没深度 26 m。

三峡船闸部分水力学指标已超过当时国际水平,输水阀门段空化空蚀问题尤为突出。在葛洲坝、水口、五强溪研究基础上,三峡船闸采取门楣自然通气措施解决顶缝及底缘空化问题,鉴于工程及自然通气措施防空化的重要性,开展了门楣切片试验专题研究。因为有了前期的研究基础,三峡船闸阀门门楣体型直接放弃收缩形式,采取了扩散体型,在缝隙喉口后设置自然通气设施,利用喉口后形成的负压实现自然通气。在试验中,对两种扩散式门楣体型进行了研究。第一种形式是在喉口处直接布置通气孔,结构形式较为简单,通气孔孔径为 20 mm,间距 100 mm;第二种形式则在喉口前设置掺气挑坎,以提高通气的稳定性。两种体形见图 8-38(a)。试验研究表明,设计工况下各开度通气孔处均出现较大负压,对于同一淹没水深,加设挑坎后通气孔出现负压时对应的门井水位低,说明其适应水位变幅范围较广。三峡五级船闸 24 只输水阀门均设计了门楣通气装置,针对廊道埋设深、门楣出口压力较大、负压不稳定的特点,加大了门楣缝隙长度,提出了适宜的门楣体型,如图 8-38(b)所示。

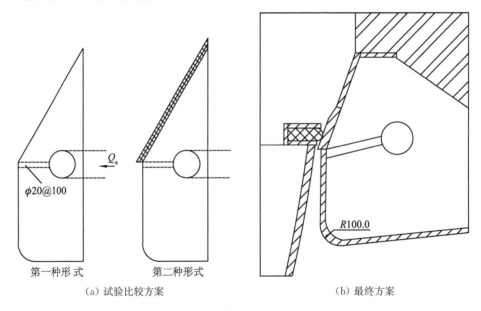

（a）试验比较方案　　　　　　　　　　（b）最终方案

图 8-38　三峡船闸阀门门楣体型

在 2002 年 9 月—2003 年 6 月三峡永久船闸有水调试阶段,南京水科院共进行了十余次现场调试,对普遍关心的门楣自然通气情况,进行了多组次原型观测。原型观测表明,各门楣通气管在阀门开启后均能稳定进气,通气量与阀门初始作用水头及阀门段廊道淹没水深有关。作用水头一定,通气量随淹没水深的减小而增大;淹没水深一定,通气量随作用水头的增大而增大。也就是说,在对阀门工作条件不利的水位组合下,通气量较大。现场第3次～第5次调试工况对北5闸首阀门正常开启情况下的门楣通气量进行观测,图8-39给出了三次通气量过程线,其中第3次初始水头39.9 m,第4次初始水头44.7 m,第5次初始水头44.5 m。在设计水头下,2 min启门,门楣通气持续时间达100 s,各闸首门楣通气量平均可达0.3 m³/s,尤以北5闸首门楣通气效果显著,最大通气量可达0.41 m³/s。

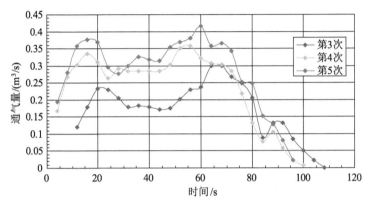

图 8-39 阀门正常开启过程门楣自然通气量

另外,现场动水闭门试验观测表明,门楣自然通气措施能够很好地适应紧急关阀工况,在关阀过程中,门楣通气量显著增大,最大通气量可达0.6 m³/s,如图8-40所示,对改善阀门工作条件极为有利。

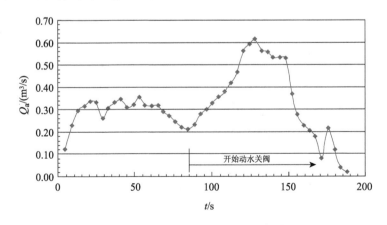

图 8-40 动水闭门过程门楣通气量

三峡船闸实测的门楣通气量超过模型试验值,说明试验提出的门楣体型是合理的,门楣自然通气效果良好,较好地解决了正常运行及各种事故工况下阀门段廊道空化问题。三峡船闸阀门门楣自然通气措施的成功极大地促进了该措施在高水头阀门防空化设计中的推广应用。

三、乐滩船闸

乐滩水电站是红水河10座梯级电站中的第8座。枢纽由溢流坝、河床式厂房、船闸、冲砂闸、左右岸重力坝、左岸接头土坝及开关站等主要建筑物组成。船闸位于枢纽左岸,主要由上游引航道、上闸首、闸室、下闸首、下游引航道等组成,全长1527 m。船闸上游最高通航水位(同水库正常蓄水位)112.0 m,上游最低通航水位(同水库死水位)为110.0 m,上游通航水位变幅2 m;下游最低通航水位82.9 m,下游最高通航水位为93.6 m,下游通航水位变幅10.7 m。船闸最大水头为29.1 m,居我国高水头船闸前列。船闸有效尺度为120 m×12.0 m×3.0 m(长×宽×门槛水深),设计通过能力为年货运量180万t(其中下行140万t)。设计500 t船队尺寸为109 m×10.8 m×1.6 m(长×宽×吃水),500 t单船尺寸为45 m×10.8 m×1.6 m(长×宽×吃水)。船闸主体段和上游引航道按Ⅳ级航道标准的500 t级顶推船队尺度设计,下游引航道按Ⅴ级航道标准的250 t(300 t)级拖带船队尺度设计,并考虑将来扩建成Ⅳ级航道通航标准。

乐滩船闸输水阀门最大工作水头29.1 m,阀门段廊道尺寸为2.2 m×2.6 m(宽×高),阀门采用反弧门形式,阀门处廊道顶初始淹没水深仅5.3 m,综合水力指标已超过当时国内已建单级船闸水平。门楣自然通气措施被作为抑制乐滩船闸阀门底缘空化的基本措施,为实现理想的通气效果,需要开展门楣体型研究,因此,对乐滩船闸门楣体型进行了1∶1切片试验专题研究。借鉴葛洲坝、三峡等船闸阀门门楣通气的成功经验,结合乐滩船闸具体情况,门楣与面板的最小间隙控制为23 mm,见图8-41。

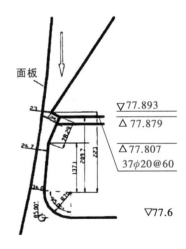

图8-41 乐滩船闸门楣线型

门楣最小间隙在18~28 mm范围变化,各工况门楣通气量变化不大,说明门楣通气可以适应一定的间隙变化范围。对于通气总管,根据实测的通气量,建议采用150 mm直径,在最大通气量时风速约为6.8 m/s,不至于产生啸叫声,如果通气总管断面面积过大,通气管内的初始水体体积将增大,水体排出时间加长,会影响掺气的时间,对阀门工作不利。

在乐滩船闸建成后原型调试过程中,对阀门门楣自然通气情况进行了观测,现场通气管布置见图 8-42,不同水头下,泄水阀门开启过程门楣自然通气量见图 8-43,门楣持续通气时间较长,随着初始水头的增大,通气量增大,在 28.21 m 水头时,最大通气量超过了 1 m³/s,单宽通气量已达到三峡船闸门楣的 4 倍,主要因为门后廊道产生较大的负压导致门楣通气量显著增大,门楣自然通气达到很好的效果。

图 8-42　乐滩船闸阀门门楣通气孔

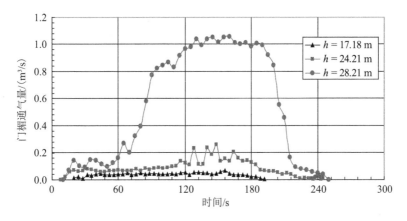

图 8-43　乐滩船闸阀门门楣自然通气过程

四、长洲船闸

在中低水头船闸中,工作阀门一般采用平面阀门,对平面阀门底缘空化问题以前研究较少。尽管中低水头船闸阀门底缘空化的危害性低于高水头船闸,但如处理不当,也将导致阀门段廊道空蚀和阀门的振动。为此,将反弧门门楣自然通气技术引进到平面阀门,针对平面阀门顶水封布置特点,经过深入研究,提出了适宜的门楣通气结构。通过采取门楣通气技术,解决了各种工作水头下的平面阀门底缘空化问题。

长洲水利枢纽船闸是西江航运干线上的重要节点工程,新建的三四线船闸设计有效尺度为 340 m×34 m×5.8 m(长×宽×门槛水深),其规模巨大,对促进西江黄金水道建设至关重要。长洲三四线船闸主要水力技术指标较高,闸室及输水阀门尺度均超过我国已建船闸水平,船闸水力特性如输水系统消能、特大型阀门防空化和抗振、并列船闸省水布置效果、特大流量下共用引航道水流条件等问题十分突出,是该船闸运行中的重大技术难题。长洲三四线船闸采用四线船闸并列的布置形式(其中二线与三线船闸之间有一定长度的隔流堤),也是国内唯一的一座四线并列布置的船闸。

长洲三四线船闸平面阀门最大工作水头 19.2 m,阀门尺度较大,孔口尺寸 4.6 m×6.0 m(宽×高),在平面阀门中水头偏高,阀门段存在空化问题,需采用门楣自然通气措施抑制顶缝及底缘空化。设计阶段南京水利科学研究院的"长洲水利枢纽三线四线船闸工程阀门水力学试验研究"成果表明,输水阀门正常开启工况下,在 $n=0.2\sim0.8$ 开度,长洲船闸泄水阀门底缘发生空化,在推荐的门楣体型下,如图 8-44 所示,门楣在 $n=0\sim$ 0.4 开度能够实现自然通气,门

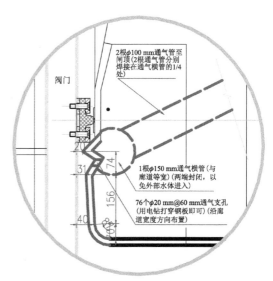

2根φ100 mm通气管至闸顶(2根通气管分别焊接在通气横管的1/4处)

阀门

1根φ150 mm通气横管(与廊道等宽)(两端封闭,以免外部水体进入)

76个φ20 mm@60 mm通气支孔(用电钻打穿钢板即可)(沿廊道宽度方向布置)

图 8-44 长洲三四线船闸平面阀门门楣通气布置

楣自然通气可以充分抑制 $n=0\sim0.4$ 开度范围阀门底缘空化。

在长洲三四线船闸原型调试过程中对平面阀门门楣自然通气情况进行观测,部分阀门门楣自然通气通气量及阀门开度过程线见图 8-45。观测表明,在水头低于设计水头 2 m 左右的条件下,在阀门开启 15 s 后,阀门井布置的水听器监测到较大的脉冲信号,为阀门顶止水脱离门楣初期止水头部空化及启闭系统克服阀门由静至动的冲击荷载所致。在阀门开启约 30 s 后,门楣通气管开始自然通气,阀门左右侧阀门平均自然通气量均在 0.03 m³/s。门楣在阀门 $n=$ 0.58 开度之前都能自然通气,在该开度之前,阀门井监测到的空化噪声较小且平稳,偶有个别尖脉冲存在。阀门开至 $n=0.63$ 开度,由于此时门楣不能自然通气,阀门井监测到较明显的空化噪声,判断为阀门底缘空化所致。总体而言,该空化噪声强度不大,闸顶也未监测到声振现象,此现象持续到阀门 $n=0.82$ 开度,此后,阀门后下游廊道压力提高,底缘空化消失。

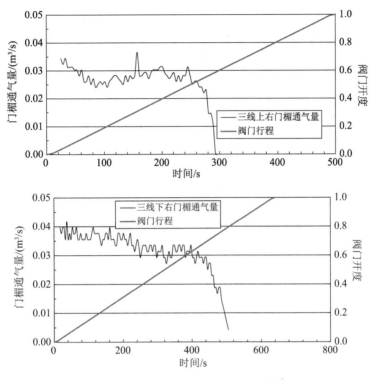

图 8-45　部分阀门门楣自然通气情况

五、大藤峡船闸

大藤峡水利枢纽位于珠江流域西江水系的黔江河段,坝址在广西桂平市黔江口彩虹桥上游 6.6 km 处,是一座以防洪、航运、发电、水资源配置为主,结合灌溉等综合利用的大型水利枢纽工程。水库总库容为 34.79 亿 m³,防洪库容和调节库容均为 15 亿 m³;电站装机容量 1 600 MW,多年平均发电量 60.55 亿 kW·h。主要水工建筑物由黔江混凝土主坝(挡水坝段、泄水闸坝段、厂房坝段、船闸上闸首坝段、船闸检修门库坝段、纵向围堰坝段等)、黔江副坝和南木江副坝等组成。枢纽建筑物包括泄水建筑物、河床式发电厂房、挡水坝、船闸、灌溉取水口、开关站及鱼道等。船闸布置在左岸Ⅰ级阶地上,船闸采用单线单级,设计通航最大船舶吨级为 3 000 t,级别为Ⅰ级;由上游引航道、上闸首、闸室、下闸首和下游引航道组成,线路总长 3 735 m。主体段长 385 m,上游引航道长 1 453 m,下游引航道长 1 897 m,闸室有效尺度为 280 m×34 m×5.8 m(有效长度×有效宽度×门槛水深)。船闸设计最大水头为 40.25 m,设计代表船舶组合为 1+2×2 000 t 顶推船队和 3 000 t 级单船,输水时间要求小于 15 min。大藤峡船闸是目前国内外水头最高的大型单级船闸,输水技术指标首屈一指。

前文在探讨门楣自然通气主要因素时主要依托大藤峡船闸工程开展试验研究,通过系统性的研究,提出了大藤峡门楣推荐体型及通气管路布置,如图 8-46

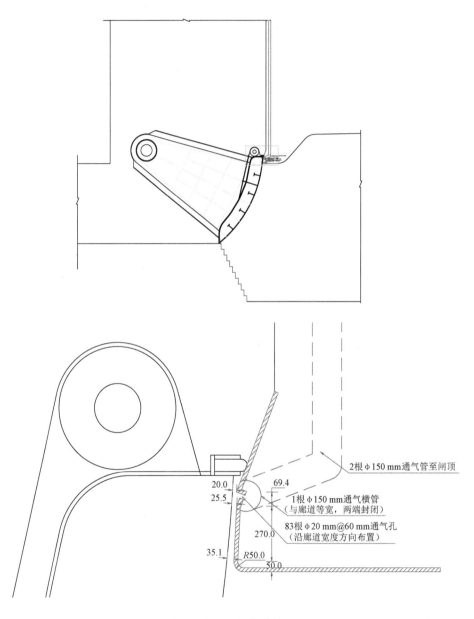

2 根 φ150 mm 通气管至闸顶

1 根 φ150 mm 通气横管
(与廊道等宽,两端封闭)

83 根 φ20 mm@60 mm 通气孔
(沿廊道宽度方向布置)

20.0
25.5
69.4
270.0
35.1
R50.0
50.0

图 8-46 门楣推荐体型

所示,成果被设计采纳。主要特征参数:喉口宽度 20 mm、缝隙段进口 25.5 mm、缝隙段出口 35.1 mm、缝隙段长度 270 mm。另外,为便于通气管路加工布置,对 ϕ20 mm 通气支管进行了简化,直接在钢板上布置一排小孔。为降低通气主管的风速,避免通气时发出啸叫声,并提高通气设施的可靠性(防止出现一个主管被堵问题),布置两根 ϕ150 mm 的通气主管至闸墙顶,进口设计应考虑防堵。

由于大藤峡枢纽工程建设过程采取分阶段蓄水,当前船闸工作水头仅 20 余 m,实测通气量较小,在 0~0.1 m³/s 之间,阀门段无明显空化现象,门楣处于临界通气状态,实际通气效果还需等到大工作水头时检验。

六、富春江船闸

富春江水电站为低水头河床式电站,装机 6 台,总容量为 35.72 万 kW。大坝为混凝土重力式溢流坝,坝顶全长约 600 m,坝顶高程为 32.16 m,最大坝高为 47.7 m,从左岸往右岸依次布置河床式厂房、河床式挡水及溢流设施、船闸等建筑物。原有船闸布置在右岸,为 100 t 级船闸,闸室尺寸:102 m×14.4 m×2.5 m(长×宽×槛上水深)。其上闸首为大坝一部分,为挡水建筑物。富春江船闸扩建改造工程于 2016 年 8 月建成,2016 年 11 月 1 日通过交工验收并于 2016 年 12 月 1 日投入试运行。船闸试运行以来,富春江船闸扩建改造工程作为国内老旧通航建筑物改扩建的示范工程,受到国内外同行的高度关注。

富春江船闸所采用的门楣自然通气技术对门楣体型加工及施工有较严格的技术要求,自然通气设施"密闭、畅通、自然进气"是该技术能否发挥阀门防空化功能的关键点之一,同时门楣缝隙尺寸也是决定门楣能否自然通气的关键。试通航前的有水调试期间,富春江船闸已发现上、下游充泄水阀门均存在不同程度的门楣通气管通气不畅现象,但各阀门总体振动量级不大,在可接受的安全范围之内。经过近一年的试运行,随着船闸阀门各设备的进一步磨合,在中低水头运行时船闸阀门工作基本正常,但在高水头运行时,左上充水阀门逐渐出现振动加剧现象,对船闸长期安全运行极为不利。根据现场情况分析,富春江船闸门楣通气管基本上均无法正常通气,作为船闸充泄水阀门防空化技术的门楣通气措施已基本失效,由此所致的阀门空化是左上充水阀门振动加剧的主要原因。

经分析,造成富春江船闸门楣自然通气管不畅的可能原因为:通气设施与输水廊道没有完全隔绝;门楣通气管道各接口不密封;通气设施内部堵塞;门楣结构尺寸不符合设计要求。为确保富春江船闸安全运行,随后对其门楣通气设施进行全面检查及原型观测,对左上充水阀门提出了门楣体型改造方案并进行实施。在门楣体型改造完成后,再次进行现场观测,与改造前进行对比。观测表明,左上阀门门楣通气设施改造后,在阀门开启 18 s 后,2 根 7 cm 内径的通气管都能自然通气,最大通气风速达 11 m/s,在 0.4 开度停机、0.4 开度向 0.58 开度开启过程及 0.58 开度局部停机后 93 s 的范围内,门楣都能自然通气,通气历时504 s,充水阀门平均自然通气量约为 0.06 m³/s,最大通气量为 0.09 m³/s,闸室充水过程中门楣通气量与阀门吊杆行程开度关系见图 8-47。门楣完全不通气、不完全通气和正常通气情况下,阀门井的空化噪声对比见图 8-48,可以清晰看出门楣通气对抑制阀门段空化的重要性。

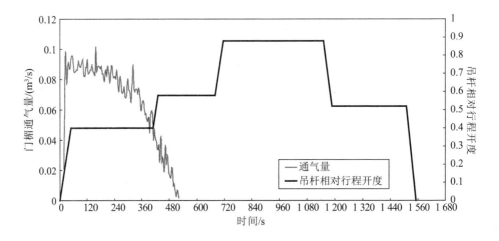

图 8-47　门楣通气量

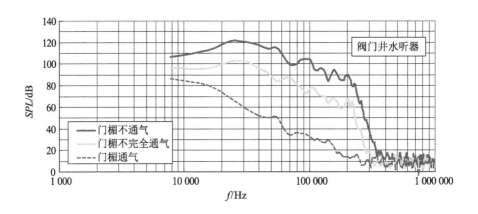

图 8-48　门楣通气与否典型波形的功率谱对比

参考文献

［1］ 胡亚安.五强溪三阶船闸输水阀门门顶缝隙1∶1切片模型试验研究［R］.南京:南京水利科学研究院,1992.

［2］ 胡亚安,郑楚珮,凌国增.高水头船闸反弧形阀门门顶缝隙流特性及其应用［J］.水利水运科学研究,1995(4):352-361.

［3］ 王新,胡亚安,严秀俊,等.高水头船闸阀门顶缝空化切片试验研究［J］.水利水运工程学报,2017(4):14-19.

［4］ Xu Q H, Xuan G X. New methods for preventing cavitation of high-lift ship lock valves in hydro-power projects ［C］//International Water Resources Engineering Conference—Proceedings V2 1998, ASCE, Reston, VA, USA, 1998: 1757-1762.

［5］ Wang X, Hu Y A, Zhang J M. Experimental study on anti-cavitation mechanism of valve lintel natural aeration of high head lock［J］. Journal of Hydrodynamics, 2020, 32(2): 337-344.

［6］ Wu B, Hu Y A, Wang X, et al. Experimental and CFD investigatations of choked cavitation characteristics of the gap flow in the valve lintel of navigation locks［J］. Journal of Hydrodynamics, 2020, 32: 997-1008.

第九章　高水头阀门顶止水切片试验

船闸是内河水运网重要的节点工程,其安全可靠运行影响到整个航道网的通畅。阀门是船闸输水系统的咽喉,在非恒定高速水流条件下频繁启闭,是船闸中容易出问题的运转设施。长期的运行维护表明,阀门顶止水极易损坏,尤其是高水头的船闸,已经成为影响船闸长期安全高效运行的主要问题。阀门开启之初顶止水与门楣(胸墙)形成小开度缝隙射流空化,易造成止水与阀门冲击型振动,止水损坏后漏水同样形成缝隙射流诱发止水与阀门自激振动,止水破坏问题很大程度上被归结为窄缝射流空化与自激振动问题,而相关的研究明显不足。因此,为探讨阀门顶止水工作特性与自激振动,本章节研发了能够真实反映止水状态的1:1切片试验装置(前文已介绍),深入开展止水水动力荷载、自激振动及各种影响因素研究,并提出止水工作条件改善措施。

第一节　阀门止水损坏问题

近年来,我国船闸建设呈现日益大型化、高水头发展趋势,建成一批具有代表性的高水头船闸,如葛洲坝、水口、五强溪、三峡、银盘等,其中三峡双线连续五级船闸,总水头达113 m,中间级水头45.2 m,其规模与技术难度均达到世界最高水平。阀门是船闸输水系统的核心,高水头船闸普遍采用启闭性能较优的反弧门形式,由于运转频繁,且处于非恒定流复杂流场中,工作条件十分恶劣。止水是阀门上的重要部件,船闸运行一段时间后常出现阀门静止挡水状态(不过流)时强烈自激振动现象,即由阀门止水损坏漏水引起。船闸阀门止水包括底止水、侧止水和顶止水,底止水自水口船闸、三峡船闸成功采用钢止水后一直沿用,效果很好;侧止水一般采用"Ω型"橡皮止水,长期运行实践表明其基本表现为正常的摩擦损耗,使用寿命较长;反弧门顶止水主要有"P型"和"半圆头型"两种橡皮止水形式,工程实践表明,顶止水是输水阀门最容易损坏的部件,主要表现为撕裂、剪断、磨损、翻卷等破坏形式。在长江航运较大的通航压力下,葛洲坝船闸和三峡船闸反弧门顶止水频频损坏,给船闸运行安全及效率带来较大不利影响。

一、止水应用与破坏现象

（一）葛洲坝船闸

葛洲坝船闸设计运行水头 27 m，是我国投运最早、极具代表性的高水头单级船闸，反向弧形门（简称"反弧门"）是葛洲坝船闸的重要运行设备，通过反弧门的开启实现闸室充泄水。1 号、2 号船闸阀门段孔口尺寸 5 m×5.5 m（宽×高），3 号船闸阀门段孔口尺寸 3 m×3 m，2 号、3 号船闸 1981 年 6 月开始通航。设计所用止水形式为顶、侧止水采用"P"型橡胶止水，底止水采用矩形橡胶（即平板橡皮），在顶止水和侧止水交汇处两端设有方形转角，底止水和侧止水交汇处构成 Y 形过渡封闭形式，共同完成封堵阀门周边缝隙的止水任务。反弧门在高水头时动水启闭，运行频繁，工作环境恶劣，结构受力复杂，相对船闸其他设备，故障率较高。反弧门的设备常见的故障主要有止水破损、止水压板变形、门体止水座板螺纹孔失效、螺栓螺纹受损、联门轴窜动、联门轴轴承磨损、反弧门面板气蚀等。其中顶止水破损漏水、门体止水座板螺纹孔失效、螺栓螺纹受损等故障经常发生，若不及时处理，在高水头作用下，将导致反弧门在启闭过程中发生门体异常振动，影响反弧门及启闭系统的正常运行，存在一定安全隐患。

最初葛洲坝 3 座船闸反弧门的顶止水和侧止水为"P"型，底止水为矩形。二、三号船闸运行中顶止水橡皮经常撕裂损坏，更换频繁。1989 年底 1 号船闸检修时同样发现充水门顶止水橡皮及止水压板撕裂损坏，压板 M20 连接螺栓有 1/2 被剪断在螺孔内，螺孔内螺纹拉坏变形。3 号船闸由于运行频率高，反弧门在运行检修中暴露出的问题较多，1990 年以来多次检修发现部分固定止水的螺栓及螺栓孔内螺纹锈蚀磨损。1995 年两次抢修发现底侧止水螺孔损坏，螺栓及压板松脱现象更为严重，右泄水阀门底止水压板松脱被冲走，侧止水固紧螺栓头部被磨平，门体上大部分止水座板螺孔严重拉伤，造成止水无法紧固。在分析找出 3 号船闸止水装置损坏原因的基础上，1997 年计划大修时，正式提出改进其止水装置的措施：将原有平头螺栓全部改为六角螺栓以增加固紧度；底止水橡皮加厚（由 21 mm 改为 41 mm），止水后缘加长并与压板齐平，适当增加螺栓数量并加防松动装置；止水座板全部改用 18MnMoNb 新型材料以提高强度。

由于阀门运行频繁并在动水中启闭，止水受动水作用影响很大。特别是在阀门小开度时，高速水流对止水的冲击很容易造成止水早期失效，从而引起阀门振动和空蚀破坏现象发生，例如，2 号船闸阀门支铰座地脚螺栓曾因振动普遍松动，个别甚至松退超过 100 mm 以及吊杆销轴压板螺栓等都曾多次因振动险些松脱，2 号、3 号船闸阀门大面积空蚀破坏等，这些对阀门运行安全都构成潜在威胁。

在阀门止水装置中,以顶止水工作条件最为恶劣。由于顶止水处于门顶缝隙的高流速区,因此失效最频繁。相关文献总结了葛洲坝船闸顶止水早期破坏问题,认为水力是其破坏的重要因素,主要有以下表现形式:

(1) 顶止水撕裂(图 9-1①);

(2) 止水变形翻卷失效;

(3) 橡皮头拐角处断裂(图 9-1②);

(4) 止水螺孔拉大横向位移;

(5) 橡皮头整齐剪断(图 9-1③)。

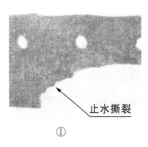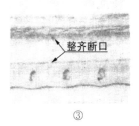

图 9-1　顶止水破坏形式

(二) 三峡船闸

三峡船闸为双线五级船闸,中间级最大工作水头 45.2 m,中间级阀门段孔口尺寸 4.2 m×4.5 m(宽×高),输水阀门运行频繁,每天运行约 22 次。在三峡船闸 2003 年通航后,反弧门顶止水橡皮多次发生损坏失效,造成反弧门漏水。据统计,自通航后到 2006 年 9 月,三峡船闸共更换反弧门顶止水橡皮 39 条,大部分在 4 闸首和 5 闸首,止水的平均寿命只有 8 个月,最短的在通航两个月就发生了损坏。

止水损坏后更换必须切除对应一侧阀门,船闸只能采取单边输水,一般检修更换时间约 2~3 天,单边输水运行时间较长,不仅延长了闸室输水时间,降低了通航效率,而且单边输水造成各项水力学指标增大,对金属结构和水工设施有较大的危害。因此,分析止水损坏失效原因、提高反弧门顶止水使用寿命具有重要意义。

2003 年 7 月至 2006 年 9 月,三峡船闸反弧门共损坏更换的 39 条顶止水的分布情况见表 9-1,止水损坏主要集中在 4、5 闸首,损坏形式多为撕裂,3 闸首有少量的止水损坏,其中真正在运行中漏水更换的只有运行初期的两条和 2006 年 8 月的两条,其余都是排干检查时的预防性换损。从 2、6 闸首的情况来看,反弧门顶止水的使用是比较成功的,使用寿命达到了 3 年以上,更换下来的止水橡皮符合正常性损坏，表面聚四氟乙烯被逐渐磨薄而露出橡胶，然后橡胶出现磨损和裂痕。阀门顶止水破坏情况如图9-2所示。

表9-1　阀门顶止水换损情况

位置	橡皮更换条数
2闸首	1
3闸首	8
4闸首	15
5闸首	13
6闸首	2

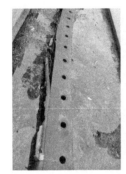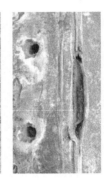

图9-2　阀门顶止水破坏情况

三峡船闸各级阀门的工作水头见表9-2，可以看出，止水的损坏数量和阀门的工作水头有明显的对应关系，工作水头越大，顶止水的损坏频率越高。高水头下止水的变形、高速缝隙射流的空化冲击剪切作用是橡皮损坏的主要原因。

表9-2　阀门的实际工作水头

运行水位	工作水头/m 水柱				
	2闸首	3闸首	4闸首	5闸首	6闸首
上游135 m 下游65 m	10	30	40	40	20
上游156 m 下游65 m	22.6	45.2	45.2	45.2	22.6

反弧门在挡水状态下顶止水变形量有两个影响因素：一是安装时橡皮与门楣的位置关系；二是在水荷载作用下的变形导致橡皮向门楣移动。关于止水橡

皮和门楣的位置,一般船闸施工安装时要求橡皮与门楣之间有 5 mm 的预变形,利用预变形达到封水的作用。在三峡船闸反弧门顶止水历次更换中,对安装提出要求,止水橡皮在阀门全关位的门体上蒙孔,与门楣间隙为 0,上压板后在螺栓预紧力的作用下在门楣上的变形为 2 mm。通过几年的运行,这种安全标准在 20~30 m 工作水头下是合适的,对于 40 m 以上的水头,止水的使用寿命达不到使用要求。

近年三峡船闸反弧门检修统计数据如下：2016 年度至 2017 年度,三峡船闸反弧门总检修次数 13 次,其中损坏更换顶止水 13 次;2018 年度三峡船闸反弧门总检修次数 14 次,其中损坏更换顶止水 11 次;2019 年度三峡船闸反弧门总检修次数 13 次,损坏更换顶止水 11 次;2020 年上半年三峡船闸反弧门总检修次数 4 次,损坏更换顶止水 4 次。可以看出历年三峡船闸反弧门顶止水检修率在 89%,经过现场检查情况顶止水损坏基本上为封水端破损、顶止水座板螺孔拔牙固定螺栓松动脱落。大部分顶止水更换后寿命不到两年就会损坏需再次更换,例如中南五 2016 年 10 月更换顶止水,2018 年 3 月中南五止水再次损坏更换等。

二、顶止水破坏原因与措施

(一) 破坏原因

反弧门顶止水损坏后检修更换较为麻烦,需要排干廊道,不仅耗费较大的人力、物力,还会影响船闸正常通航,延长顶止水的使用寿命,降低更换频率十分必要,也是保障三峡船闸和葛洲坝船闸长期安全、高效运行需要解决的技术难题。

经分析,止水失效的原因主要有以下几个方面：

(1) 阀门刚开启时,水压差使门顶水流以极高流速从缝隙喷射,如图 9-3 所

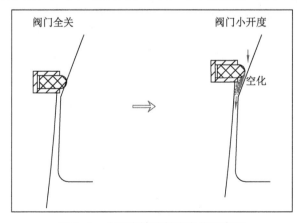

图 9-3 小开度缝隙射流空化示意图

示。顶止水受冲击变形较大,射流与止水弹性力作用致使止水像舌簧一样在高速水流中振动,最后将止水撕裂。

(2) 止水靠螺栓定位,振动导致螺栓松动,止水拉长变形翻卷撕裂。

(3) 止水压板圆弧棱角太锐,容易划伤圆弧与直线相交的 R 处。当止水受射流振动时,止水 R 处应力集中而断裂。

(4) 止水有弹性,安装时各处螺栓扭力及橡皮受压情况很难保持一致,局部止水受水压变形较大,使橡皮头边缘贴附不均匀而漏水。

(5) 阀门井内高压水柱与门体形成巨大剪切力,将止水沿橡皮头根部整齐剪断。

(二) 已采取的应对措施

鉴于顶止水失效频繁,不但消耗大量止水,而且影响运行安全和效率,在葛洲坝船闸运行一段时间后,对反弧门顶止水应用情况及应对措施进行了研究探讨,主要有以下几个方面:

(1) 从顶止水失效原因分析,认为提高止水安装精度和质量能增强止水抗破坏能力,对延长止水寿命、确保其可靠性有重要作用。

① 保证止水钻孔精度和螺栓扭力均匀度,能避免止水过早地横向滑移而变形撕裂。

② 顶水封压缩部位与门楣止水线必须平行,直线度要好,否则顶水封有透光现象,或在高压水柱作用下漏水。在号孔时,不能把橡皮的 P 头伸出过多,否则在高压水柱与门体自重的巨大剪切力作用下,会将止水沿橡皮头根部剪断。

③ 调整控制好两侧及前端的压缩量,确保顶止水安装成功。

在提高了钻孔精度和安装质量后,葛洲坝反弧门顶止水使用寿命比设计寿命(三个月)提高四倍以上。

(2) 消除压板锐角,如图 9-4 所示,以避免划伤止水拐角,可相应提高止水抗振、抗剪、抗应力集中的能力。

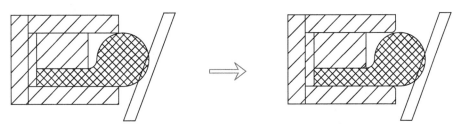

图 9-4　压板棱角修圆

（3）从顶止水结构和安装形式分析，改进顶止水结构形式，"P"型止水改为"半圆头"止水，如图9-5所示，消除了止水结构上的不足，半圆头止水的厚度为40 mm，头部圆弧半径为20 mm。

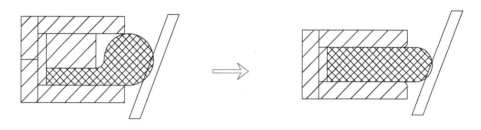

图9-5 改进止水结构形式

根据葛洲坝船闸反弧门顶止水日常维修情况，提出了一些认识：

（1）止水安装质量除前文所述的钻孔精度和安装精度等外，调试精度也极其重要。止水调试时，应重视其相关性，即顶底止水上下相关。

（2）当底止水达预压缩量后，顶止水刚好挨着门楣座，靠水压贴紧止水。因此，安装时必须先装底止水并压缩到位后，再按现场位置找正划线钻孔安装。否则，在底止水压缩到位后可能出现两种情况：一种为有缝隙，一种已受压变形。这两种情况可能导致缝隙射流和止水翻卷失效。

（3）阀门小开度对止水影响很大，应避免在小开度时长时间停留。然而，阀门开启时间由液压启闭机提升速度和行程控制。运行中，应特别重视油缸泄漏可能引起的阀门提升缓慢或爬行。

通过长期的研究实践，葛洲坝顶止水使用寿命有一定的延长，但其损坏的频率依然较高，阀门顶止水破坏仍是葛洲坝船闸运行中亟须解决的一个技术难题。

三、研究进展与不足

20世纪80年代葛洲坝船闸建成投运之后，反弧门顶止水的振动、破坏问题逐渐显现，止水是阀门上的重要部件，船闸运行一段时间后常出现阀门静止挡水状态时强烈自激振动现象，即由阀门止水损坏漏水引起。阀门止水包括底止水、侧止水和顶止水，底止水采用钢止水效果很好，侧止水采用"Ω型"橡皮止水，表现为正常的摩擦损耗，反弧门顶止水主要有"P型"和"半圆头型"两种橡皮止水形式，由于顶止水处于门顶缝隙的高流速区，工作条件最为恶劣，故失效最频繁。李家熹曾对反弧门顶止水的破坏形式进行总结分析，指出顶止水是输水阀门最容易损坏的部件，主要表现为撕裂、剪断、磨损、翻卷等破坏形式，认为阀门小开度高速射流空化是止水损坏的主要原因。居祥对阀门止水失效性进行分析并提出止水失效相应的解决对策,从顶止水失效原因分析,提高止水安装精度,能增强止水抗破坏能力,延长止水寿命,确保其可靠性。

根据工程实践总结的反弧门顶止水的各种破坏形式,从顶止水的形式、材料、安装等方面开展过大量研究,并取得一定进展。在顶止水形式方面,从早期的"P"型发展为目前广泛应用的"半圆头"型,止水的应力集中问题得到很大改善;在材料方面,顶止水基本上都采用橡胶材料,为提高其强度并仍保持足够的韧性,曾开展过大量的材料配方研究,对比研究过橡胶、尼龙、聚乙烯、橡塑合成材料等,包括在橡胶中添加进口的树脂调节其硬度,其中橡塑合成材料的致命点是彼此胶合后塑料可塑性大,易产生永久变形,HS 型(橡胶外加一定辅料)止水材质无论从断面的抗弯强度还是沿其长度方向抗弯强度以及封水效果都优于普通的止水材质,目前阀门顶止水材料依然采用橡胶外加一定辅料以调节其变形特性。王新曾针对影响高水头船闸阀门顶止水使用寿命的几个因素,提出三种不同配方材料,研究止水材料的应力应变、抗冲磨特性,制作"P 型""半圆头型"两种顶止水试件,研究顶止水的安装变形、不同水压作用下的变形特性,为顶止水的材料配方优化、安装控制等提供依据。栗秉忠介绍了充气式橡胶止水袋的结构特点、工作原理、适用条件以及应用情况,并与常见的顶止水结构形式、止水效果以及安全可靠性进行了比较。研究表明,橡胶止水袋适用于北方地区多泥沙、有冰冻问题的弧形闸门顶止水,是中小型水库闸门顶止水设计或改造的理想方案。

阀门顶止水的工作状态与其安装控制也有密切关系。三峡船闸反弧门顶止水历次更换中,止水橡皮在阀门全关位置紧贴门楣,拧紧压板后在螺栓预紧力作用下,止水橡皮在门楣处压缩变形约 2 mm。通过几年运行发现,这种初始安装位置要求对 20～30 m 的工作水头是合适的,但对于三峡中间级船闸 40 m 以上的工作水头并不合适。针对三峡船闸阀门顶止水频繁破坏问题,在现场开展过顶止水初始安装间距影响试验,因为顶止水在高水头下受力变形较大,提出减小顶止水的初始安装压缩量,但实际效果并不明显,阀门顶止水依然经常损坏,使用寿命很难达到预期要求。魏述和曾针对高水头船闸反弧门顶止水安装变形的问题,采用止水切片试验和数值模拟相结合的方法,研究半圆头型止水在不同安装荷载作用下的变形轮廓、位移变形、头部凸起和接触宽度等安装变形规律及等效应力分布规律。尹斌勇针对株洲船闸与大源渡船闸的人字门在充、泄水过程中水位差较小时(一般在 0.5～3 m)出现振动问题,分析了造成止水漏水进而引起振动的各种原因,并提出了改进水封结构的应对措施。另外,张绍春通过某高水头弧形闸门伸缩式水封的切片试验,研究 3 种不同形式止水的变形及封水性能,认为伸缩式水封中采用软硬不同的复合断面性能最佳。国外近年来关于闸阀门止水自激振动的研究偏少,更多关注旋转机械中橡胶止水与液体的相互作用及密封问题,尤其在数值模拟方面研究较为广泛。

综上,反弧门顶止水破坏的原因非常复杂,受止水的形式、材料、安装、工作条件等诸多因素影响。葛洲坝曾采用"P 型"顶止水,经常因止水板与头部连接处应力集中被剪断。三峡船闸阀门采用"半圆头型"。美国也曾提出船闸反弧门不同顶止水形式的工作水头适应范围。阀门顶止水基本采用橡胶材料,为提高其强度并仍保持足够的韧性,曾开展过材料配方研究,对比过橡胶、尼龙、聚乙烯、橡塑合成材料等。顶止水的安装涉及止水与胸墙间初始间距的控制,如阀门处于关闭状态时顶止水要求预压 3~5 mm;阀门关闭挡水状态,顶止水在高水头作用下发生较大变形,与工作水头关系密切。相关研究大多关于水工钢闸门止水的性能,其止水形式及要求与船闸阀门存在很大差异,对于高水头阀门顶止水的研究甚少。基于已有的研究进展及存在的不足,本章节针对影响高水头船闸阀门顶止水使用寿命的几个因素,利用研发的 1∶1 切片试验装置,开展不同材料、不同形式的顶止水水动力特性及自激振动问题研究,揭示顶止水自激振动机理,并提出可行的顶止水工作条件改善措施,服务于高水头船闸工程。

第二节　顶止水窄缝射流水动力特性

一、试验设计

开展阀门顶止水水动力荷载特性研究,首先需要对止水试件、测点布置、传感器安装、走线与密封、止水安装、压板、测试设备、试验工况等进行设计。

（1）测点布置与测试设备

根据三峡船闸阀门顶止水尺寸,制作外形一致的有机玻璃模型,止水厚度为 60 mm,为获得止水和门楣表面的动水压力,在有机玻璃止水试件及胸墙边壁上布置 13 个压力测点,编号 $P_1 \sim P_{13}$,如图 9-6 所示,其中 $P_1 \sim P_8$ 布置在止水半圆头上、$P_9 \sim P_{13}$ 布置于与止水头部对应位置的胸墙上,测点均位于切片装置的中断面上,布置 13 支脉动压力传感器测试动水荷载。图 9-7(a)为止水有机玻璃模型及止水内部压力传感器安装点位,(b)为止水安装到试验装置内的测试图,(c)为装置内压力传感器走线与密封。

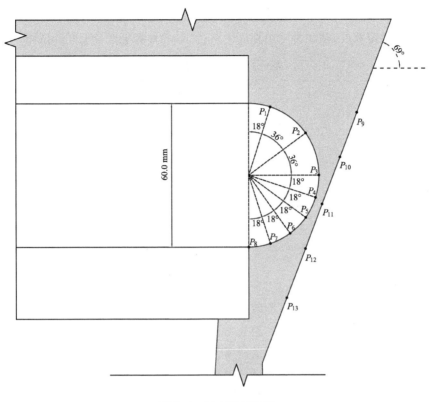

图 9-6 压力测点布置

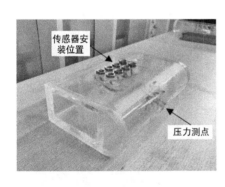

（a）止水试件

（b）止水安装

（c）装置密封

图 9-7 止水有机玻璃试件安装及测试系统

（2）试验工况

　　考虑到船闸阀门不同工作水头、阀门开启止水与胸墙窄缝逐渐增大过程等，高速射流空化水动力荷载特性研究主要考虑了上下游压力（水位）组合、不同缝隙宽度的影响,试验工况组合见表9-3,在止水压板长度不变的情况下,改变3种不同的缝隙宽度,在每种缝隙宽度下进行了32种水位组合工况的试验。

表9-3 空化试验工况组合

缝隙宽度/mm	上游压力/m水柱	下游压力/m水柱
1.5 2.5 3.5	5	0、1、3
	10	0、1、3、5、7
	15	0、1、3、5、7、9
	20	0、1、3、5、7、9
	25	0、1、3、5、7、9
	30	0、1、3、5、7、9

二、水动力荷载特性

(一) 空化流态特征

开展顶止水1∶1切片试验装置水动力荷载特性试验,同时也是对装置性能进行调试的过程。试验过程中,空化流态主要从试验段侧面透明有机玻璃观察窗观测,可看出不同空化状态的发展变化过程。首先,通过缓慢调节旁通的调水阀门,控制稳压箱内的压力以及通过试验段的流量,使进口压力和过流流速缓慢增大,不断升高上游压力,同时调节出口阀门控制下游压力,固定下游压力,使工作段从无空化到初生空化再到空化发展、强空化等不同状态,如图9-8所示,从

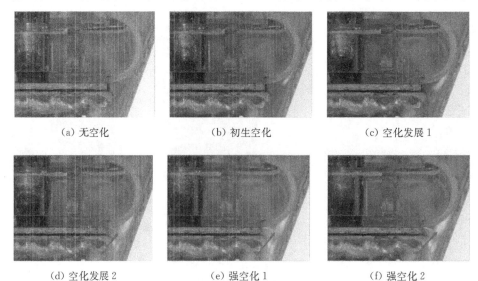

(a) 无空化　　　　　　　(b) 初生空化　　　　　　　(c) 空化发展1

(d) 空化发展2　　　　　　(e) 强空化1　　　　　　　(f) 强空化2

图9-8 上游水压变化时空化形态

试验段侧面有机玻璃观察窗可以看出不同空化状态的发展变化过程，u 代表 Up（上游作用水头/m 水柱），d 代表 Down（下游作用水头/m 水柱）。

从空化形态可以看出，在压力和流速较小时已经发生明显的空化现象，空化发生于止水与胸墙形成的缝隙流最窄断面位置的止水表面，即在 P_4 和 P_{11} 测点附近，呈云状空化，从止水表面向下游输运扩散。随着上游压力和流速的不断增大，空化不断增强，表现为空化噪声增强、空化气泡扩散范围逐渐向下游延伸等。从止水空化流态也可以看出，在空化较弱时，空化泡尚会在止水下表面附近溃灭，但随着空化的不断增强，空化泡的溃灭区域向下游转移，逐渐远离止水下表面，此时止水表面的空化冲击荷载作用应不明显，但需要结合实测动水压力分析。

上游压力影响喉口位置的流速与压力，决定了空化条件，下游压力影响空化气泡群溃灭作用的位置。图 9-9 为在不同下游压力条件下止水空化流态特征。当下游压力为 0 kPa、10 kPa（10 kPa＝1 m 水柱）时，下游压力较低，空泡随水流扩散较远，作用于试件下表面大部分范围内；当下游压力为 50 kPa、70 kPa 时，下游压力增大，空泡溃灭区域向上游压缩；当进一步增大下游压力至 90 kPa 时，空泡溃灭区继续向上游压缩，集中于试件与门楣缝隙最窄的位置。

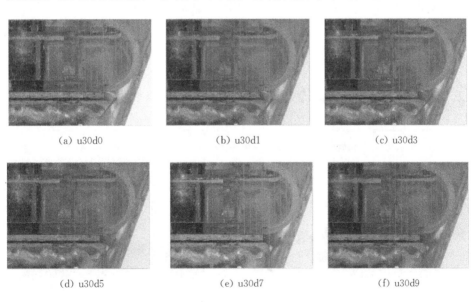

(a) u30d0　　　　　　　(b) u30d1　　　　　　　(c) u30d3

(d) u30d5　　　　　　　(e) u30d7　　　　　　　(f) u30d9

图 9-9　下游水压变化时空化形态

（二）射流空化动水荷载特征

空化空蚀发生装置的空化作用与上游压力、下游压力密切相关。选取止水缝隙宽度 2.5 mm，以上游压力（p_u）50 kPa、100 kPa、150 kPa，下游压力（p_d）0 kPa 的试验工况为例，考察作用于试件表面的压力特性。

从试验装置侧面的有机玻璃观察窗可以看出，三种工况下，止水缝隙段均发生较强空化，受上游压力影响，缝隙段空化发生及扩散的范围有所差异。当上游压力为 50 kPa 时，缝隙段最大流速约 10 m/s，上游压力较低，水流扩散较近，空化泡溃灭在试件与门楣缝隙最窄位置处；当上游压力为 100 kPa 时，上游压力增大，缝隙段最大流速约 14 m/s，射流速度增大，空化溃灭区域向下游延伸；当进一步增大上游压力至 150 kPa 时，缝隙段最大流速约 17 m/s，射流速度进一步增大，空化溃灭范围继续向下游延伸，影响范围不断扩大。

不同的上游压力条件下，试件表面 P_4、P_5、P_6、P_7 测点荷载如图 9-10～图 9-12 所示，空化泡群在试件表面与门楣处溃灭，产生非恒定的冲击型荷载，在传感器 2 mm 直径的感应面情况下，实测荷载在 80 kPa 内。实测荷载变化规律与空化泡流态吻合，当上游压力为 50 kPa 时，试件表面空化泡冲击范围较小，位于止水试件与门楣缝隙段最窄处的 P_4、P_5 测点均有明显的冲击荷载作用，其下方的测点 P_6、P_7 冲击效果不明显；当上游压力增大为 100 kPa 时，空化泡溃灭区下移，P_4、P_5 测点冲击荷载明显减弱，P_6、P_7 测点有脉冲荷载的趋势；当上游压力增大至 150 kPa 时，空化泡群溃灭作用区集中于测点 P_6、P_7。

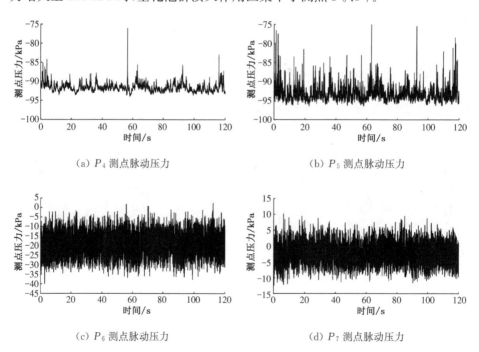

（a）P_4 测点脉动压力

（b）P_5 测点脉动压力

（c）P_6 测点脉动压力

（d）P_7 测点脉动压力

图 9-10　测点脉动压力时域过程（u5d0）

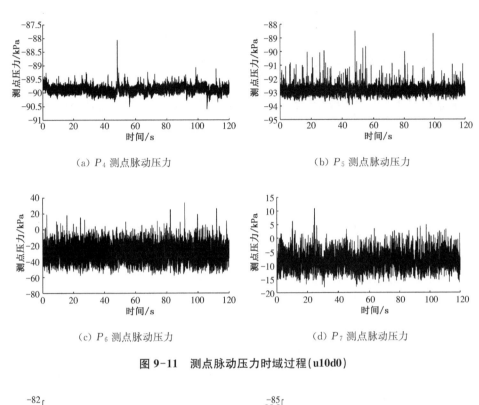

（a）P_4 测点脉动压力　　　　　　　（b）P_5 测点脉动压力

（c）P_6 测点脉动压力　　　　　　　（d）P_7 测点脉动压力

图 9-11　测点脉动压力时域过程（u10d0）

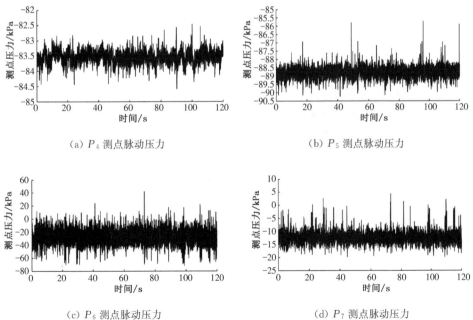

（a）P_4 测点脉动压力　　　　　　　（b）P_5 测点脉动压力

（c）P_6 测点脉动压力　　　　　　　（d）P_7 测点脉动压力

图 9-12　测点脉动压力时域过程（u15d0）

（三）窄缝时均压力分布特征

（1）压力分布基本规律

以缝隙宽度 2.5 mm 为例，任取上述表中一种上下游压力组合工况进行分析，如上游压力为 25 m（250 kPa）水柱、下游压力为 5 m 水柱，缝隙内部时均压力分布见图 9-13。可以看出，止水窄缝类似先收缩后扩散的缩放型 Venturi 管，如图 9-14 所示，约在 P_4 测点附近断面最窄，类似为喉口，在上方的收缩段，受

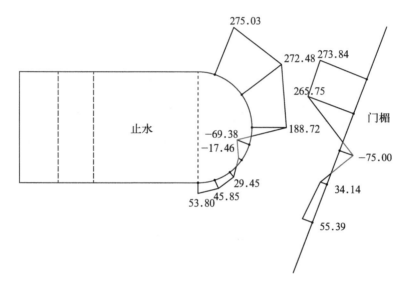

图 9-13　缝隙内时均压力分布图（单位：kPa）

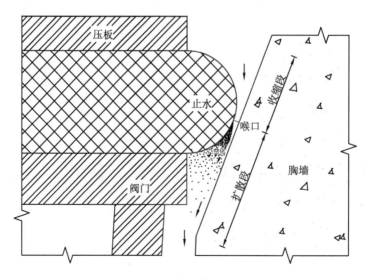

图 9-14　缝隙分段示意图

上游压力控制，P_1 点处断面较宽，流速较小，压力基本为静压，随着缝隙向下，断面不断收缩，缝隙宽度逐渐减小，相应的流速不断增大，表面的压力不断降低，到达最窄断面 P_4 测点附近，缝隙流速最大，压力降到最低，出现较大的负压，发生空化，在最窄断面之后即进入了扩散段，受下游压力控制，负压逐渐增大，直至变为正压。止水头部表面和胸墙的沿程压力分布规律基本一致，在本工况 20 m 水头条件下，止水上下表面的受力差异明显，在较大的上表面压力和下表面局部拉力共同作用下，止水将向下或右下拉伸变形。另外，初步可以看出，窄缝沿程压力分布规律与上游压力和下游压力关系较为密切。

（2）上游压力影响

以止水缝隙宽度为 2.5 mm 为例，研究上游压力对缝隙内压力分布的影响。控制下游压力为 0，保持不变，从 5 m 水柱到 30 m 水柱，不断增大上游压力，不同工况下的缝隙内时均压力分别见图 9-15。可以看出，各工况下缝隙段时均压力分布同上述基本规律，由于下游压力控制为 0，故造成止水下表面压力均为负压。

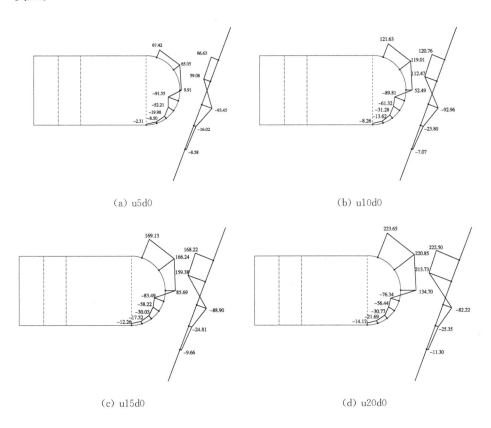

（a）u5d0

（b）u10d0

（c）u15d0

（d）u20d0

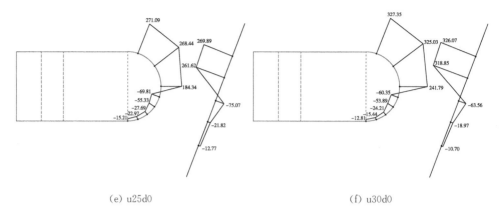

(e) u25d0   (f) u30d0

图 9-15 不同上游水头下时均压力分布图(单位：kPa)

根据上述试验数据,绘制缝隙内时均压力随上游压力变化曲线于图 9-16。可以看出：位于止水试件上方的 P_1、P_2、P_3、P_9、P_{10} 测点压力变化趋势一致,受上游压力控制,随着上游压力的增加,各测点压力基本呈线性增大;位于缝隙最窄断面附近的 P_4、P_5、P_{11} 测点压力变化趋势一致,随着上游压力的加大,各测点压力不断增大,其中 P_4 和 P_{11} 测点更靠近上游,受上游压力辐射影响要大于

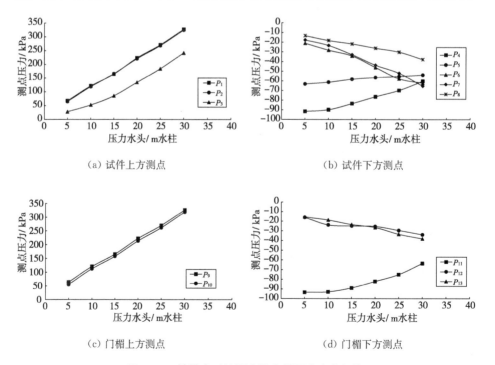

(a) 试件上方测点   (b) 试件下方测点

(c) 门楣上方测点   (d) 门楣下方测点

图 9-16 缝隙内时均压力随上游压力变化规律

P_5 测点;位于止水试件下方的测点 P_6、P_7、P_8、P_{12}、P_{13} 测点压力变化趋势一致,随着上游压力的增加,各测点压力逐渐减小,空化效果增强,结合 P_4、P_5 测点看,缝隙段最低负压区随着上游压力的增大逐渐下移,缝隙段的空化范围不断延伸,与前述的空化流态分析吻合;当下游压力不变、上游压力逐渐增大,止水头部的上表面正压不断增大,将止水向下压缩作用增强,而头部下表面的负压不断减小,将止水向下拖拽作用也增强,对止水的总体变形产生更大的影响。

（3）下游压力影响

仍以缝隙宽度 2.5 mm 为例,研究下游压力对缝隙段压力分布的影响。保持上游压力 30 m 水柱不变,将下游压力从 0 m 水柱逐渐增大到 9 m 水柱,测试获得缝隙内各测点的时均压力,将各工况下缝隙段止水表面和胸墙上的压力分布绘于图 9-17,缝隙段各测点时均压力随下游压力变化曲线见图 9-18,可以看出以下变化规律:下游压力增大对缝隙段压力分布影响明显,尤其对缝隙的扩散段,随着下游压力的不断增大,止水头部下表面各测点的时均压力不断增大,表面负压区域逐渐缩小,空化发生及影响的范围逐渐被压缩;在试验窄缝条件下,下游压力变化对缝隙上游收缩段压力影响较小,因下游压力不断增大的顶托作用,缝隙段流量略有减小,导致 P_3、P_4、P_{11} 测点的压力略有增大。

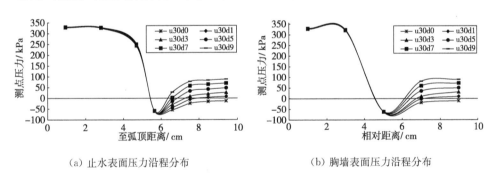

（a）止水表面压力沿程分布　　　　　（b）胸墙表面压力沿程分布

图 9-17　不同下游压力下时均压力分布规律

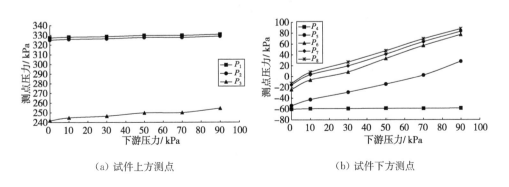

（a）试件上方测点　　　　　　　（b）试件下方测点

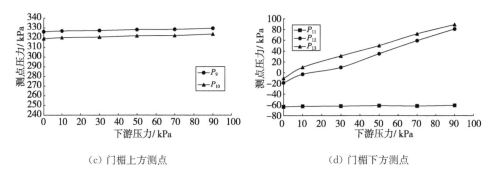

(c) 门楣上方测点 (d) 门楣下方测点

图 9-18 各测点时均压力与下游压力的关系曲线

(四) 窄缝射流脉动压力能量分布特性

水流经过止水头部圆弧面后会产生旋涡,可能是引起缝隙内压力脉动的主要因素,为考察脉动压力的主要能量分布特性,对其进行频谱分析。动水脉动压力的频域能量分布特征用自功率谱密度 s_{xx} 来表述:

$$s_{xx}(f) = 4\int_0^\infty R_{xx}(\tau)\cos(2\pi f\tau)d\tau \tag{9-1}$$

式中,R_{xx} 为自相关函数:

$$R_{xx}(\tau) = \lim_{T\to\infty} 1/T\int_0^T x(t)x(t+\tau)dt \tag{9-2}$$

式中,t 表示时间;τ 表示时间间隔;f 表示频率。

(1) 能量分布基本特征

仍以缝隙宽度 2.5 mm 为例,任意选取一组工况(上游压力 25 m 水柱、下游压力 5 m 水柱)分析止水表面脉动压力的能量分布特征,该工况下止水表面 8 个测点的功率谱密度曲线见图 9-19。可以看出:止水上表面 P_1 和 P_2 测点均表现为水流正常低频的随机脉动特性,止水顶部压板略有干扰,P_3 测点除低频脉动外,还有频率为 37 Hz 左右的高频扰动;P_4 测点位于压力相对稳定的负压区,水流脉动频率较低、能量很弱;P_5、P_6 测点处于空化作用区,脉动能量总体较强,频率分布较宽,P_5 测点脉动能量主要集中在 30 Hz 内,P_6 测点能量主要集于 40～80 Hz 内,优势频率约 60 Hz;P_7 和 P_8 测点脉动频带逐渐收窄,脉动能量也逐渐减弱,主要能量区的优势频率分别为 46 Hz 和 22 Hz。上述分析表明,缝隙射流止水表面存在频带较宽、频率较高的扰动,是引起止水自激振动的原因之一。

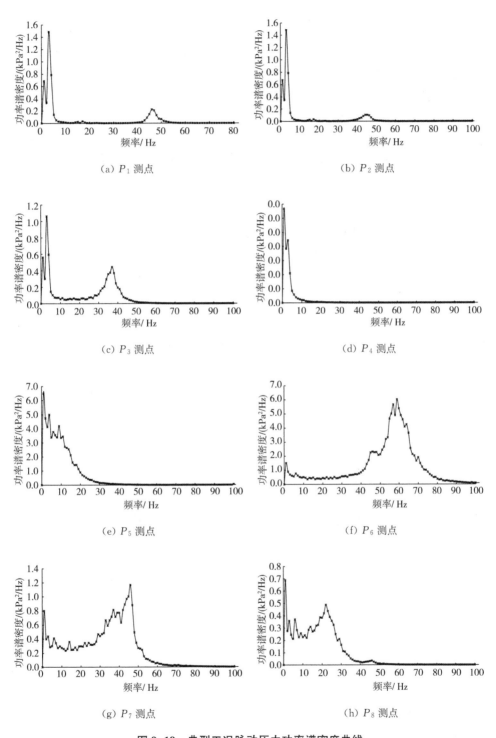

(a) P_1 测点

(b) P_2 测点

(c) P_3 测点

(d) P_4 测点

(e) P_5 测点

(f) P_6 测点

(g) P_7 测点

(h) P_8 测点

图 9-19　典型工况脉动压力功率谱密度曲线

（2）上游压力影响

为进一步探讨上游压力对止水表面脉动压力能量分布特征的影响，选择缝隙宽度 2.5 mm、下游压力为 0 不变、上游压力不断增大的一组工况进行深入分析。根据前文分析，选择具有典型的扰动荷载的 P_3 和 P_6 测点为例，不同上游压力条件下两个测点的脉动压力功率谱密度曲线见图 9-20。可以看出：止水上表面 P_3 测点的脉动压力能量分布受上游压力影响较大，随着上游压力的增大，即缝隙流速增大，P_3 测点的扰动频率和能量逐渐增大；上游压力对止水下表面的脉动荷载能量分布也有明显的影响，在上游压力较低时，随着压力增大，P_6 测点扰动频率和能量不断增大，但在压力增大到 20 m 水柱后，扰动频率主频不再增大，相对稳定。两个测点脉动压力主要能量区的优势频率随上游压力的变化规律见图 9-21，可以直观看出，P_3 测点优势频率与上游压力总体上呈线性增大，P_6 测点优势频率随上游压力增大表现为先增大后平稳的总体趋势，可见，上游压力影响较为显著。

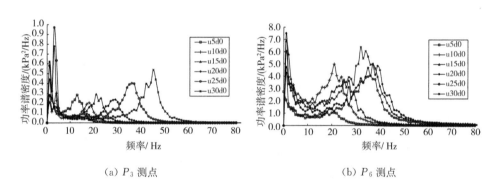

（a）P_3 测点　　　　　　　　　　（b）P_6 测点

图 9-20　不同上游压力条件下典型测点脉动压力功率谱密度曲线

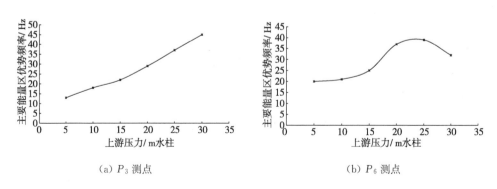

（a）P_3 测点　　　　　　　　　　（b）P_6 测点

图 9-21　主要能量区优势频率随上游压力的变化规律

（3）下游压力影响

选择缝隙宽度为 2.5 mm、上游压力为 30 m 水柱不变、不断增大下游压力的一组工况，分析下游压力对止水表面脉动压力能量分布特征的影响。各典型测点的功率谱密度曲线见图 9-22，可以看出：下游压力变化对止水上表面的脉动压力能量分布没有影响，如 P_3 测点，不同下游压力下功率谱密度曲线基本未变；不同下游压力条件下，止水下表面测点 $P_5 \sim P_7$ 脉动压力功率谱密度曲线变形明显。随着下游压力增大，缝隙射流受下游顶托，各测点脉动压力频带变宽，P_5 测点位于 P_4 和 P_6 测点之间，扰动从无到有，频率和能量逐渐增大，P_6、P_7 测点扰动频率不断增大，而能量总体呈减弱趋势。由上述分析可知，下游压力对止水下表面的脉动压力能量分布影响较大，扰动频率变化较为灵敏，变化范围较宽，将影响止水的自激振动特性。

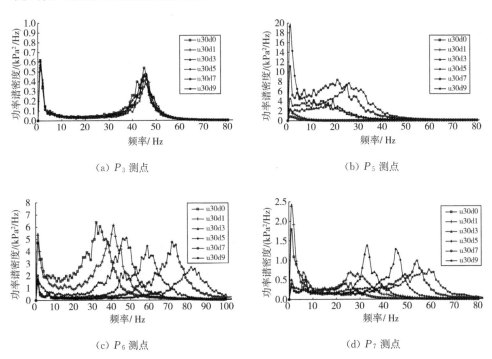

(a) P_3 测点　　　　　　　　　　　　(b) P_5 测点

(c) P_6 测点　　　　　　　　　　　　(d) P_7 测点

图 9-22　不同下游压力条件下典型测点脉动压力功率谱密度对比

三、缝隙宽度影响

在阀门开启过程中，顶止水与胸墙逐渐分离，所形成的窄缝宽度不断增大，为反映开启过程中窄缝宽度的影响，进行了三种不同缝隙宽度研究对比，缝隙宽度分别为 1.5 mm、2.5 mm 和 3.5 mm，主要通过缝隙内时均压力分布和脉动能量分布来阐述其影响。

（一）缝隙宽度对时均压力的影响

选择上游压力分别为 5 m、15 m、25 m 水柱，下游压力固定为 0 的三种组合工况，分析缝隙宽度对时均压力的影响。以上游压力为 15 m 水柱为例，在相同的上下游压力条件下，给出了不同缝隙宽度下各测点的时均压力统计，各测点时均压力随缝隙宽度的变化见图 9-23。可以看出：随着缝隙的增大，止水上部测点正压呈减小的趋势，这与测点位置断面平均流速增大有关；而止水下部测点负压呈增大的趋势，反映出空化在逐渐减弱，胸墙上沿程压力分布表现出同样的变化规律。分析表明，随着阀门开启，止水与胸墙缝隙不断增大，缝隙空化在逐渐减弱。

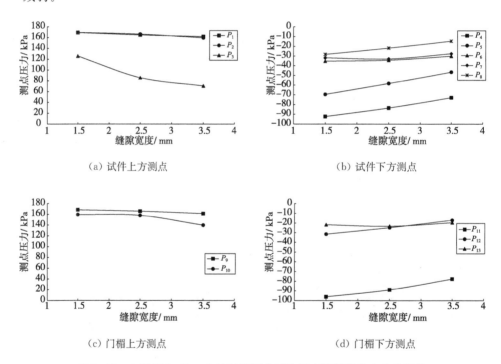

图 9-23　上游压力 15 m 水柱时各测点时均压力随缝隙宽度变化规律

（二）缝隙宽度对脉动压力频域特征的影响

以上游压力 5 m 水柱、下游压力 0 m 水柱为例，不同缝隙宽度下典型测点脉动压力功率谱密度曲线对比见图 9-24。P_4 测点位于最窄断面附近负压区内，压力较为稳定，脉动频带较窄，随着缝隙增大，低频脉动能量增大明显，压力脉动逐渐增强；P_5 测点表现出与 P_4 测点同样的规律，脉动能量随缝隙宽度增大而增大；P_6 和 P_7 测点在低频脉动的基础上，频带增宽，出现较明显的扰动频率，随着缝隙宽度的增大,扰动主频总体上呈减小的趋势。低频脉动能量的增大、扰动主频的降低均是缝隙空化减弱的反映。

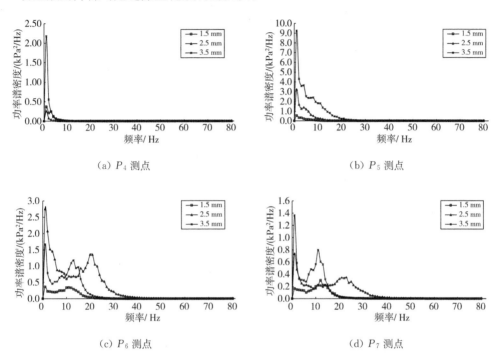

（a）P_4 测点　　　　　　　　　　　　（b）P_5 测点

（c）P_6 测点　　　　　　　　　　　　（d）P_7 测点

图 9-24　不同缝隙宽度下典型测点脉动压力功率谱密度曲线

第三节　顶止水变形工作特性

一、试验设计

（一）试验材料

以目前高水头船闸阀门顶止水所采用的橡胶材料为基础,改变配方调整止水的弹性和硬度,共形成三种止水材料配方（HC1～HC3）进行试验。利用邵氏硬度计测试了三种止水材料的硬度,每种材料试件测试 3 个不同位置,取平均值,三种配方材料平均硬度差异明显,由软到硬处于三个基本等差的硬度级,分别为（60±5）邵 A、（70±5）邵 A、（80±5）邵 A,其中配方 2 为目前高水头船闸阀门顶止水材料。另外,利用万能试验机进行止水材料抗拉和抗压试验,获得不同配方材料的应力-应变关系,如图 9-25 所示。止水橡胶材料本构关系体现出明显的非线性特性,变形模量变化与硬度基本对应,随硬度增大,变形模量逐渐增大。

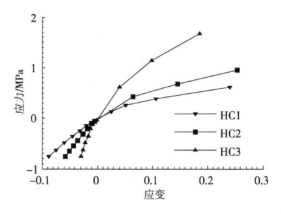

图 9-25 不同配方材料应力-应变关系

（二）试件制作及安装

在考虑不同材料配方的基础上，试验也考虑不同止水形式，主要包括高水头船闸目前采用的"半圆头型"顶止水和常用的阀门"P"型顶止水两种，"P"型顶止水包括正向和反向两种安装方案。在止水变形试验中，主要开展了顶止水的安装变形和工作中的水压变形工况。

利用三种配方材料制作"P"型和"半圆头"型两种阀门顶止水，如图 9-26 所示，其中"P"型止水安装为正装，开展不同材料、不同形式顶止水的变形特性及自激振动的试验研究。动水压力作用试验水头从低到高逐步进行，每次增加10 m水头，止水的变形利用固定相机通过侧面有机玻璃观察窗观测，然后用计算机进行图像处理，得到变形轮廓和变形量。止水自激振动现象采用高速摄像机拍摄，通过图像处理获得止水振幅和周期。

(a) 试件   (b) 安装

图 9-26 顶止水试件及安装

二、安装变形特性

在考察不同配方顶止水的安装变形特性时，包括两种初始状态安装试验：其一是安装前止水与胸墙相贴，主要考察止水与胸墙间的挤压变形；其二是安装前止水与门楣之间留有一定初始间隙,主要考察安装荷载下止水头部的自由伸长量。各止水试件安装施加荷载的过程完全一致,分多个阶段进行,每达到一定安装荷载后,观测止水的变形。止水与门楣无初始间隙情况,在相同的安装荷载(145.4 N·m)下,三种配方"半圆头型"止水的变形见图 9-27,很明显,配方 1 变形最大,在压板压缩下,止水头部向外凸起变形,配方 2 变形适中,配方 3 变形最小,几乎没有发生变形。止水与门楣有初始间隙情况下,不同配方材料"半圆头型"止水头部的伸长量随安装荷载的变化见图 9-28,止水的变形随安装荷载的增大而逐渐增大,近似呈线性关系,三种配方的变形规律同前,配方 1 变形最大,配方 2 适中,配方 3 最小,总体上反映了材料的变形模量差异,145.4 N·m 安装扭矩作用下,止水头部的伸长量分别为 2.6 mm、1.5 mm 和 0.7 mm。总体上看,随着安装荷载的增大,止水的变形逐渐增大,反映了不同材料性能的差异。材料过软变形偏大,材料过硬变形偏小,对止水密封效果均不利,配方 2 变形适中,相对较优。

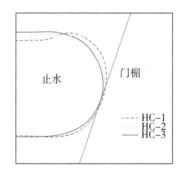

图 9-27 不同配方试件变形轮廓　　图 9-28 不同配方试件变形与安装荷载的关系

　　图 9-29 为不同安装荷载条件下切片试验和数值模拟获得的止水变形结果。左边是试验照片,右边为计算变形云图,试验和数值模拟结果显示,止水在逐渐

(a) 0 N·m

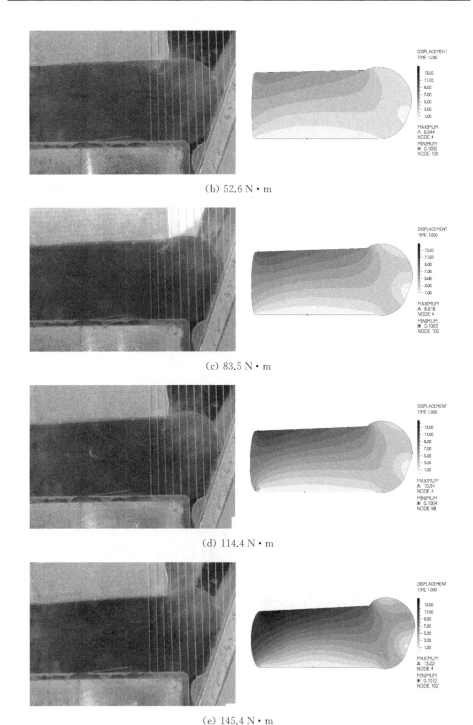

(b) 52.6 N·m

(c) 83.5 N·m

(d) 114.4 N·m

(e) 145.4 N·m

图 9-29 止水安装变形试验和数值计算结果对比(单位：mm)

增大的预紧扭矩作用下,压板挤压止水压缩变形,与上压板接触的止水上表面竖向压缩,止水头部向右伸长,并在倾斜胸墙的约束下,向上凸起;随着预紧扭矩增大,止水与胸墙接触愈加紧密,接触宽度逐渐增大;从变形特性看,试验和数值模拟结果吻合较好。

以螺栓中心、止水上表面为基准,测量止水头部受门楣约束时的凸起高度。头部凸起高度变化如图 9-30 所示。未加载时,由于上压板的自重作用,止水受压,头部产生 1.17 mm 的凸起;逐渐加载,半圆头型止水头部向上凸起高度逐渐增大,切片试验结果显示,安装扭矩从 52.6 N·m 增大到 145.4 N·m 时,凸起高度从 2.41 mm 增大到 8.47 mm,近似线性变化。数值模拟表明,同样加载方式凸起高度从 3.27 mm 增大到 8.97 mm,与试验结果契合。研究表明,随着安装扭矩增大,头部凸起高度相应增大,变化近似线性。

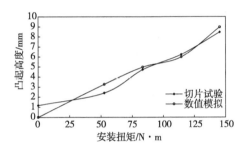

图 9-30　止水头部凸起高度

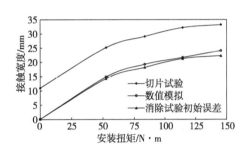

图 9-31　止水头部与胸墙接触宽度

水密性和止水座板间的接触宽度密切相关,图 9-31 为止水座上止水橡胶的接触宽度变化曲线,安装扭矩增大,接触宽度相应增大。安装扭矩施加前,由于上压板的自重作用,止水受压,半圆头部位置与止水座接触宽度为 11 mm;逐渐加载,头部与止水座进一步压紧,接触宽度继续增大,切片试验结果显示,安装扭矩从 52.6 N·m 增大到 145.4 N·m 时,接触宽度从 25.2 mm 增大到 33.2 mm,呈非线性变化趋势;数值模拟表明,同样加载时接触宽度从 14.9 mm 增大到 24.1 mm,与试验结果变化规律相同。试验与数值模拟的接触宽度存在约 10 mm 的初始误差,这是由试验加载前上压板的自重导致的。分析表明,随着安装扭矩增大,止水座上橡胶接触宽度相应增大,呈非线性增大趋势。

三、水压变形特性

以配方 2 材料为基础,进行不同止水形式的水压力作用变形特性研究,包括"P 型"止水和"半圆头型"止水,其中"P 型"止水又包括正向安装和反向安装两种方式。止水与胸墙间预留初始间隙,模拟阀门开启过程中的初始小开度状态,在止水上下游压差作用下,止水与胸墙间窄缝发生高速射流空化,随着水头的增大,空化逐渐增强。

以"半圆头型"止水为例,在 0 m、10 m、20 m、30 m、40 m 和 50 m 水头作用下其变形如图 9-32 所示,可以直观看出,随着作用水头的逐渐增大,止水逐渐向胸墙方向变形(右下方向),二者间距逐渐减小。通过图像处理,获得不同形式止水在各级水压力荷载下的变形轮廓(见图 9-33),各种形式顶止水在水压力作用下表现出基本一致的变形趋势,其中"半圆头型"止水和"P 型"反装止水水头增大到 50 m 水柱,仍然保持稳定的缝隙射流,而"P 型"正装止水在水头达到 30 m 水柱时已经密封,三种形式止水变形与作用水头的关系见图 9-34,可以清晰看出,"P 型"正装的止水变形最大,明显大于"半圆头型"和"P 型"反装止水,而这两种形式变形规律较为接近,说明"P 型"止水反装优于正装,但"P 型"止水存在结构的应力集中问题,"半圆头型"止水在结构上具有一定优势。

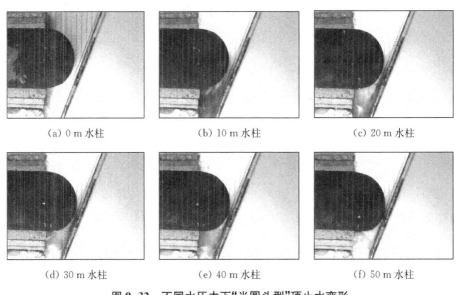

(a) 0 m 水柱 (b) 10 m 水柱 (c) 20 m 水柱

(d) 30 m 水柱 (e) 40 m 水柱 (f) 50 m 水柱

图 9-32　不同水压力下"半圆头型"顶止水变形

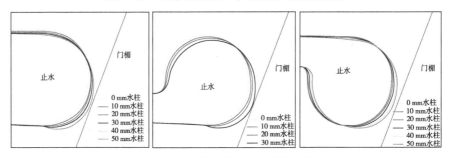

图 9-33　不同水压力下止水的变形轮廓

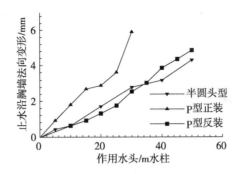

图 9-34 止水变形量与作用水头的关系

配方 2 半圆头型止水在 50 m 水柱压力作用下变形 4.3 mm,再考虑安装变形 1.5 mm,阀门在挡水时总体向下游变形约 2 mm,则止水在挡水工况下总的变形将超过 7 mm,因此,在止水安装时可考虑预留一定初始间距,以减小止水的压缩变形,降低止水应力,有利于延长使用寿命。

第四节 顶止水自激振动机理

一、空化特性

阀门小开度时,顶止水与胸墙之间形成窄缝,在较大水头下窄缝高速射流,止水发生空化和变形,止水自激振动与此密切相关,通过不同止水试件的动水压力作用空化与变形特性试验,以寻找自激振动状态的发生条件。

止水安装时,与胸墙间预留初始间隙,模拟阀门开启过程中的初始小开度状态。图 9-35 为"半圆头"型止水在不同压力差作用下的窄缝空化形态,可以清晰

(a) 10 m 水柱   (b) 30 m 水柱

图 9-35 顶止水窄缝空化

看出阀门顶止水的工作状态。在上下游压差作用下,止水与胸墙间窄缝发生高速射流,在缝隙最窄的断面发生空化,在 10 m 水头下即发生明显空化,随着水头的增大,空化逐渐增强,伴随着缝隙减小,空化趋于不稳定。

二、自激振动机理

利用研发的装置,进行了不同形式和不同材料止水自激振动试验,阀门顶止水自激振动呈现明显的周期性,利用高速摄像机进行拍摄处理,图 9-36 为两种止水自激振动一个周期过程中的五个状态,均从较大的缝隙状态开始,到缝隙逐渐减小或至封闭,然后再逐渐分离,在缝隙宽度变小时,空化明显增强。

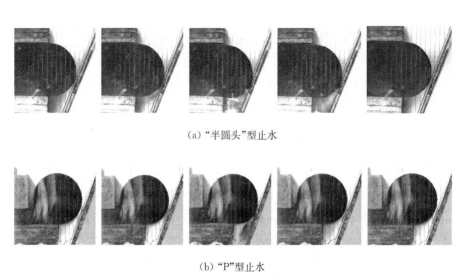

(a) "半圆头"型止水

(b) "P"型止水

图 9-36 止水自激振动过程(一个周期)

在较大水头下阀门顶止水产生明显弹性变形,同时止水与胸墙之间窄缝形成高速射流,在止水与胸墙缝隙的最窄断面处发生空化,在未发生强烈的自激振动之前,属于高速空化水流与弹性止水橡皮的流固耦合随机振动,振动幅度很小。随着止水变形的增大,窄缝的宽度减小,射流空化不断增强,止水空化断面及其后的负压逐渐增大,射流的稳定性变差,负压对止水作用力为下吸力,在增大的负压和正压共同作用下,止水会进一步向胸墙变形靠近,直至缝隙减至最小或瞬间封闭;止水的弹性变形逐渐增大至最大,即回复力达到最大,同时作用于止水上的负压减小或消失,则止水的回复力占据主导,促使止水变形恢复,止水从最大变形位置向上回弹,远离胸墙,窄缝增大,发生高速射流空化,回弹后的止水再次受到正压和负压的共同作用,向胸墙变形,重复上述过程。如此往复循环,使止水橡皮在一定频率下持续大幅振动,即为阀门橡皮止水自激振动发生的机理。

三、止水自激振动缝隙动水压力

因止水自激振动频率较高、振幅相对较小,其振动响应分析难度相对较大,而缝隙内胸墙表面的动水压力可以反映止水自激振动的周期及其对周围水流脉动的影响。以葛洲坝船闸反弧门 40 mm 厚"半圆头"顶止水切片试验为例,选择具有代表性的止水自激振动现象进行动水压力分析,缝隙宽度为 2.5 mm,在未发生自激振动和发生自激振动时任意选取一组工况进行分析,如上游压力为 12 m水柱,下游压力为 4 m(未发生自激振动)、3 m(发生自激振动)水柱,两种工况下各测点脉动压力时程曲线见图 9-37 和图 9-38,可以看出,止水试件在未发生自激振动时,缝隙内脉动压力表现为平稳的随机过程,最大脉动幅值在 10 kPa 左右。但当发生自激振动时,缝隙内压力表现为稳定的周期性脉动,脉动幅值明显增大,在 50 kPa 左右。统计部分工况测点脉动压力特征值,见表 9-4,可以看出,发生自激振动时,水流脉动压力剧增 10~30 倍,这是自激振动危害较大的原因。

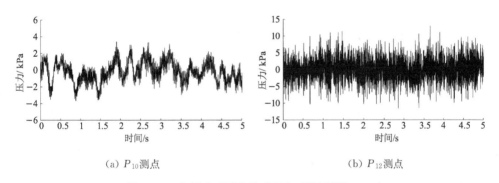

(a) P_{10}测点　　　　　　　　　　(b) P_{12}测点

图 9-37 未振动时测点脉动压力时域过程(u12d4)

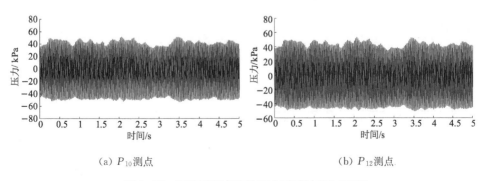

(a) P_{10}测点　　　　　　　　　　(b) P_{12}测点

图 9-38 振动时测点脉动压力时域过程(u12d3)

表 9-4　脉动荷载统计特征值

振动情况	工况	参数	脉动压力/kPa	
			P_{10}	P_{12}
未振动	u12d5	最大值	6.42	12.63
		最小值	−5.76	−11.11
		均方根值	1.46	2.22
	u12d4	最大值	3.35	12.97
		最小值	−3.65	−11.51
		均方根值	1.57	3.30
振动	u12d3	最大值	58.46	59.19
		最小值	−56.63	−52.91
		均方根值	30.95	22.78
	u12d2	最大值	85.71	51.40
		最小值	−70.45	−46.60
		均方根值	45.61	26.10

　　自激振动发生前后典型测点脉动压力功率谱密度曲线分别见图 9-39 和图 9-40。未发生自激振动时,缝隙段压力以低频脉动为主,存在 40 Hz 左右的扰动频率,自激振动发生后改变了水流脉动压力特性,从低频随机脉动变为窄带高频激励,主频约为 37 Hz,脉动能量显著增大。

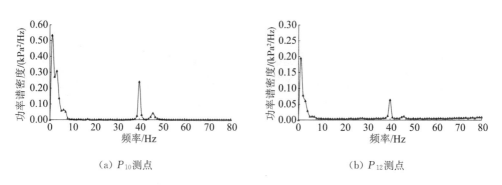

(a) P_{10}测点　　　　　　　　　　　　　　(b) P_{12}测点

图 9-39　未发生自激振动时测点脉动压力功率谱密度(u12d4)

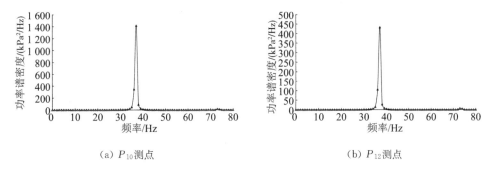

（a）P_{10}测点　　　　　　　　　　　　　（b）P_{12}测点

图 9-40　发生自激振动时测点脉动压力功率谱密度（u12d3）

四、止水自激振动影响因素

（一）缝隙宽度的影响

（1）自激振动发生范围

同一试件，在相同工况下，进行不同的止水初始缝隙宽度自激振动试验，观察止水试件自激振动的变化情况，并分析自激振动频率的变化规律。

同一试件，不同的缝隙宽度发生自激振动的条件不同。配方 1 和配方 2 止水发生自激振动范围分别见表 9-5 和表 9-6，可以看出：止水缝隙宽度越小，即阀门开启的程度越低，越容易发生空化，空化所引起的止水试件变形、自激振动越强烈，故在上下游水头较小的时候，试件已发生自激振动现象；当缝隙宽度逐渐增加时，发生自激振动所需要的水头越大，越不容易发生自激振动。

表 9-5　配方 1 止水不同缝隙宽度下发生自激振动情况

水头（m）	缝隙宽度/mm		
	2.35	3.45	4.55
u12d10			
u12d8			
u12d5			
u12d4			
u12d3	√		
u12d2	√	√	
u12d1	√	√	
u12d0	√	√	√

表 9-6 配方 2 止水不同缝隙宽度下发生自激振动情况

水头（m）	缝隙宽度/mm		
	2.35	3.45	4.55
u18d10			
u18d8			
u18d6			
u18d5	√		
u18d4	√	√	
u18d3	√	√	√
u18d2	√	√	√
u18d1	√	√	√
u18d0	√	√	√

（2）自激振动频率

以配方 1 止水为例,研究在不同的缝隙宽度的影响下止水试件自激振动频率的变化规律。通过测量试件自激振动过程中缝隙内的动水压力,可得到止水自激振动频率,进而分析不同缝隙宽度对自激振动频率的影响。在上游压力 12 m 水柱、下游压力 0 m 水柱条件下,不同缝隙宽度典型测点脉动压力时程见图 9-41～图 9-43。可以看出,随着缝隙宽度的增加,止水自激振动的频率逐渐降低。缝隙宽度 2.35 mm 时止水试件自激振动频率约为 50 Hz,缝隙宽度 3.45 mm 时止水试件的自激振动频率约为 35 Hz,缝隙宽度 4.55 mm 时止水试件自激振动频率约为 7 Hz。

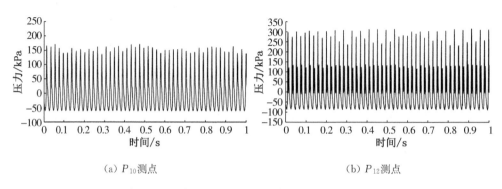

（a）P_{10}测点　　　　　　　　　　（b）P_{12}测点

图 9-41 缝隙宽度 2.35 mm 时测点的脉动压力变化

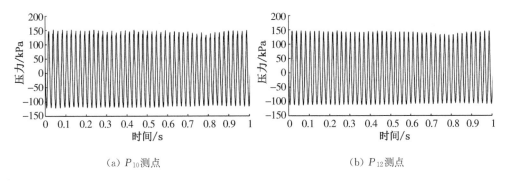

（a）P_{10}测点

（b）P_{12}测点

图 9-42　缝隙宽度 3.45 mm 时测点的脉动压力变化

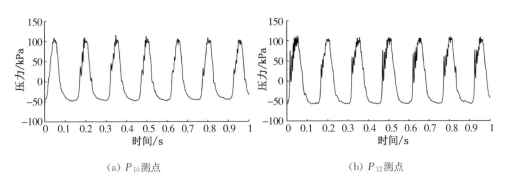

（a）P_{10}测点

（b）P_{12}测点

图 9-43　缝隙宽度 4.45 mm 时测点的脉动压力变化

（3）自激振动幅度

仍以配方 1 止水自激振动为例,通过对高速摄像机拍摄的图像进行处理分析,获得了不同的缝隙宽度下顶止水自激振动变化的位置关系。得到每个时刻顶止水与胸墙之间的最窄距离(用 D_c 表示),进而获得 D_c 随时间 T 的变化规律。试件在缝隙宽度 4.45 mm 时,振幅最大,而缝隙宽度 2.35 mm 时,振幅最小。止水试件在发生自激振动时,随着缝隙宽度的增加,振幅近似线性增大。

综合止水自激振动的振幅和频率可知,初始缝隙宽度对止水自激振动影响较大,由图 9-44 可知,随着缝隙宽度的增加,止水试件自激振动频率逐渐减小,振动幅度增加;振动频率与振动幅度呈负相关,自激振动频率越大,振动幅度越小。

（二）材料配方对止水自激振动的影响

根据不同配方止水自激振动切片试验结果,选择自激振动过程中典型时段,时长约 0.3 s,通过对高速摄像机拍摄的图像进行处理分析,获得每个时刻顶止水与胸墙之间的最窄距离(用 D_c 表示),进而获得 D_c 随时间 T 的变化规律,即

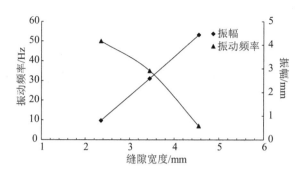

图 9-44　自激振动过程的变化曲线

可知止水自激振动的幅度和频率。图 9-45 为不同配方"P"型和"半圆头"型顶止水的 D_c-T 关系,可以看出,自激振动过程呈现稳定的周期性,配方 1"半圆头"型止水自激振动频率约 6.67 Hz,D_c 变幅约 2.5 mm;配方 1"P"型止水自激振动频率约 10 Hz,D_c 变幅约 2 mm;配方 2"P"型止水自激振动频率约 27.3 Hz,D_c 变幅约 1 mm;配方 3"P"型止水自激振动频率约 38.8 Hz,D_c 变幅约 3.5 mm。配方 1 止水材料较软,自激振动频率相对较低,发生自激振动相对容易;随着止水硬度的增大,变形模量增大,自激振动频率增大,如图 9-46 所示,但振动幅值无明显变化规律,主要因为受水压力、流速、初始间隙、约束条件等多种因素影响,较为复杂。

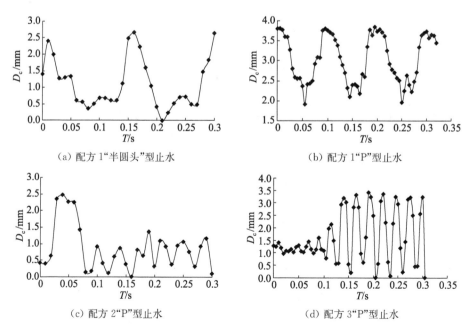

（a）配方 1"半圆头"型止水　　　　　　（b）配方 1"P"型止水

（c）配方 2"P"型止水　　　　　　（d）配方 3"P"型止水

图 9-45　顶止水振动幅度

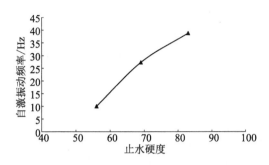

图 9-46　自激振动频率与止水硬度关系

第五节　大藤峡船闸反弧门顶止水应用

一、工程概况

大藤峡水利枢纽船闸工程概况见第八章第五节。大藤峡船闸无论是规模、水头还是水位变幅条件和水力指标要求均达到了国内外已建船闸的最高水平。鉴于多座高水头船闸均存在的阀门顶止水易损问题,在大藤峡船闸工程设计论证阶段,顶止水设计得到了高度关注,上述部分研究成果在工程中得到参考应用。

二、止水材料

止水切片试验研究表明,从材料力学性能看,LD19-3 因硬度较大,抗拉强度偏低,适应变形能力较差,而 LD19-1 偏软,变形过大,LD19-2 相对较优;三种不同配方的止水橡胶抗冲磨试验表明,硬度增大,材料脆性增大,抗磨性能降低。综合试件表面形貌特征及抗冲磨参数,LD19-2 止水性能较优;止水变形随压板宽度增大而减小,相同安装荷载下,105 mm、110 mm 和 115 mm 压板相应的止水头部凸起变形分别为 7.1 mm、5.3 mm 和 4.2 mm,推荐采用压板宽度较大方案;各止水试件在水压力作用下变形规律基本一致,止水头部总体向门楣方向变形,随水头增大,止水变形增大,止水与门楣缝隙减小,缝隙宽度与作用水头基本呈线性关系;止水偏软时在水压力作用下变形较大,在阀门启门时止水不易与门楣分离,易产生不稳定的缝隙流空化,引起阀门剧烈抖动。不同材料、不同形式止水变形特性有所差异。"半圆头"三种配方试件中,LD19-1 变形最大,缝隙与水头斜率约－0.162 mm/m 水柱,LD19-2 变形其次,斜率约－0.087 mm/m 水柱,LD19-3变形最小,斜率约−0.005 mm/m水柱,从止水的变形和密封性考虑,推荐配方2;"P"型止水中P60-2正向安装受水压力作用增大,止水变形较大,30 m水头将5.9 mm缝隙密封,斜率约−0.173 mm/m水柱,P60-2反向安装变形斜率约−0.103 mm/m水柱,与相同材料的半圆头型相比,P型变形较大,且存在头部与止水板局部受弯易损坏问题,在高水头阀门中推荐采用"半圆头"型顶止水。

因此,综合止水材料的基本力学参数、抗冲磨性能、安装变形特性、水压力变形特性及动水影响等因素,大藤峡船闸阀门顶止水采用LD19-2配方"半圆头"型橡胶止水,压板采用宽度较大的方案。

三、安装控制

从阀门顶止水现场应用情况可知,顶止水安装时与门楣的间距控制较为重要,如安装不合理对止水使用寿命影响较大。安装间距应考虑几方面的因素,主要包括止水的安装变形、水压力作用下变形、阀门的变形等。

(1)根据顶止水安装变形试验可知,在176.3 N·m安装荷载下,推荐的LD19-2止水水平伸长量为3.3 mm,止水伸长量与安装荷载关系见图9-47,可根据现场实际安装荷载,判断止水的水平伸长量。

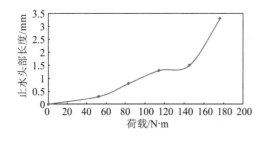

图 9-47　止水伸长量与安装荷载关系　　图 9-48　缝隙宽度与作用水头的关系

(2)在水压力作用下,止水向门楣变形,止水沿门楣法向的变形随作用水头增大呈线性增大,如图9-48所示,推荐的LD19-2型止水斜率为0.087 mm/m水柱,当大藤峡阀门顶止水承受设计水头40.25 m时,止水沿门楣斜面法向的压缩量约3.5 mm。

(3)根据大藤峡阀门结构受力分析可知,在40.25 m工作水头下,阀门门叶顶部变形约1.68 mm,同样向门楣方向变形。通常现场安装顶止水的方法是:在阀门全关状态下,铺上顶止水,止水头部与门楣相贴,然后打螺丝孔上压板和螺栓。根据试验研究成果,该方法在安装后止水已有 3~5 mm 的压缩量,再承受 40 m 水头和阀门结构变形挤压作用,其压缩变形更大,对止水受力不利,容易造成应力超标、摩擦损坏等。因此,提出了止水头部与门楣留有一定初始间距的止水安装建议,初始间隙可控制 1~3 mm,在安装完成后,保证止水头部基本与门楣相接触,在挡水时,在水压力作用下变形发挥密封作用。

　　根据止水推荐形式及安装建议,大藤峡船闸阀门顶止水布置及安装如下:止水压板宽度为 120 mm,厚度为 30 mm,采用圆弧倒角避免损坏止水橡皮,初始安装间距按 1~3 mm 考虑,最终安装方式根据原型应用情况确定。

第六节　顶止水工作条件改善措施研究与应用

一、水力改进方案

　　根据葛洲坝阀门顶止水运行情况,目前仍存在两大问题:一是止水的水力破坏、自激振动问题;二是止水压板螺栓的拔丝脱落问题。为了改善顶止水在小开度时的水流流态,尽量降低止水的空化、振动程度,针对葛洲坝船闸反弧门顶止水压板提出改型设计方案,在压板靠顶止水封水端增设挡水板,如图 9-49 所示。对于改进方案,采用研发的试验装置开展研究,主要从止水工作的水动力荷载与止水变形特性两个方面来探讨止水压板改进方案的效果,因此,开展的试验主要包括:(1)压板改进方案顶止水水动力荷载研究;(2)压板改进方案顶止水变形特性试验。

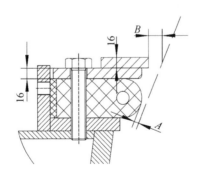

图 9-49　葛洲坝船闸阀门顶止水压板改进示意图

二、顶止水水动力荷载

在阀门开启瞬间,止水与胸墙脱离,形成较复杂的窄缝射流空化,止水受力条件十分复杂,是止水易发生损坏的一个因素。首先从止水小开度时的水动力荷载特性出发,开展葛洲坝船闸阀门顶止水工作环境模拟,通过顶止水压板多方案试验,分析止水水动力荷载的变化,初步掌握顶止水压板改进的效果。

(一)试验设计

（1）止水压板设计制作

在前文试验装置的基础上,根据阀门顶止水压板改进方案,对压板和挡水板进行了设计,如图 9-50 所示,布置腰型孔便于工况调节。顶止水压板采用Q345-B材料制作,厚度为 16 mm。

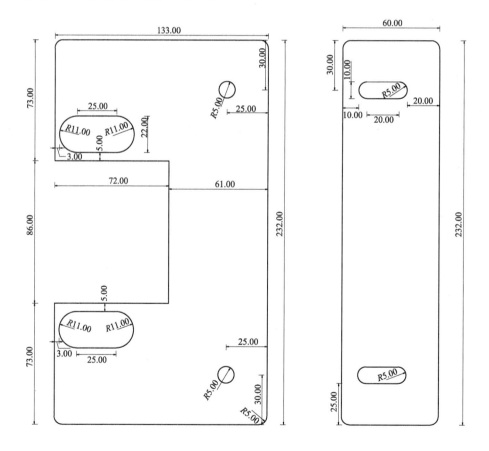

（a）俯视图

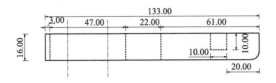
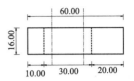

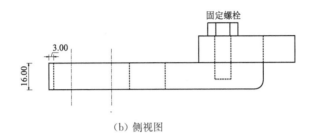

（b）侧视图

图 9-50　止水压板的形式（单位：mm）

（2）试验工况

模拟葛洲坝船闸顶止水工作条件，通过各工况试验，获得止水动水压力特性及其变化规律，探讨改进的效果。

在顶止水与门楣间隙 A 为 1 mm 条件下，分别调整压板上方的挡水板与门楣间隙 B 为 5 mm、10 mm、15 mm、20 mm、25 mm 开展试验，对应挡水板底面最窄断面缝隙宽度为 2 mm、7 mm、12 mm、17 mm、22 mm。

试验水头控制为 27 m（葛洲坝船闸反弧门最高运行水头），考虑了以下三种水位组合：27 m（上）0 m（下）、32 m（上）5 m（下）、37 m（上）10 m（下）。

（二）顶止水缝隙射流空化特性

不同顶止水挡水板宽度条件下，局部空化现象见图 9-51。可以看出，随着挡水板逐渐向前延伸，即挡水板与胸墙间距减小，止水头部缝隙空化有逐渐减弱

（a）17 mm 间隙　　　　（b）12 mm 间隙　　　　（c）7 mm 间隙　　　　（d）2 mm 间隙

图 9-51　不同工况下顶止水空化形态

的趋势,尤其在最小间距 2 mm 工况下,止水头部空化减弱较明显,增加挡水板有一定效果。

(三) 顶止水动水时均压力

试验获得了各测点在不同水头下压板缝隙宽度逐渐增加时止水表面时均压力的变化情况,在水头保持不变的情况下,不同水位组合获得的压力变化规律总体一致,随着水位的提高,止水下表面空化区受挤压,范围不断缩小。以上游 32 m、下游 5 m 水柱压力组合为例,止水表面具体压力变化规律见图 9-52,随着顶止水挡水板缝隙宽度由 22 mm 逐渐减小,止水上表面压力呈减小的趋势,至缝隙宽度约 2 mm 时,压力较无挡水板时减小约 50%,总体上看,止水的受力向有利的方向发展。

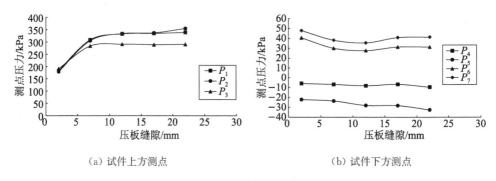

(a) 试件上方测点　　　　　　　　　(b) 试件下方测点

图 9-52　各测点时均压力与挡水板缝隙宽度的变化关系(u32d5)

选取试验工况中止水压板最窄缝隙(2 mm)和最大缝隙(22 mm)绘制测点的时均压力分布图,见图 9-53。从图中可以清晰地看出顶止水头部的压力分布,顶止水头部上表面为较大正压,将止水向下压缩,而顶止水头部的下表面为负压,将止水向下拖拽,共同作用下,止水向下变形。通过两个缝隙宽度压力对比可看出,2 mm 缝隙宽度时,顶止水头部上表面的压力大幅度减小,下表面负

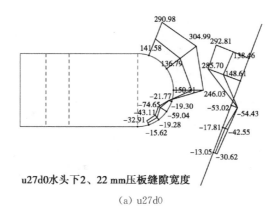

u27d0水头下2、22 mm压板缝隙宽度

(a) u27d0

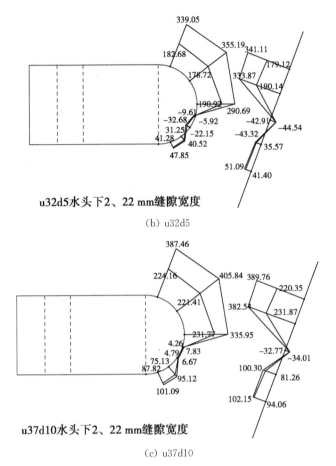

（b）u32d5

（c）u37d10

图 9-53 22 mm 与 2 mm 挡水板缝隙宽度时均压力分布对比（单位：kPa）

压值也有一定减小，作用于顶止水的变形总荷载减小，对控制止水受力变形和空化作用有利。

三、止水变形与自激振动试验

（一）试验设计

（1）试件材料与制作

根据装置要求，委托橡塑厂制作与葛洲坝船闸阀门顶止水断面完全相同的试件，材料也与原型止水材料相同，试件长度 23.5 cm，葛洲坝阀门顶止水厚度 40 mm。另外，为了对比，在葛洲坝阀门目前止水材料配方的基础上，通过增大和减小止水硬度，制作了另外两种配方的止水试件，一起开展试验研究。每个配方止水制作两个试件，如图 9-54 所示。

采用邵氏硬度计（ShoreA）测试制作的四种试件的硬度，见表 9-7。可见，目前葛洲坝和三峡船闸使用的止水材料硬度约为 ShoreA70 左右，本次试验经过材料调整，另外两种材料的硬度分别为 ShoreA55 和 ShoreA75 左右。

图 9-54　止水试件

表 9-7　试件材料硬度值

组次编号	止水硬度/ShoreA		
	正常使用材料	减小硬度	增大硬度
1	70	54	74
2	67	56	75
3	68	56	76
4	70	54	76
5	70	54	76
平均值	69	54.8	75.4

（2）试验工况

试验模拟阀门小开度工况，止水与胸墙脱开很小距离，止水初始缝隙控制难度较大，受定位孔、安装荷载、止水变形影响较大。在试验中，初始缝隙宽度基本控制在 2.15～2.5 mm 之间，试验重在检验顶止水压板上增加挡水板效果。从水动力学试验可以看出，在挡水板小间距时有一定的效果，止水试件试验中重点开展挡水板小间距工况的试验，试验工况见表 9-8。由于止水窄缝射流条件下会引起止水自激振动现象，为了安全，试验中止水的水压力逐级施加，不一定达到工程的设计水头。试验中，止水的变形和自激振动采用高速摄像系统进行图像捕捉，如图 9-55 所示，然后进行图像分析处理，获得止水的变形量。

表 9-8　试验工况

工程	止水材料	挡水板设置（缝隙宽度）
葛洲坝船闸	Zc（正常使用）	无挡水板、有挡水板（0 mm、2 mm、7 mm）
	Zc-s（硬度减小）	无挡水板、有挡水板（0 mm、2 mm、7 mm）
	Zc-h（硬度增大）	无挡水板

图 9-55　止水变形试验

（二）常用材料试验

首先对葛洲坝阀门顶止水常用材料试件进行试验，止水试件安装后，止水与门楣缝隙宽度约为 2.50 mm，在不同水头压力条件下，观测止水的变形和自激振动情况。

当止水压板顶不采用挡水板时，在下游压力保持为 0 不变的条件下，上游压力从 0 逐步增大到 12 m 水柱，获得了不同水头下止水的变形情况，止水变形轮廓线见图 9-56（a），可以看出随水头增大止水变形的增大过程。

在止水压板顶部增加挡水板时，若挡水板与胸墙间距为 0 mm，则水压力不能直接作用于止水表面，不同水头下止水变形微小，随着水头增大，止水的微小变形主要由水压作用下上部压板整体向下位移引起。当挡水板间距调整为 2 mm 时，止水发生较小的变形，不同水头下止水变形轮廓线见图 9-56（b），与相同水头下无挡水板情况相比，止水头部变形明显减小。当挡水板间距调整为 7 mm 时，与 2 mm 的小间距相比，止水的变形略有增大。

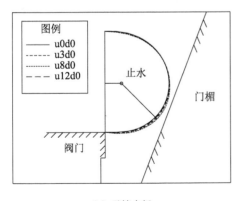

（a）无挡水板

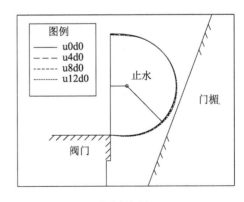

（b）挡水板间距 2 mm

图 9-56　止水变形轮廓对比

为反映增加挡水板效果、不同挡水板间隙的影响，将不同工况止水径向变形进行对比，如图 9-57 所示。可以看出，在增加挡水板后，且在间隙较小的情况下，止水变形量有明显减小，随着间隙增大，效果逐渐减弱，止水变形与上述止水表面压力分布结果总体吻合。

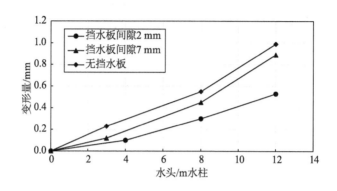

图 9-57　不同工况止水变形对比

对有无挡水板也进行了止水自激振动试验，研究表明，当不采用挡水板时，在 14～20 m 水头内均发生了较强的自激振动；当挡水板间隙为 0 mm 和 2 mm 时，在该水头内未发生止水自激振动；当挡水板间隙为 7 mm 时，在 18～20 m 水头内发生自激振动。可见，挡水板小间隙时对止水在小开启或漏水情况下的自激振动有一定的抑制作用。

（三）硬度减小的止水材料试验

在正常材料试验基础上，开展硬度减小的止水材料试验，止水试件安装后，实测止水与门楣缝隙在 1.8～2.2 mm，在不同水头压力条件下，观测止水的变形情况。

首先进行无挡水板试验，从水头为 0 开始，不断增大止水上下游的水头，到 14 m 水头的时候，止水与胸墙之间的初始缝隙被封住，硬度减小后，止水的变形量明显增大，不同水头下止水变形轮廓线见图 9-58(a)。

增加挡水板并将其缝隙设置为 0 mm，理论上缝隙为零，但还有局部少量漏水情况，在施加水压力过程时，止水总体变形很小，主要由顶部压板受压引起止水的变形。当挡水板间距调整为 2 mm 时，止水发生较小的变形。当挡水板间距调整为 7 mm 时，不同水头下止水变形轮廓线见图 9-58(b)，与 2 mm 小间距相比，止水变形有所增大。将不同工况止水径向变形进行对比，如图 9-59 所示。可以看出，在增加挡水板后，且在间隙较小的情况下，止水变形量有所减小。间隙宽度从 2 mm 增大至 7 mm，变形量变化不大，初始状态有一定影响。

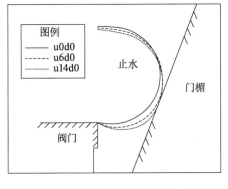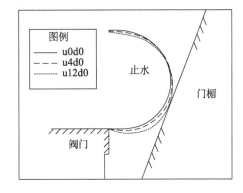

（a）无挡水板　　　　　　　　　　　　　（b）挡水板间距 7 mm

图 9-58　止水变形轮廓对比

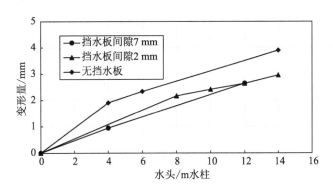

图 9-59　不同工况止水变形对比

从止水自激振动情况看,当不采用挡水板时,在 9～14 m 水头内均发生了较强的自激振动;当挡水板间隙为 0 mm 和 2 mm 时,在该水头内未发生止水自激振动;当挡水板间隙为 7 mm 时,在 10～14 m 水头内发生自激振动。可见,挡水板小间隙时对止水在小开启或漏水情况下的自激振动有一定的抑制作用。

（四）硬度增大的止水材料试验

对硬度增大的止水材料进行试验,止水试件安装后,实测止水与门楣缝隙约 2.6 mm,在不同水头压力条件下,观测止水的变形情况。由于止水变硬后,变形量减小,增大挡水板后变形量更小,分析难度增大,同时挡水板的效果在上述两种材料中已经检验,故对最硬的试件仅进行正常的不加挡水板工况下的变形试验。因为止水变形量减小,不易发生自激振动,试验水头得以进一步增大。

从水头为 0 开始,不断增大止水上下游的水头,直到水头增大到 28 m。不同水头下止水变形轮廓线见图 9-60,可以看出,止水硬度增大后,变形量有所减小。对比三种不同硬度材料的止水试件变形量随水头的变化见图 9-61,变形量随止水硬度增大而减小,ShoreA70 和 ShoreA75 的变形略有差异,与 ShoreA55 差异显著。

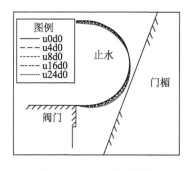

图 9-60　止水变形轮廓

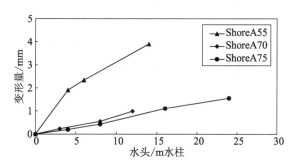

图 9-61　不同硬度止水试件变形对比

四、其他改善措施

（1）螺栓拔丝应对措施

葛洲坝顶止水压板螺栓采用盲孔安装,在长期使用过程中,螺栓孔不断扩大,螺栓拔丝、脱落问题较严重,工程中较难解决。从阀门结构、水力学问题综合考虑,相关专家提出将螺栓的盲孔安装改为通孔安装,如图 9-62 所示,显然改成通孔后可以彻底解决拔丝问题,但需要在阀门内面板顶部增设操作孔,便于从阀门内部操作收紧螺栓。在阀门顶部增加操作孔,对于结构整体性较好的反弧门结构受力以及水流流态等均不存在影响。

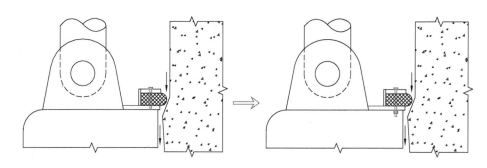

图 9-62　止水压板螺栓改进方案示意图

（2）螺栓固定改进方案

在目前顶止水单排固定螺栓的基础上，增加两排固定螺栓，与原有的单排固定螺栓平行，对称布置于其左右两侧，形成横向三排固定螺栓，新增的固定螺栓沿横向位于相邻的两个原有固定螺栓的对称轴线上，与原有固定螺栓错位布置，从原有的单排一线布置变为三排梅花形布置，如图 9-63 所示，从而使顶止水受到更大面积、更加紧密的固定约束，解决了单排固定螺栓对止水压缩不均匀的问题，同时减小了止水在高水头压力条件下的不均匀拉伸变形，有效延长顶止水的使用寿命。

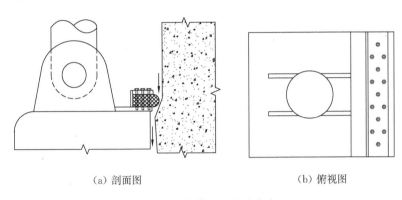

（a）剖面图　　　　　　　　　　（b）俯视图

图 9-63　螺栓固定改进方案

五、工程应用

针对葛洲坝阀门顶止水频繁损坏而影响通航效率的问题，提出了压板螺栓通孔代替盲孔安装，彻底解决螺栓拔丝而引起的止水整体脱落问题；提出了增设顶部挡水板方案，以减弱止水缝隙射流空化及自激振动问题，通过 1:1 切片试验装置研发、止水水动力学试验、止水变形及自激振动试验研究表明，增加顶部挡水板，在挡水板与胸墙间缝隙较小时（10 mm 内）有较明显的作用，有助于改善顶止水的受力特性，削弱止水的射流空化与自激振动问题，有助于延长顶止水的使用寿命。在 2021 年葛洲坝 2 号船闸大修中，上述顶止水工作条件改善措施得到了试应用，现场实施情况见图 9-64。

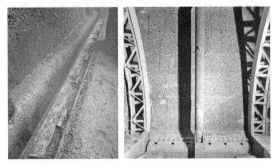

图 9-64　顶止水挡水板在葛洲坝 2 号船闸试应用

参考文献

[1] 杨玉庆.闸门止水振动分析[J].水利学报,1982(2):55-63.

[2] 李家熹.阀门止水装置可靠性与失效分析[J].水运工程,1992(11):33-36.

[3] 刘礼华,雷艳,方寒梅,等.自封闭式高压闸门水封的试验研究[J].武汉大学学报(工学版),2010,43(6):714-718.

[4] 张绍春,栗国忱,汪志龙.高水头弧形闸门的框形伸缩式水封切片试验研究[J].水力发电学报,1996(1):59-65.

[5] 王河生.珊溪水利枢纽泄洪洞闸门水封1:1切片模型试验[R].南京:南京水利科学研究院,1997.

[6] 王河生,柴恭纯.浑水条件下偏心铰弧形闸门的空化空蚀[J].水利水运科学研究,1997(3):237-241.

[7] 王河生.清河水布垭水利枢纽放空洞闸门水封型式研究[R].南京:南京水利科学研究院,2001.

[8] 陈五一,欧珠光,刘礼华,等.闸门水封水密性规律及封水判据的探究[J].水力发电学报,2010,29(5):232-236.

[9] 熊润娥,严根华.水工闸门止水结构动力特性与体型优化[J].振动、测试与诊断,2011,31(6):798-802.

[10] 李宗利,孙丹霞,王正中.弧形闸门L型水封压缩过程非线性数值模拟[J].水力发电学报,2008,27(5):88-92.

[11] 熊威,刘礼华.高水头闸门止水元件的非线性仿真分析[J].武汉大学学报(工学版),2011,4(1):66-68.

[12] 薛小香,吴一红,李自冲,等.高水头平面闸门P型水封变形特性及止水性能研究[J].水力发电学报,2012,31(1):56-61.

[13] 严根华.水工闸门自激振动实例及其防治措施[J].振动、测试与诊断,2013,33(S2):203-208.

[14] 郑雁.葛洲坝3号船闸反弧门止水装置改进方案的研究[J].水运工程,2001(5):41-44.

[15] 王新,胡亚安,严秀俊.高水头阀门顶止水抗冲磨与变形特性试验[J].工程力学,2018,35(S1):349-354.

[16] Petrikat K. Seal vibration, practical experiences with flow induced vibrations[C]//IAHR/IUTAM Symposium, Karlsruhe, Germany, 1979.

[17] Lyssenko P E, Chepajkin G A. On self-excited Oscillation of Gate seals, flow-induced structural vibrations[C]//IAHR/IUTAM Symposium Karlsruhe, Germany, 1972.

[18] Kolkman P A. Gate vibrations[M]//Novak P. Developments in hydraulic engineering-2.

London：Elsever Applied Science Publishers，1984.

［19］Thang N D，Naudascher E. Self-excited vibrations of vertical-lift gates［J］. Journal of Hydraulic Research，1986，24(5)：391-404.

［20］Jongeling T H G. Flow-induced self-excited in-flow vibrations of gate edges［J］. Journal of Fluids & Structures，1988，2(6)：541-566.

［21］Thang N D. Gate vibrations due to unstable flow separation［J］. Journal of Hydraulic Engineering，1990，116(3)：342-361.

［22］Gummer J H. Penstock resonance at Maraetai 1 hydro station［J］. International Journal on Hydropower & Dams，1995(7)：50-56.